白话零信任

冀托 著

電子工業出版社
Publishing House of Electronics Industry
北京•BEIJING

内 容 简 介

零信任是近年来安全领域的热门话题，已经在多个行业进入落地阶段。对于零信任，从哪些场景入手，如何有条不紊地建设，如何安全稳定地过渡，建成后如何使用、运营，都是我们需要面对的重要挑战。本书对这些问题进行探讨，并总结实践中的经验，为企业网络的实际建设规划提供参考。

本书主要介绍了零信任的历史、现状、架构和组件，总结了零信任应对各类安全威胁的防御手段，并给出了零信任在十余种应用场景下的架构和特色。通过几个典型案例的落地效果和实施经验，介绍了如何根据实际情况，规划、建设零信任网络，如何使用零信任进行整体安全运营。

本书适合网络安全行业从业人员、企业技术人员以及对网络安全感兴趣的人员阅读。

图书在版编目（CIP）数据

白话零信任 / 冀托著. —北京：电子工业出版社，2022.7
ISBN 978-7-121-43581-2

Ⅰ.①白… Ⅱ.①冀… Ⅲ.①计算机网络－网络安全 Ⅳ.①TP393.08

中国版本图书馆CIP数据核字（2022）第089994号

责任编辑：张　晶
印　　刷：北京天宇星印刷厂
装　　订：北京天宇星印刷厂
出版发行：电子工业出版社
　　　　　北京市海淀区万寿路 173 信箱　　邮编：100036
开　　本：787×980　1/16　印张：21.75　字数：452.4 千字
版　　次：2022 年 7 月第 1 版
印　　次：2023 年 5 月第 5 次印刷
定　　价：89.00 元

凡所购买电子工业出版社图书有缺损问题，请向购买书店调换。若书店售缺，请与本社发行部联系，联系及邮购电话：（010）88254888，88258888。

质量投诉请发邮件至 zlts@phei.com.cn，盗版侵权举报请发邮件至 dbqq@phei.com.cn。

本书咨询联系方式：（010）51260888-819，faq@phei.com.cn。

前　言

零信任是近年来安全领域的热门话题，不同人对零信任的理解各不相同。许多刚接触这个领域的人都会觉得“看不懂”。在行业内，各家自说自话，令人摸不着头脑，大家看不明白到底什么才是零信任。本书希望能为读者提供一个全局视角，以便俯视百花齐放的零信任市场，同时为读者提供一个完善的架构基础，以便把握各家的技术脉络。本书将循着时间的脉络，厘清零信任各个流派的发展过程，盘点各个行业的标准和技术框架。从 Forrester 的概念模型，到 BeyondCorp 的最佳实践；从 NIST 的技术标准，到国内外各大厂商的解决方案，各家其实都遵循了同一个零信任理念，不同的技术可以纳入同一个架构。各家以不同的视角，为零信任理论做出贡献，并在各自擅长的领域推出新的技术，丰富零信任的架构。

了解零信任的人应该知道，零信任系统可以实现安全的远程访问，但零信任能做的其实远远不止于此。在美国国防部的参考框架中，零信任方案可以实现深入数据库、表、行列级的访问控制。在谷歌的案例中，零信任方案可以渗透到网络基础设施中，对硬件、容器、代码进行可信评估。国内不少企业都在进行网络架构的零信任改造。未来的零信任方案可能不仅可以保障业务运行，还可以参与业务建设。

经过多年的发展，零信任已经在多个行业进入落地阶段。从哪些场景入手，如何有条不紊地建设，如何安全稳定地过渡，建成后如何使用、运营，都是我们需要面对的重要挑战。本书将对这些问题进行探讨，并总结实践中的经验，为企业网络的实际建设规划提供参考。

本书共 9 章。第 1 章讲述了零信任的历史，介绍现有的模型、标准、方案，以及未来的发展趋势。第 2 章介绍了零信任的概念，探讨了零信任是什么、不是什么。第 3 章和第 4 章分别详解了零信任的架构和组件。第 5 章介绍了零信任在实战中的作用，总结了零信任应对各类安全威胁的防御手段。第 6 章总结了零信任的十余种应用场景，介绍了零信任在各类场景下的架构和特色。第 7 章介绍了几个典型案例的落地效果和实践经验。第 8 章介绍了如何根据实际情况规划、建设零信任网络。第 9 章介绍了如何使用零信任，利用零信任进行整体安全运营。

在本书的撰写过程中，我得到了相当多朋友的支持、鼓励。感谢魏小强、吕波、苏昊明、吴满等几位老师对我的帮助和指导。

由于作者水平有限，本书或多或少存在不足之处，欢迎广大读者批评指正。

冀托

2022 年 3 月

目　录

1 零信任的历史

零信任是近年来不断演进的网络安全最佳实践。全球很多机构和公司都参与了零信任领域的建设，不断赋予零信任新的内涵。

1.1 零信任理念的诞生

所有伟大的技术变革都是顺应时代发展的潮流而生的。过去我们一般假设，外网是不可信的，而内网是可信的。基于这个假设，企业在边界处部署防火墙、WAF、IPS 等网络安全产品进行防御，通过建设一层又一层的“城墙”，将可信的内网和不可信的外网隔离开，让内网用户自由地连接企业的网络资源。

这种传统的安全模式一度是非常简单有效的。但是随着云和移动办公时代的到来，原本清晰的安全边界逐渐模糊，“城墙式”安全模式的不足逐渐显露。零信任理念就是在这个背景下诞生的。

1.1.1 传统安全模式面临的挑战

1. 人和应用脱离安全边界

1）移动办公让人脱离安全边界

随着移动办公的兴起，大量用户从内网走到了外网，脱离了企业的安全边界。用户需要随时随地访问数据资源，而移动办公、远程办公还在加速发展。

2）业务上云让应用脱离安全边界

为了支持业务的发展，业务上云已经成为越来越多企业的必然选择，企业的 IT 架构逐步从单机房模式演进到云模式，访问者的身份也不再可控。人和业务应用之间的连接、服务和服务之间的连接，都脱离了传统安全边界的范围，如图 1-1 所示。

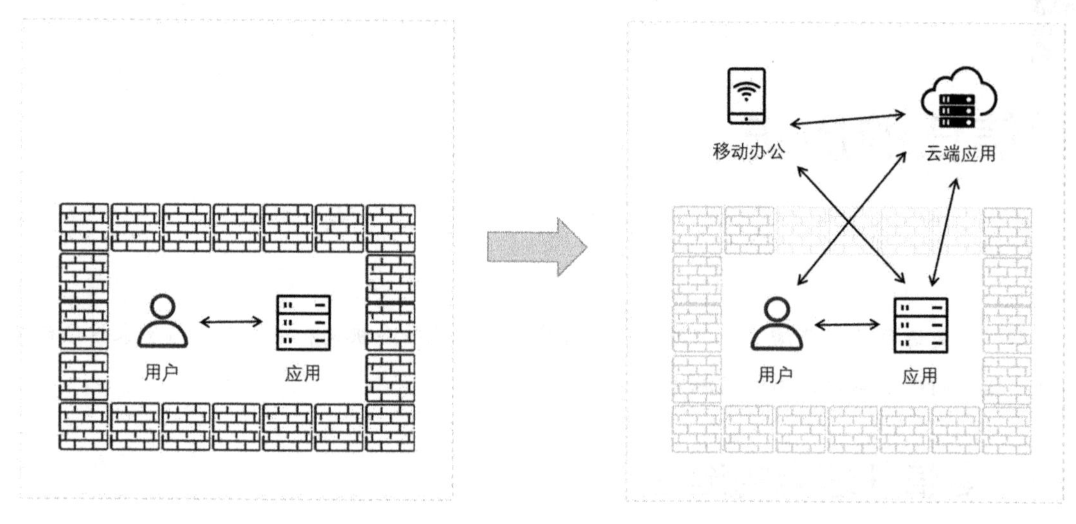

图 1-1

人和业务脱离内网之后，网络结构变得复杂，暴露面极速扩大。以边界保护数据中心的传统网络安全模式，无法对抗黑客的不断渗透。黑客可以利用漏洞和弱密码攻击暴露在外的服务器，也可以通过网络钓鱼入侵用户设备……频繁发生的网络安全事件一次次地证明了传统网络安全模式的不可信。企业需要一种新型网络安全架构来应对挑战。

2. 对内网的过度信任

传统安全模式在某种程度上假设内网用户、设备和系统是可信的，忽视了来自内网的威胁。企业一般专注于对外部的防御，内网用户的访问行为往往只受到很少的限制。

随着网络攻击手段的提升和 APT 攻击的泛滥，在复杂的网络环境中，当网络边界过长时，企业网络很难防御住单点进攻。攻击者一旦突破企业的安全边界，就如入无人之境，网络边界也变成了马其诺防线。攻击者可能首先通过网络钓鱼、零日漏洞突破边界的防御，然后在内网肆意传播恶意代码，或者以入侵的服务器为跳板，进一步横向攻击内网的其他服务器。因此，企业不能再完全依赖以边界为中心的防御体系了，而需要一种对所有用户和设备都适用的访问控制体系。

1.1.2 零信任思想的雏形

安全边界逐渐模糊的问题，是所有企业和组织共同面临的。“零信任”一词被明确提出之前，不少组织其实已经探索出了一些有效的应对原则和模型，与后来的零信任理念非常相似，可以称为零信任的雏形。

2004年左右，一个名为Jericho Forum的组织提出了一种“去边界化的网络安全架构”，主张去除对内网的隐式信任。他们假设环境中处处存在危险，没有固定的安全区域。所以，安全防护必须覆盖所有用户和网络资产，所有流量都要经过身份验证。

美国国防部建立了名为“BlackCore”的安全模型，他们主张从“边界防御”转变为“对每个用户行为进行信任评估”，让身份和权限变成新的“边界”。

1.1.3 Forrester 正式提出零信任概念

2010年，Forrester分析师John Kindervag在文章*No More Chewy Centers: Introducing The Zero Trust Model Of Information Security*中提出了“零信任”这个概念，并在文章*Build Security Into Your Network's DNA: The Zero Trust Network Architecture*中描绘了最初的零信任模型。零信任概念开始得到业界关注，John Kindervag本人也被称为“零信任之父”。

此时的零信任理念中最重要的一点就是，强调不再区分可信和不可信，所有的网络流量都应被视为是不可信的。这也是“零信任”架构名称的由来。

要实现这一点，网络架构需要做出相应改变。

（1）网络中需要存在一个中心网关，强制让所有流量都经过它，进行实时检测。

（2）隔离和访问控制策略要覆盖网络中的所有设备，按最小权限原则进行授权。

（3）集中管理访问策略，并进行全面的安全审计。

网络架构图大致如图1-2所示（为了便于理解，笔者修改了Forrester零信任网络架构原图中拗口的组件名称，故与原图稍有不同）。

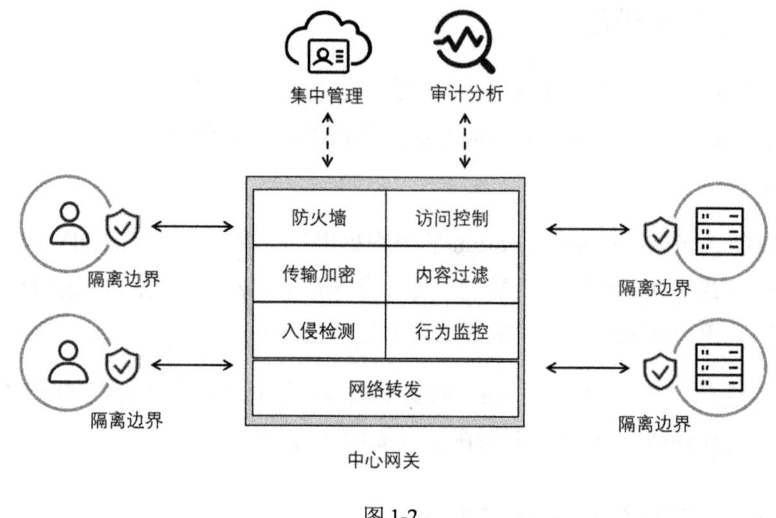

图 1-2

中心网关可以在网络转发的基础上，对流量进行过滤，起到防火墙、访问控制、传输加密、内容过滤、入侵检测、行为监控等作用。

（1）隔离边界：隔离边界组件对网络进行细粒度分区，将不同的用户和资源区域隔离开，配合访问控制策略，不让非法流量进来（所以，零信任架构其实并不是抛弃边界，而是建立更细粒度的边界，并且基于边界进行更多因素的校验）。

（2）集中管理、审计分析：集中管理中心网关并隔离边界的访问策略，对流量进行各类因素的审计和分析，同时记录日志，将整个网络安全态势可视化。

从图 1-2 中可以看出，零信任架构是一种从内到外的整体网络安全架构，其安全能力不是外挂式地叠加的。网络组件也具备安全管控和整体协同管理的能力，就像 Forrester 文章的标题一样，安全是刻进网络的 DNA 中的。

1.1.4 Forrester 对零信任概念的丰富

在 2010 年提出零信任概念后，Forrester 一直不断完善零信任的概念。几年后，著名的分析师 Chase Cunningham 将之重新修订为零信任扩展生态系统（Zero Trust eXtended（ZTX）Ecosystem)。与原来的概念相比，ZTX 将零信任架构的范围扩展到 7 个维度，整个模型更加丰富了，如图 1-3 所示。数据是零信任架构保护的核心目标。工作负载（Workload)、网络、设备和用户是“接触—数据”的管道，零信任架构围绕这些管道执行安全管控策略、展示安全态势。

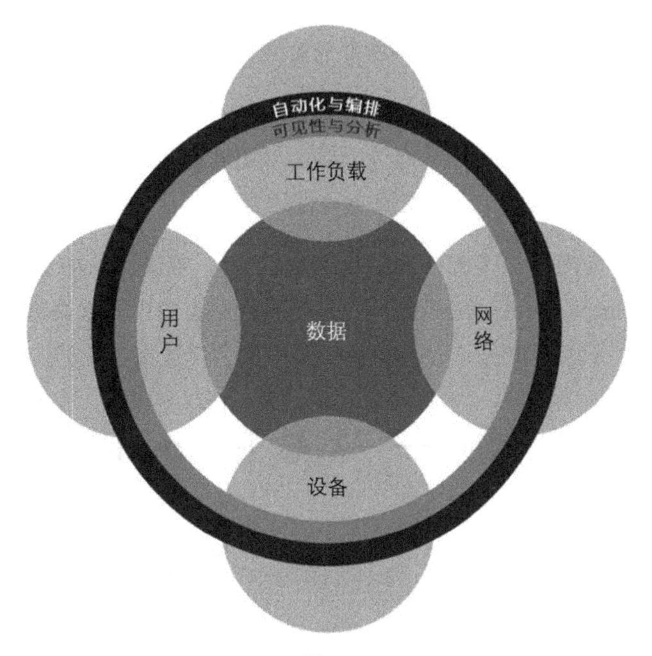

图 1-3

下面依次介绍 ZTX 包含的 7 个维度的内容。

（1）数据：ZTX 应当对整个数据生命周期进行保护。基于用户、设备、环境等多种因素进行综合评估后，执行数据分类、加密、访问控制安全措施。数据泄密防护（Data Leakage Prevention，DLP）也应当属于零信任架构的一部分。

（2）网络：ZTX 应当对用户和服务器分别进行网络隔离，基于身份和环境属性，提供细粒度访问控制。传统网络安全模型中的边界安全产品也应当在零信任架构中发挥作用。

（3）用户：ZTX 包含身份管理功能，通过多因子认证、单点登录等策略，减少与用户身份相关的威胁。

（4）工作负载：工作负载指承载业务服务的基本组件单元，例如，传统的物理机、虚拟机，现在的云主机、Docker 容器、微服务等。ZTX 对各种场景下的工作负载进行统一的细粒度访问控制，阻断非必要的连接。

（5）设备：ZTX 对设备的管理包括设备清单管理、设备认证、设备检查与修复、设备隔离等。ZTX 应当持续感知设备的安全状态，根据安全策略限制设备对数据资源的访问，确保只有安全的设备才能接入网络。

（6）可见性与分析：ZTX 应当支持对多个来源的身份信息、环境信息、安全信息进行综合分析，并进行可视化呈现。

（7）自动化与编排：ZTX 应该能够通过机器学习或规则匹配自动识别安全事件，通过安全策略编排，与各类安全设备联动，自动对安全事件进行响应。

从上面的介绍可以看出，ZTX 的内涵已经相当丰富了，但 Forrester 不甘寂寞，又提出了零信任边缘（Zero Trust Edge，ZTE）的概念。ZTE 通过云原生的中心网关进行安全过滤，以便提供更灵活、扩展性更强的安全服务。SASE 和 ZTE 的更多详情将在 4.8 节介绍。

1.2 最早的零信任实践——谷歌 BeyondCorp

对于零信任，谷歌是最早进行实践的公司。2010 年前后，谷歌内部开始了代号为 BeyondCorp 的安全项目。目前，谷歌有超过 10 万名员工通过 BeyondCorp 进行日常办公。

谷歌在实施 BeyondCorp 项目的同时，将建设理念、实施情况及经验教训总结成了 6 篇开创性的论文，陆续在 2011 年至 2017 年之间发表，并被业界广泛认可并学习。BeyondCorp 架构成为经典的零信任实践案例。

谷歌表示，BeyondCorp 是一种“无特权”的企业网络的新模式。BeyondCorp 用对设备的信任取代了对网络的固有信任。不管用户的网络位置如何，对企业资源的访问授权都完全取决于用户和设备是否通过了身份验证和授权。

1.2.1 谷歌为什么要开发 BeyondCorp

谷歌在 2009 年曾经遭受过一次严重的网络攻击事件：一名谷歌员工点击了即时通信消息中的一条恶意链接，从而引发了一系列渗透攻击，且网络被渗透数月之久，多个系统的敏感数据被窃取，造成了严重损失。

事后，谷歌对安全事故进行了全面调查。几乎所有调查报告都指出，黑客在窃取数据之前，曾长期潜伏在企业内网中，利用内部系统漏洞和管理缺陷逐步获得高级权限，最终窃取数据。

通过对事件的分析调查，谷歌安全团队发现自身存在一个严重的问题——对来自内网的攻击防护太薄弱。在开发 BeyondCorp 之前，谷歌与大多数企业一样，以防火墙为基础划分出企业内网和公众网络的边界，并基于此构建安全体系。企业内网被认为是可信的，为了便于开展日常工作，通常不会对员工在内网中访问资源的行为设置严格限制。如果员工出差或在家办公，则需要先使用 VPN 接入企业内网。如果员工使用手机等移动设备办公，那么也需要先配置 VPN 才能使用内网的办公资源。

这次事件证明，当时的模式存在严重的安全隐患。一旦边界被突破，攻击者就可以畅通无阻地访问企业的内部网络，而企业内网无法对其进行有效的限制和监控。

谷歌的安全团队认为，这样的攻击不是个例，以后这类攻击事件会成为大概率事件，内部威胁会成为最严重的威胁。随着 APT 攻击的泛滥，以后的边界防护会变得越来越难。针对这种情况，谷歌安全团队的计划是——开发 BeyondCorp，将访问权限控制措施从“网络边界”转移到具体的用户、设备和应用，及时发现和阻断来自内部的风险。

1.2.2 BeyondCorp 架构

在 BeyondCorp 架构中，无论用户在内网、家中还是咖啡馆，都要经过用户设备认证才能访问企业资源。安全人员会对员工进行最细粒度的访问控制。员工可以更安全地在任何地点工作，而不用配置 VPN。

图 1-4 是 BeyondCorp 的架构图（为了与前后文对应，笔者对 BeyondCorp 组件的位置做了调整，与原图稍有差异）。

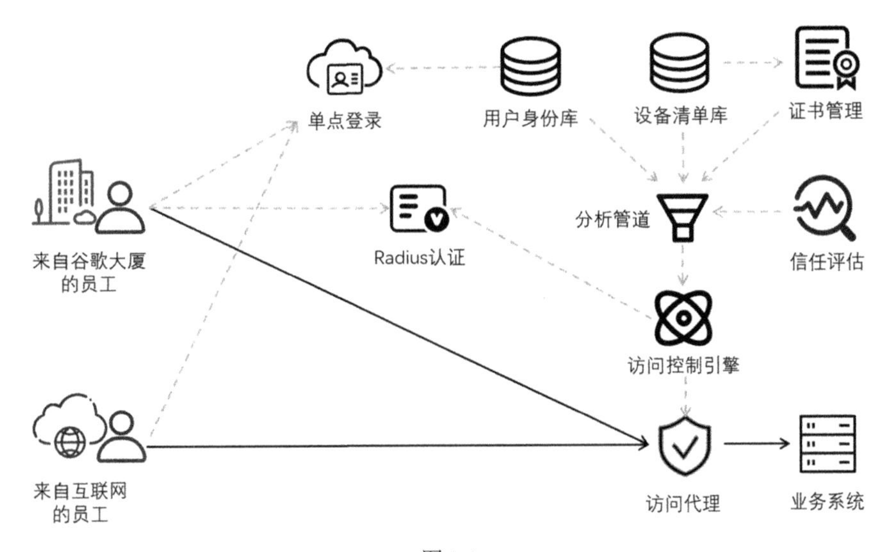

图 1-4

BeyondCorp 包括如下 9 个模块。

（1）单点登录：用户在单点登录的统一门户上进行身份认证，认证成功之后，获取身份令牌。后续所有的访问都需要令牌，以证明用户的身份。

（2）用户身份库：用户身份库存储用户和组织结构的信息，与谷歌的 HR 流程紧密结合，当员工入职、调岗、离职时，身份库会自动更新。在单点登录过程中需要使用用户身份库进行身份校验。

（3）设备清单库：谷歌会随时监控公司设备的安全状态，并将这些受控设备的信息存储在设备清单库中，用于校验设备。

（4）证书管理：BeyondCorp 会给合法的设备下发证书。证书存储在用户设备上，在设备认证过程中会校验证书的有效性。

（5）信任评估：对设备和用户的信任水平进行分析，例如，未安装最新补丁的设备，可能存在漏洞，因此信任等级会被降低。如果存在恶意软件，则表明设备可能已经被入侵，信任等级会被大幅降低。

（6）分析管道：汇聚身份、设备、证书、信任等级等各类信息，推送给访问控制引擎，用于访问策略的决策。

（7）访问控制引擎：对访问代理上的每个访问请求进行校验，校验身份是否合法、设备是否合法、用户是否具有访问某某资源的权限、信任等级是否符合要求、时间位置是否符合要求等信息。例如，限制只有财务部的员工可以在上班时间通过受控设备访问财务系统。

（8）访问代理：谷歌的所有业务系统都是通过访问代理向互联网开放的。用户要访问业务系统，必须通过访问代理的校验。只有校验成功后，请求才会被转发到业务系统。访问代理与客户端和业务系统之间的通信是加密的。要支持大规模用户访问，访问代理还应该具备负载均衡能力。

（9）Radius 认证：BeyondCorp 使用 802.1x 协议来做网络准入的认证。谷歌内部划分了几个 VLAN，最开始零信任网络只是其中之一。参与试点的人会在网络认证之后，被划分到零信任的 VLAN 中体验 BeyondCorp。随着 BeyondCorp 逐渐成熟，其他人才逐渐加入，最终取代之前的网络。

1.2.3 员工的使用体验

介绍完 BeyondCorp 的架构，再来介绍员工在 BeyondCorp 中的实际体验。

1. 网络准入

员工进行 802.1x 认证之后才能连上内网。认证成功的用户会被分到零信任网络中。认证失败的用户会被分到一个单独网络中。在那里，员工只能访问自助服务以便进行补救。

2. 单点登录

无论用户身在谷歌大厦还是咖啡馆，在访问业务系统之前，都会跳转到单点登录页面进行多因子认证。员工需要插入 U 盾或通过指纹识别进行身份验证，没有通过身份验证的用户只能看到访问代理，看不到后面的业务系统。

3. 设备校验

谷歌会向员工的设备后台推送一个设备检测插件。在单点登录和后续的访问过程中，客户端插件会不断检测设备状态。如果员工乱装软件，那么将无法进行单点登录，或者已建立的连接将自动中断。如果设备中了病毒，或者没有更新安全补丁和病毒库，那么系统会提示先修复设备才能继续登录或访问。

4. 访问权限

员工只能访问得到授权的业务系统，如果某人的岗位是开发工程师，那么他是无法访问财务系统的。当然，某些系统开放了申请通道。例如，开发工程师在访问有 Bug 的系统时，如果没有权限，那么系统会在相应页面提示用户申请权限。

5. 风险检测

BeyondCorp 中有一个信任等级的概念。如果员工从一个新的位置登录，那么虽然这个行为有些风险，会降低一些信任分数，但是员工仍然可以正常登录，系统会给员工发送一个风险通知。

如果员工连续做了多个可疑操作，那么当信任分数降低到不满足当前级别的要求时，员工的权限会发生变化。当员工的信任等级为中等级时，可以访问一些低敏的业务系统，使用自助服务恢复自身的等级。如果员工的信任等级为极低等级，那么员工会被彻底隔离，无法接入网络。

1.2.4 服务器与服务器之间的零信任架构——BeyondProd

BeyondCorp 主要负责用户到服务器的访问控制。对于服务器与服务器之间的访问控制，谷歌也有一个大杀器——BeyondProd 架构。其中，Corp 代表企业网络（Corporate Network），Prod 代表生产网络（Production Network）。

作为互联网的巨头，谷歌对系统的扩展性和可用性要求极高，所以很早就实现了业务平台的微服务化、容器化。容器的宿主机可能频繁变化，因此传统的防火墙访问控制规则不再适用。就像用户访问场景一样，服务访问场景的授权也需要基于服务的身份，而不是 IP 地址或者主机名。

BeyondProd 就是要实现微服务级别的隔离，服务之间不存在隐含的信任，一切访问都需要进行身份和权限的校验。即使一个服务被入侵了，威胁也不会扩散到同宿主机的其他服务上。图 1-5 是 BeyondProd 的架构图（为了前后文一致，与 BeyondProd 原图的组件名称稍有不同）。

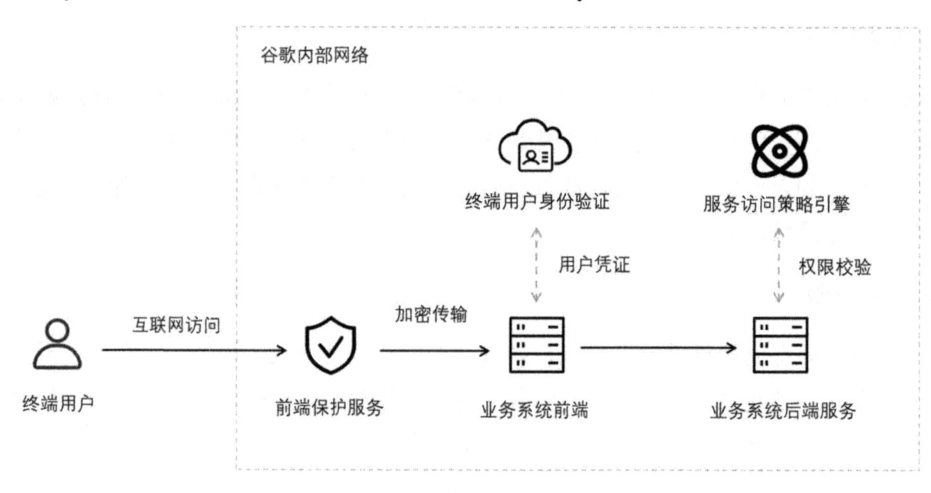

图 1-5

BeyondProd 的几个特性如下。

1. 前端保护服务

谷歌前端保护服务负责过滤网络攻击并进行负载均衡。由此可见，边界防护的理念并不是被完全抛弃了，而是变成了 BeyondProd 的一部分。

2. 加密传输

谷歌的每个服务正常启动后，系统都会下发一个独立的加密证书。证书代表了微服务的身份，用于该服务与其他服务的双向加密通信。谷歌网络内的通信使用的是谷歌自己优化过的协议，没有证书就无法建立通信连接。所以，网络传输这一层也实现了对身份的校验。

3. 业务系统前后端分离

BeyondProd 架构适用于业务系统前后端分离的场景。前端处理用户请求，然后向后端调取数据服务。后端也可以调用服务，在调用过程中实现服务器和服务器之间的访问控制。

4. 权限校验

BeyondProd 的访问策略引擎会对每个请求者的身份和权限进行校验。如果通过了校验，则允许业务后端服务返回数据。如果不合法，则由服务上的隔离程序拦截。

5. 追溯调用数据的终端用户

BeyondProd 要校验调用服务的请求最初是否来自合法的用户。当业务前端调用后端服务时，不仅要验证前端的身份，还要验证终端用户的身份。

例如，某人想打开 Gmail 查询日历信息。那么 Gmail 的前端服务必须先获取某人的合法身份凭证，再向后调取日历信息。后端在接收到请求后，到“访问策略引擎”校验用户行为是否得到授权。只有在用户和前端服务的身份都合法的情况下，才可以从后端获取数据。这样可以避免攻击者以业务前端为跳板，窃取数据。

6. 校验前端服务在代码方面是否可信

在开发人员上传代码后，系统会校验代码是否符合内部安全要求，例如，有没有进行过代码审查（Code Review）、有没有扫描出恶意代码等。

访问策略引擎在授权之前，要检查前端服务的代码是否达到了可信要求，只有符合要求的才能得到授权。这样可以降低攻击者上传未知代码、控制前端服务，从而窃取数据的风险。

7. 校验前端服务的安全状态

授权之前要校验前端服务宿主机的 BIOS、BMC、Bootloader 和操作系统内核的数字签名等信息，以保障前端服务宿主机的完整性。这样也可以避免攻击者通过篡改硬件和系统，控制前端服务，从而窃取数据。

1.3 国外零信任行业的大发展

谷歌在公司内部做的零信任实践在业界产生了很大影响，很多公司都希望向零信任架构演进。有需求就有人满足，零信任创业公司纷纷成立。在其中的佼佼者取得了一定成绩后，大量的老牌安全厂商也纷纷跟进。在诞生了几家独角兽公司后，零信任领域持续吸引风险投资进入，大型 CDN 厂商、电信运营商、通信厂商也开始在零信任领域布局投资或展开并购。这反过来又鼓励更多企业进入零信任领域，创造差异化的产品。如此的正向循环促成了整个行业的大发展。

著名咨询机构 Gartner 认为，未来几年将有 80%的面向生态合作伙伴的新数字业务采用零信任网络，60%的企业将从远程访问 VPN 向零信任架构转型。

2021 年 5 月，美国总统拜登签署了《关于加强国家网络安全的行政命令》（*Execution Order on Improving the Nation's Cybersecurity*），要求政府各部门立即着手制定落实零信任架构的计划。这标志着零信任架构已经得到了美国主流市场的广泛认可。

下面介绍几种比较主流且有特色的零信任解决方案。

1.3.1 零信任网络访问方案

零信任领域最主流的方案是类似 BeyondCorp 的方案。谷歌公司在 2020 年开始将 BeyondCorp 中的部分组件商业化，现在在谷歌云平台上就可以采购相关组件。其特色是与谷歌的 Chrome 浏览器进行了集成，用户可以在 Chrome 企业版上进行安全远程访问。

微软公司推出了基于微软 Azure 云的零信任方案，该方案的架构与 BeyondCorp 相似，企业的身份安全通过微软的 Azure AD 产品保障。其特色是与微软的 XDR 方案集成，并与 Microsoft 365 数据安全方案集成。

其他知名公司，如 Cisco、Palo Alto、Fortinet、Cyxtera 等，都有类似的方案，在此不一一列举。Gartner 在其《零信任网络访问市场指南》中提出了零信任网络访问（Zero Trust Network Access，ZTNA）一词，作为类似方案的总称。

1.3.2 云形式的零信任方案

Gartner 的《零信任网络访问市场指南》中还提到过一种很有代表性的零信任网络访问方案，就是以 Zscaler 为代表的云形式的零信任方案。

Zscaler 是美国典型的新兴零信任网络安全公司，2018 年上市时的市值就超过 10 亿美元，被称为企业安全领域的独角兽公司。在全球 2000 强企业中，一度有 400 家企业是 Zscaler 的客户，Zscaler 的市值更是翻了几十倍，成为资本市场的明星。Zscaler 之所以被市场看好，主要就是因为它的产品是基于云的，规模化、复制能力都非常强。所以，市场对它的业务增长的预期很高。

图 1-6 是 Zscaler 的架构图。

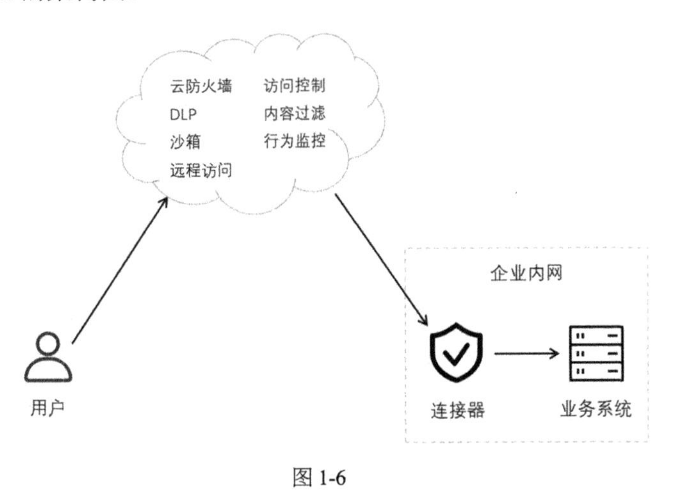

图 1-6

Zscaler 最主要的特点就是把所有的认证、授权、过滤功能都部署在云端，用户在访问内部业务系统时，先到云端进行安全校验，再导入企业内网。这样做，相对其他架构有如下好处。

（1）企业不用部署大量安全设备，只需部署一个连接器，更方便了。

（2）安全功能在云端统一管理，随企业需要随时扩容，扩展性更好、性能更好。

（3）云端可以共享威胁情报以及风险的数据分析模型，安全性更好。

云网关+连接器的架构还有另一个好处，就是连接器只需要由内向外连接，企业不需要开放入向流量，企业的内网环境更加安全。这一点会在 4.1.5 节进行详细讲解。

1.3.3 以身份为中心的零信任方案

这类方案的代表是 Okta 公司。Okta 公司是做身份识别与管理系统（Identity and Access Mangement，IAM）起家的，无论是在 Gartner 定义的访问管理领域，还是在 Forrester 定义的身份即服务（Identity as a Service，IDaaS）领域，Okta 均处于市场领先位置。

Okta 的零信任方案的特色是与 Okta 的身份云集成，实现对用户、服务器和 API 身份的全生命周期管理，以及基于身份上下文的细粒度访问控制。4.7 节会详细介绍零信任架构中与身份相关的安全能力。

1.3.4 微隔离方案

微隔离指对系统服务之间的细粒度的访问控制。这个领域的代表公司是 Illumio。这又是一家安全领域的独角兽公司。

Illumio 微隔离方案的特色是可以获取工作负载之间的“通信地图”，根据地图快速构建访问控制策略，策略会通过部署在工作负载上的微隔离组件自动执行。该方案可以跨云、跨容器、跨数据中心部署，对环境的兼容性非常好。更多关于微隔离的细节将在 4.6 节介绍。

1.3.5 美国国防部零信任参考架构

2021 年 2 月，美国国防信息系统局（DISA）发布了《美国国防部零信任参考架构》。零信任架构正在引领美国国防部的安全架构从“以网络为中心”转变到“以身份和数据为中心”。美国国防部表示，无论是涉密网还是非涉密网，都要使用零信任架构。

美国国防部的零信任理念与 Forrester 的 ZTX 非常相似，也强调安全的七大维度——数据、网络、用户、工作负载、设备、可见性与分析、自动化与编排。不同之处在于，美国国防部的架构更加侧重对网络、应用、数据的统一管控，如图 1-7 所示。

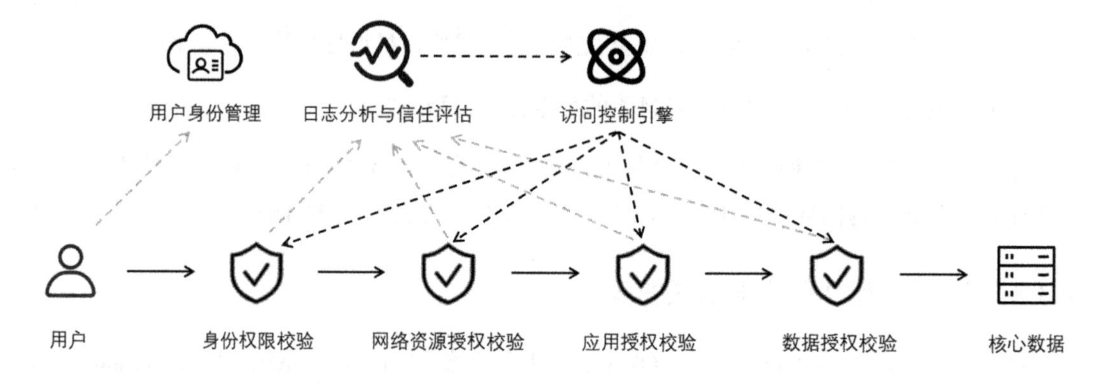

图 1-7

美国国防部的零信任访问控制做得非常深入，从网络到数据，每一层都要进行管控。用户登录要进行校验，用户访问某个 IP 地址要进行校验，用户访问某个业务系统要进行校验，用户访问某条数据要进行校验。特别是对数据的重视，在其他方案中是比较少见的。

美国国防部在数据安全方面已经做得非常细致了。从工资单到导弹防御系统，所有的数据都做了标签化处理，依据标签进行细粒度的访问控制。

1.4 零信任行业技术标准

在行业发展到一定阶段之后，相关机构就会出台技术标准。在 2014 年，零信任行业发展初期，国际云安全联盟发布了一个遵循零信任理念的技术标准——软件定义边界（Software Defined Perimeter，SDP）。现在很多企业的零信任架构都是参考 SDP 标准开发的。

2019 年，美国国家标准技术研究所（NIST）发布了零信任架构的标准草案，并于 2020 年正式发布。目前，这是业界最权威的一份技术标准。

目前国内在零信任标准化的推进上相对落后，不过也有一些企业和机构已经发布了零信任的参考架构。

下面将分别介绍 SDP 技术架构、NIST 的零信任标准、国内零信任标准。

1.4.1 国际云安全联盟提出 SDP 技术架构

2014 年，国际云安全联盟（CSA）的 SDP 工作组发布了《SDP 标准规范》。软件定义边界是相对于传统的以物理边界为中心的网络安全模式来说的。SDP 主张在每个用户的设备上都安装客户端软件，进行身份校验，只有通过验证的用户才能访问企业资源。这样就构建了一个软件的、虚拟的安全边界。这种理念与零信任理念是非常相似的。

由于 SDP 的架构非常简单可靠，国内外很多安全厂商都在推出基于 SDP 架构的零信任产品。可以说 SDP 是目前最好的实现零信任理念的技术架构之一。

1. 为什么说 SDP 架构好

第一，SDP 系出名门。CSA 的 SDP 工作组的组长是原美国中央情报局（CIA）的 CTO——Bob Flores。没错，就是电影里常常见到的那个特工组织 CIA。Bob Flores 把 CIA、美国国防部（DoD）、美国国家安全局（NSA）里面的很多实用技术拿出来，放到了 SDP 架构里。所以如果你去翻看 SDP 的白皮书原文，那么可以看到很多地方写到，SDP 中的这部分技术源自 DoD 的某某技术，是经过 NSA 验证的。

第二，SDP 不是纸上谈兵，自诞生之初，就经历重重考验。在 SDP 技术推出之后，CSA 曾经组织过 4 次黑客大赛来检验 SDP 的可靠性。来自 100 多个国家的黑客一共发起过几百亿次攻击，却没有一个人能攻破 SDP 的防御。比赛的具体过程会在 5.2 节详细介绍。

2. SDP 架构

SDP 架构有 3 个组件，如图 1-8 所示。

SDP 客户端：负责在用户登录时，感知设备安全状态，将用户的业务访问请求转发到 SDP 网关。

SDP 网关：负责执行访问控制策略，只允许合法用户经过网关，访问业务系统。

SDP 管控端：负责验证用户的身份，制定并向 SDP 网关下发安全策略。

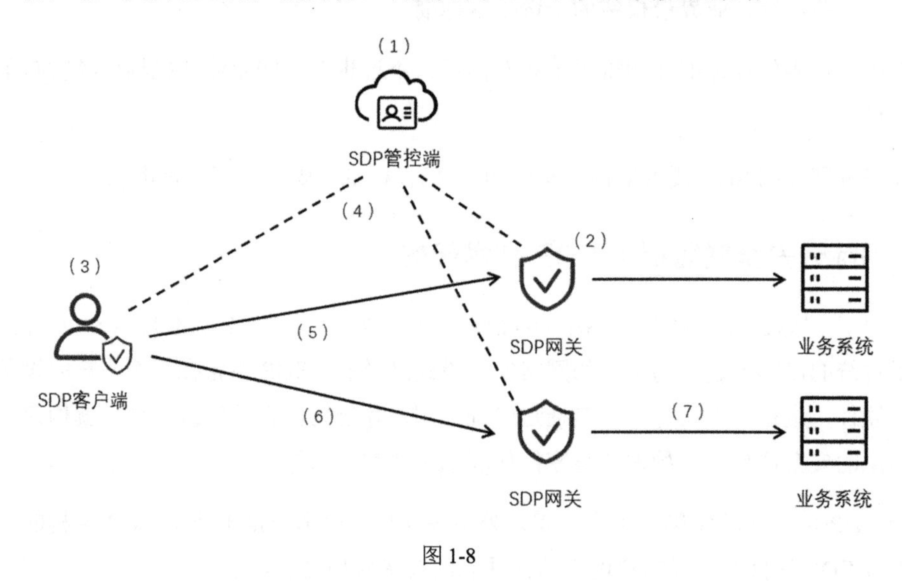

图 1-8

SDP 架构的整个工作流程如下。

（1）SDP 管控端启动。

（2）SDP 网关向管控端“报道”，准备接收 SDP 管控端的控制指令。

（3）用户在 SDP 客户端上进行登录操作，登录请求被转发到 SDP 管控端进行验证。

（4）在身份验证成功后，管控端向客户端下发用户有权连接的 SDP 网关列表，向网关下发校验用户所需的身份和授权信息。在下发信息之前二者不知道对方的存在。

（5）在下发信息后，SDP 客户端与 SDP 网关建立安全加密的数据传输通道（包括 SPA 端口敲门过程）。用户发起的业务访问请求会被 SDP 客户端转发至 SDP 网关。

（6）SDP 网关会根据访问请求中包含的用户信息进行身份和权限校验。

（7）校验成功后，SDP 网关将访问请求转发到后方的业务系统。此后，用户即可正常访问业务系统。

3. SPA 网络隐身

单包授权（Single Packet Authorization，SPA）是 SDP 的特色技术。在默认情况下，SDP 不对外开放端口。只有在客户端通过 SPA 敲门技术通过身份验证之后，才暂时对其开放端口。具体的隐身技术原理会在 4.1 节详细介绍。这就像进入一个秘密基地，平时基地的大门是紧闭的，打不开，外面的人也不知道里面有没有人。秘密基地的成员来了之后，看到大门紧闭，就会敲门。敲门的节奏是三长两短，门里面的人听到了暗号，知道是自己人来了，自然就把门打开了。SPA 技术就是让客户端向 SDP 网关发送一个“敲门”的数据包，包里携带用户的身份信息。SDP 网关接收之后，不做回应，而是解析包中的身份，如果校验成功，就向该用户的 IP 开放端口。

4. SDP 与 VPN 的区别

乍一看，SDP 与 VPN 在架构上有几分相似，但其实 SDP 架构中有很多安全考虑是 VPN 不具备的。

SPA 网络隐身就是 VPN 不具备的安全技术。有了 SPA 之后，SDP 网关在互联网上是隐身的，黑客完全扫描不到。黑客发现不了，自然就不会发起攻击。在近年来 VPN 漏洞频发的情况下，SDP 的网络隐身能力的价值更加明显。

SDP 架构强调控制面与数据面分离，这与 VPN 有明显区别。从架构图上可以看出，SDP 将管控端和网关在逻辑上进行分离，数据的流动与控制指令的流动互不干扰。SDP 管控端和 SDP 网关在专门的控制面网络上进行通信，数据面网络用于业务访问的通信。这么做的好处是，避免黑客攻陷一点就波及整个网络。

另外，管控端分离便于对“多个网关”的场景进行集中管理。例如，企业有两个数据中心，一个在机房，另一个在云端。SDP 可以在每个环境下都部署一个 SDP 网关，然后由一个 SDP

管控端进行统一管理。SDP 管控端会向客户端下发 SDP 网关与其业务系统的对应关系。用户在访问这两个环境中的业务系统时不用切换账号，可以直接进行访问。这是 VPN 做不到的。

5. SDP 适用场景

SDP 架构需要用户安装客户端，所以 SDP 对终端的安全控制更强，客户端和网关联动能产生更严密的防护效果。但客户端也限制了 SDP 的应用场景。一些公开的网站无法用 SDP 保护。

SDP 特别适用于合作伙伴、供应商、第三方人员、分支机构等特定人群访问业务系统的场景。这些系统需要在互联网上开放，以便第三方人员访问。但是又不需要向所有人开放，不会引来黑客攻击。在这种场景下，SDP 能保证合法用户正常连接，对未知用户"隐形"。

1.4.2 美国 NIST 制定行业标准

2019 年 9 月，美国国家标准与技术研究院（NIST）发布了《零信任架构》标准草案（NIST.SP.800-207- draft-Zero Trust Architecture）。2020 年 2 月，NIST 发布了标准草案的第 2 版，并最终于 8 月发布了标准的正式版。这份标准介绍了零信任的基本概念、架构组件、部署方案等，是目前最权威的零信任架构标准。

NIST 标准对"零信任"下了定义。零信任（Zero Trust）是一系列概念和思想，用于减少网络威胁带来的不确定性，以便对业务系统和服务的每个请求都执行细粒度访问决策。零信任架构（Zero Trust Architecture）是一种基于零信任理念的企业网络安全规划，包括组件关系、工作流规划、访问策略等。

NIST 的零信任概念框架模型展示了组件及其之间的基本关系。NIST 的架构模型比此前介绍的架构模型更抽象，但它们本质上是相似的。例如，NIST 的策略决策点相当于 SDP 管控端和 BeyondCorp 的访问控制引擎。NIST 的策略执行点在某些场景下相当于 SDP 网关和 BeyondCorp 的访问代理，在某些场景下相当于美国国防部参考架构中网络、应用、数据的授权校验点。

从图 1-9 中可以看出，零信任架构并非单一的技术产品，它是一个完整的网络安全架构。企业很可能已经拥有其中部分元素了。

NIST 零信任架构的基本组件包括策略决策点和策略执行点。

（1）策略决策点：可以细分为策略引擎和策略管理。

a）策略引擎：当用户发起访问请求时，策略引擎从周边各个系统获取用户的身份和安全状态，进行综合分析，然后计算是否允许该用户访问某个资源。

b）策略管理：负责管理用户的身份凭证和会话创建，根据策略引擎的计算结果，通知策略执行点创建会话或关闭会话。

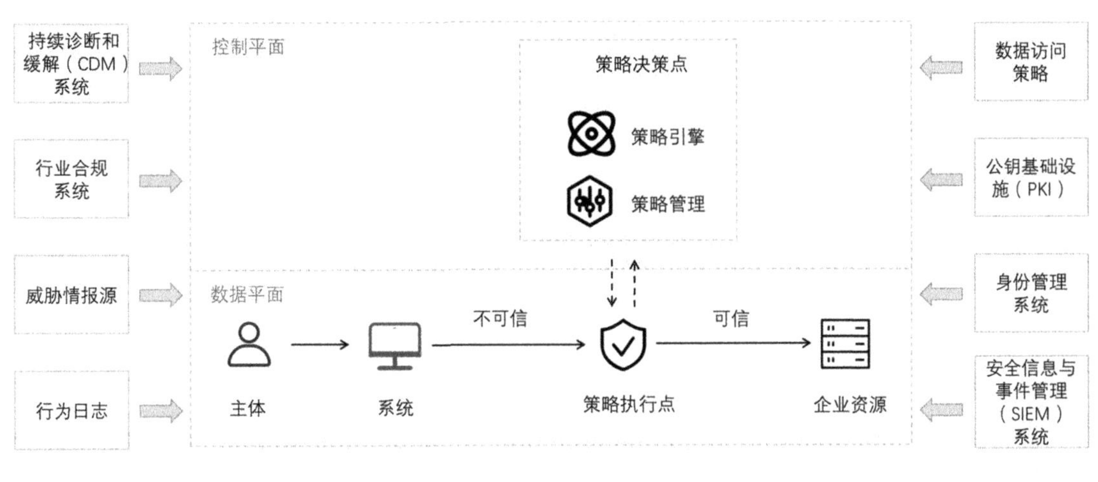

图 1-9

（2）策略执行点：零信任假设访问的主体不可信，而且身处不可信环境，所以主体只有在通过策略执行点的严格校验后，才能访问企业资源。策略执行点负责接收用户的访问请求，按策略决策点的指令放行或拦截。

注意：NIST 的策略执行点是一个抽象的概念，可以指代客户端和网关等组件。NIST 的主体可以指用户，也可以指服务器，还可以指物联网设备。系统可以指用户的笔记本计算机，也可以指服务器系统，还可以指物联网设备的系统。

NIST 零信任架构中左右两边的组件代表了企业现有的或来自第三方的网络安全系统。这些系统也包含在零信任架构之中，为零信任的策略决策点提供信息输入和管理支撑功能。

（1）持续诊断和缓解（CDM）系统：收集企业资产的安全状态，更新系统配置和软件。如果存在漏洞，策略决策点就可以采取修复或隔离措施。

（2）行业合规系统：确保企业遵守了各种合规制度，包括一系列相关的策略规则。

（3）威胁情报源：为企业提供最新的漏洞、恶意软件、恶意 IP 地址等信息。策略决策点可以有针对性地进行分析和屏蔽。

（4）数据访问策略：定义了谁可以访问哪些数据，零信任架构可以在此基础上基于身份和数据属性进行更细粒度的策略管控。

（5）公钥基础设施（PKI）：生成并记录企业向主体、资源签发的证书。

（6）身份管理系统：负责管理企业用户的身份信息，包括姓名、邮箱等基本信息，岗位、部门等组织架构信息，角色、安全标签、绑定设备等其他相关信息。例如，AD 或 IAM、4A 系统等。

（7）行为日志：汇聚企业系统日志、网络流量、授权日志等。策略决策点可以根据行为日志进行分析建模。

（8）安全信息与事件管理（SIEM）系统：汇聚各个系统发出的安全事件及告警日志，便于零信任架构进行策略响应。

1.4.3 国内技术标准大事记

我国正在积极推进零信任的标准化进程。2019 年 7 月，腾讯联合国家互联网应急中心（CNCERT）、中国移动设计院、奇虎科技、天融信等产学研机构，向中国通信标准化协会申请将《零信任安全技术—参考框架》作为行业标准并获得立项。

2020 年 8 月，由奇安信作为牵头单位向全国信息安全标准化技术委员会申请将《信息安全技术 零信任参考体系架构》作为标准并获得立项。

2021 年，中国信息通信研究院和 CSA 大中华区零信任工作组联合推进《零信任能力成熟度模型》等相关标准的建立。2021 年 7 月，中国电子工业标准化技术协会发布了 T/CESA 1165-2021《零信任系统技术规范》团体标准。该标准由腾讯安全牵头起草，联合公安部第三研究所、国家计算机网络应急技术处理协调中心、中国移动设计院等业内 16 家零信任厂商、测评机构及用户共同编制。

1.5 令人眼花缭乱的国内市场

国内的零信任市场日趋成熟。安全厂商纷纷结合自身优势推出了零信任方案，整体呈现百花齐放的态势。但各家方案各不相同，也确实容易让刚接触的人眼花缭乱。下面就来盘点一下国内市场、厂商和技术方案的现状。

1.5.1 国内对零信任的重视

零信任安全已经引起了国家相关部门和业界的高度重视。2019年，工信部发布了《关于促进网络安全产业发展的指导意见（征求意见稿）》，将零信任安全列入网络安全需要突破的关键技术。中国信息通信研究院发布了《中国网络安全产业白皮书（2019年）》，将零信任安全技术列入我国网络安全重点细分领域技术。不少政府单位、大中型企业已经开始研究零信任架构的落地问题。

近年来，各企业频繁组织攻防演练活动，以检测网络安全水平。零信任架构可以缩小网络攻击面，有效地对抗各类渗透攻击，逐渐成为在攻防演练中取得高分的利器，因此引起了大中型企业的兴趣。

国外的零信任需求主要来自IT环境的变化，云计算、移动办公等新技术增加了企业的暴露面，所以需要用零信任架构进行更好的防护。国内的云计算普及率还有待提升，所以来自这方面的需求还不强烈。2020年，移动办公的安全问题得到了重视，零信任在这一年开始快速发展。相信随着企业技术的发展，零信任架构将会逐渐成为企业的标配。

1.5.2 零信任还处于初级阶段

安全行业已经很久没有架构级的新概念了。零信任是一个难得的重塑企业安全架构的机会。因此众多安全厂商纷纷推出了自己的零信任解决方案。

但目前国内的零信任行业还处于初级阶段。最先落地的只有远程访问、身份管理、微隔离等场景。前文提到的BeyondCorp可以不再区分内外网进行统一管控，BeyondProd实现的微服务之间的访问控制、美国国防部的数据级零信任管控、Zscaler云原生架构的零信任接入等很多场景在国内还没有落地案例。

目前市场上有一种声音，质疑“零信任”只是概念炒作，没有真东西。出现这种现象，主要是因为市场上确实有一部分“新瓶装旧酒”的方案。但其实零信任技术本身并不“虚”，SDP、微隔离、终端感知、信任评估、终端沙箱等都是伴随着零信任架构出现的新技术。相信随着时间的推移，零信任的价值会被越来越多的人了解，零信任架构也会为企业创造越来越多的安全价值。

1.5.3 国内的零信任方案

很多刚接触零信任的人，在网上查看了一圈资料之后，会发现越看越乱，有的厂商强调身份，有的厂商强调终端，各家的方案不太一样，感觉抓不住重点。

这是因为零信任理念本身是一个整体架构，能与传统安全产品结合，发挥更大的作用。所以，很多厂商会结合自身擅长的技术，推出有特色的零信任产品。

例如，腾讯云将零信任架构与腾讯的终端安全产品 iOA 进行了整合，提升对用户设备的管控能力。腾讯云在云方面也有一些积累，将零信任架构与全球负载结合，提升跨国公司远程办公的访问速度和稳定性。当然从交付模式来看，考虑到国内信息化的发展水平，短期仍会以现场交付为主，长期有向云模式转变的趋势。

奇安信是目前网络安全公司中规模最大的一家，本身安全能力比较全面。所以，奇安信的零信任方案可以帮助企业建立统一的身份中心、权限中心、审计中心，与终端管控、安全风险分析等产品对接，形成更大范围的整体解决方案。

深信服是知名的 VPN 厂商，有成熟的销售渠道。目前在国内落地最多的就是远程访问场景，深信服先行一步，把 VPN 升级成了零信任 VPN，“自己革自己的命”，不给别人机会。所以，在 Gartner 预测零信任何时能替代 VPN 时，笔者就知道这一天不会远了，因为深信服已经开始这么做了。

阿里云及竹云、派拉等厂商是基于自身具有优势的 IAM 产品来打造零信任解决方案的。这种方案在身份管理、身份认证方面有更多优势。阿里云还与云安全产品打通身份，打造了混合云场景下的零信任解决方案。

有不少零信任创业公司专注于开发 SDP 产品，这方面比较有代表性的是云深互联的深云 SDP。创业公司没有历史负担，直接按照 SDP 标准从零实现了一套产品，这类产品在网络隐身防护方面更具有优势。

还有一类零信任创业公司，他们给出的方案中带有终端沙箱。虽然方案更重，但是数据防泄露的能力特别强，比较有代表性的是数篷公司。

在国内做微隔离技术的公司中，比较有名的是蔷薇灵动公司。通过微隔离技术，实现服务器间的零信任访问控制。

在抗 DDoS 攻击方面，有一个比较有特色的方案是将 SDP 与 CDN 结合，通过缩小攻击面进行抗 DDoS 攻击。这方面比较有代表性的公司是网宿和缔盟云。

从长远看，大家都知道云安全的发展会很好。阿里云、深信服、云深互联等公司都推出了 SASE 产品，做了布局。不过这条路可能比较漫长。

1.6 过热之后必然经历幻灭和重生

一项技术的炒作、兴盛和衰落是有规律的，谁都避免不了。

◎ 萌芽期：一般一种技术刚出来的时候，会引起媒体和行业的关注。

◎ 过热期：随着媒体的炒作越来越多，大家对这个技术的兴趣和期望会越来越高。

◎ 幻灭期：当期望达到顶峰，超出了技术的实际能力时，会从“过热期”进入“幻灭期”，人们开始对技术感到失望。

◎ 复苏期：当一些优秀的公司克服了重重困难，改进产品，开始盈利，并继续努力前进时，人们的信心开始复苏。在复苏期，大家会吸取之前的教训，明白技术在哪些方面没用，在哪些地方有价值。

◎ 成熟期：当技术用在了正确的场景，实际效益得到证明后，越来越多的企业会进入这个领域。随着技术不断发展，采用率开始快速上升，主流公司都在使用，技术最终进入成熟期。

大多数技术都不可避免地经历了这些发展阶段。Gartner 从 1995 年开始，每年都会发布一张技术成熟度曲线图。最出名的例子是 Gartner 在 1999 年发布的技术成熟度曲线图。当时电子商务技术处于过热期，按技术发展的规律预测，之后应该经历幻灭期，然而当时没人怀疑如日中天的电子商务，到了 2001 年，互联网泡沫出现，电子商务泡沫破裂。后来，电子商务的复苏和成熟也如技术曲线所预言的一样，一步一步地成为现实。Gartner 的技术成熟度曲线图一战成名，堪称技术领域的“推背图”。

零信任目前处于技术曲线的哪个位置呢？如图 1-10 所示，零信任刚刚脱离萌芽期，即将到达关注度的顶峰——过热期。如果留意一下媒体消息，会发现在各种安全大会上，越来越多的人开始讲零信任。关于零信任的争论也越来越激烈。

所以读到这里的读者应该注意，在过热阶段要避免被“从众”心理蒙蔽，在这一阶段，媒体会不断描述新技术有多么令人振奋（比如本书就在宣传零信任），有些媒体会把新技术视为万能灵药。这时要注意不能忽视新技术在各种场景下的适用性，就像 2008 年的社交媒体和 2009

年的云计算一样。目前零信任就处在过热阶段，即使身边的企业都在争先恐后地采用零信任架构，也还是要充分了解其中的挑战和风险，再做决定。幻灭期的很多失败案例都是由于不恰当地使用造成的。

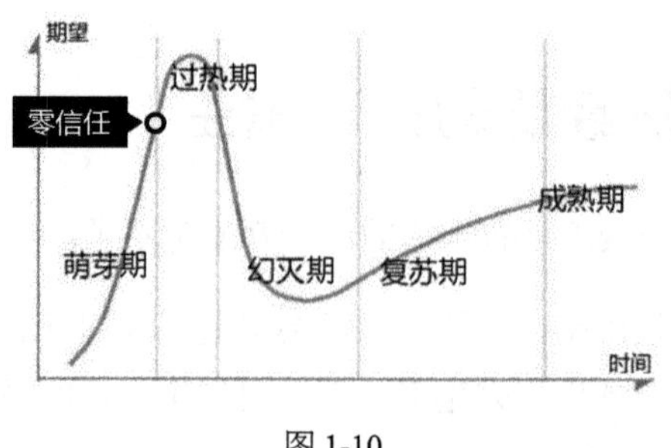

图 1-10

按照技术应用的规律，在同一时期，不同行业可能处于不同的发展阶段。某些行业可能对技术更加敏感，整体风格会更加进取，积极学习、采用新技术，解决自身的问题，参与到新技术的演进过程中，以期在竞争中取得优势。有些行业则会偏向保守，在一切都非常明朗后，才会采用新技术。目前，在零信任领域中，各个行业确实有分化的趋势，有的行业已经有不少企业采用零信任架构，准备建立本行业的零信任实施标准；有的行业的头部企业刚刚开始进行零信任的落地实践；有的行业还在调研和观望。

如果技术曲线的预言准确，那么在未来一两年内，对零信任的质疑会越来越多，零信任会进入声望的低谷。但信念坚定的公司会不断改进产品，抛弃零信任理论中不适用的部分，根据实际需要进行创新。到时，各厂商一定会专注于自己擅长的领域，挖掘细分场景的需求。有的针对远程办公，有的面向开发运维，有的拓展移动端，有的拓展物联网，有的做整体架构，有的专注于数据安全……

可能在未来 2~5 年内，最优秀的公司终将带领整个行业发展到成熟阶段，那时的技术通常是开箱即用的。可能百分之八、九十的企业会采用零信任架构，那时还没有采用零信任架构的企业会感到落后的压力。

2 零信任的概念

前面介绍了零信任的发展历史，以及每个阶段零信任的理念及架构模型，下面将对零信任的概念做具体介绍。

2.1 零信任的假设

零信任假设最坏的情况已经发生，一切都不可信，在此基础上执行最严格的动态持续认证和访问控制策略。

（1）网络不可信：网络始终充满威胁，内网与外网没有不同，网络是不可信的。

（2）设备不可信：网络中的设备不都是公司管控的设备，未经检测的设备是不可信的。

（3）系统不可信：漏洞是修不完的，系统一定存在未修复的漏洞。

（4）人不可信：内部员工不一定可靠。

（5）随时假设你的网络已经被入侵了。

2.2 零信任的原则

零信任的原则可以帮助企业更好地理解零信任理念的细节。

（1）从不信任，始终验证。

a）默认拒绝一切，在进行严格的身份验证和授权之前，不允许访问任何资源。

b)无论什么类型的用户和资源,无论处于什么位置,都必须遵守统一的安全访问原则。

c）无论处于什么网络环境，都要进行端到端的通信加密。

（2）授权以身份和数据为中心，不以网络为中心。

（3）动态授权。

a）在每次访问之前，都必须基于每个连接进行认证和授权。

b）持续评估访问中的信任等级，根据环境和信任等级变化，实时动态调整访问权限。

c）资源的访问和操作权限可以根据资源/数据的敏感性而变化。

d）根据策略的定义和执行方式，可能进行二次身份认证和重新授权。

（4）信任评估应该基于尽可能多的数据源。

a)综合评估用户身份、认证强度、设备状态、业务类型、资源级别、位置时间等因素。

b）检查用户的访问行为、会话时间、带宽消耗，及时发现异常行为。

c）检查流量内是否存在敏感数据泄露，是否存在恶意代码。

d）对特权账号要进行额外的审查。

（5）对用户进行最小化授权。

a）只在刚刚好的时间内，提供恰好足够的权限。

b)区分同一网络资源上的不同应用,尽量只授予应用访问权限,不授予网络访问权限。

（6）持续监控，确保用户设备和业务系统一直处于安全状态。

a）区分用户自带设备和公司管控设备。

b）自动检测和修复不安全的配置和漏洞。

（7）网络隐身。

a）消除公司内部的业务系统和服务在互联网上的可见性。

b）网络连接是一种权限，如果用户无权访问某资源，则他不能在网络层连接该资源。

c）基于身份进行网络权限的访问控制。

（8）为用户提供无缝的访问体验。

a）当用户切换网络时，不用重新建立连接。

b）当用户访问不同环境中的资源时，不用重新建立连接。

（9）收集尽量多的网络和流量信息，统一分析。

2.3 拿传染病防控打个比方

零信任思想与传染病防控策略有异曲同工之妙。

零信任理念讲究“永不信任，持续验证”。当下，我们去哪里都要检查健康码、测体温，进大楼要检查，去机场要检查，回小区也要检查……只要环境变了，就要检查。就像零信任的机制，没有经过身份验证，就没有访问权限。而且这种检查是面对所有人的，不能因为你是某个小区的住户，或者常年在某座大厦工作，就被授予隐式信任。

防疫工作对每个人的检查都是细粒度的动态检查，不仅检查体温是否正常，还要追溯每个人过去的行程，看有没有去过危险的地区。检查使用的行程码也是动态的：昨天你去过的某地变成高风险地区后，今天你的绿码就会变成红码。健康码和行程码就像信任评估的过程，评估时要综合运营商的数据、交通系统的数据、各地的来访记录等。汇聚足够多的数据，信任评估才能足够准确。

为什么每个人都要戴口罩呢？这是因为假设处处存在威胁，在默认情况下要实现微隔离。一旦发现哪个小区有人感染，立马封控整个小区，并将可信等级低的人和设备隔离，阻断威胁的横向传播。

全员接种疫苗相当于什么呢？这相当于实时监控每个设备是否打了最新的补丁，为设备提供修复漏洞的能力。

最终的群体免疫指一旦覆盖了足够多的环节，形成纵深的网络安全防御系统，攻击就很难生效。

2.4 对零信任的几个误解

“零信任”是一个可以引起人强烈兴趣的词，也是一个容易产生误解的词。正因如此，不少人对零信任架构的认识不准确。错误的预期可能导致项目建设的失败，所以这里有必要澄清几个对零信任的误解。

（1）**零信任架构不是完全摒弃已有技术另起炉灶。**零信任架构中的许多概念和想法已经存在和发展了很长时间，可以说零信任架构是这些网络安全思想的演进。

（2）**零信任不仅是一种思路，更是一系列技术的合集。**很多人会望文生义，认为零信任就是什么都不信任。其实，在行业内提到零信任时一般更多指 SDP 架构、微隔离、AI 信任评估、终端沙箱、新一代 IAM 等伴随零信任而出现的新技术。

（3）**零信任架构不是抛弃传统的安全边界。**零信任架构不再将网络因素作为绝对的判断标准，只是将其作为考虑的因素之一。将网络与身份、设备等环境信息结合，进行综合评估，依据结果进行访问控制。

（4）**零信任架构不是没有边界。**有人说零信任是“无边界”，实际上零信任架构只是没有明显的物理边界，而是部署动态的、虚拟的软件边界。

（5）**零信任架构与传统的安全产品之间不是泾渭分明的。**有观点认为零信任架构只负责基于身份的安全访问，对于其他攻击的防护只能依赖传统的安全产品。实际上，零信任架构是近年来少见的整体安全架构。从 Forrester 到 NIST，都是从零信任的角度对网络和安全进行整体重构的，其中包含了对传统安全措施的整合和改造。笔者甚至认为未来一切安全产品都会装一个零信任的“内核”。

（6）**零信任并不代表零风险。**实际上，任何产品的风险都不可能被完全消除。零信任的理念是通过整体架构，层层打造纵深防御系统，逐级降低攻击的成功率，减少安全事故造成的损失。

2.5 零信任的价值

零信任架构可以为业务上云、移动办公、第三方访问、特权访问、物联网设备接入等场景提供安全保障，在贴近用户和数据的位置设置新的安全边界。具体来说，零信任的价值包括以下 6 点。

1．收缩暴露面，降低网络攻击风险

过去企业会授予用户过度的信任，零信任架构将这种信任收回。只有通过身份验证和授权的用户，才能连接、访问业务系统，业务系统对于未知用户来说是隐身不可见的。过去做安全运营要不断地封 IP 地址，现在默认拒绝所有 IP 地址访问。原理详见 4.1 节。

2. 消除身份泄露带来的安全风险

零信任架构强制对所有访问进行身份和设备校验，如果发现盗号或设备入侵等可疑情况，就会进行风险提醒，提示用户确认身份或修复设备，严重时还可以对账号和设备进行隔离。

3. 阻断被入侵后的横向攻击

攻击者入侵一台服务器或者一个用户设备之后，会以此为跳板进行横向攻击。零信任架构通过对用户设备和服务器执行最小化授权和默认拒绝策略，阻断威胁的进一步扩散。

4. 限制越权访问，数据防泄露

零信任系统可以对接数据中台、数据代理或 API 网关，建立基于用户身份和数据标签的数据级访问控制策略；通过流量内容识别，对敏感数据传输进行安全审计；通过终端隔离沙箱阻断越权访问，防止终端上的敏感数据外流，最终实现从访问到传输再到落地全流程的数据安全。

5. 标准化提升用户的访问体验

零信任架构可以消除内网、外网访问的区别。无论用户身处何地，都可以安全访问各个环境下的业务系统。基于云的零信任系统还可以提供全球负载、分布式接入，提升用户访问的速度和稳定性。

6. 降低安全运营成本

零信任系统可以在集中的访问控制点上，统一实施自动化安全策略，实现安全运营效率的最大化。以身份为中心进行策略配置，可以避免复杂的网络规则配置工作，降低运维成本。通过整体规划架构和统一实施策略，可以在一个视图下管控全局安全态势，避免重复建设，避免各部分衔接问题，从而避免出现安全漏洞。

2.6 零信任的风险及应对措施

零信任虽然可以解决很多安全问题，但仍存在一些可预见的风险。在进行零信任建设时，应采取必要的措施来规避风险。

（1）零信任的访问代理（策略执行点）可能成为单点故障：一个点断了，整个网络都断了。因此，必须考虑高可用机制和紧急逃生机制。

（2）零信任的访问代理可能造成性能延迟。特别是对于分布式、大规模的场景，要考虑多

POP 点的架构，而且一定要做性能测试。

（3）零信任的访问代理会保护整个网络，但它本身会成为攻击的焦点。而且零信任系统要汇聚多源数据进行综合分析，这些存储在零信任系统中的数据价值巨大，也容易变成攻击者的目标。所以零信任系统必须具备一定抵抗攻击的能力。

（4）零信任的访问代理具备网络隐身能力，可以提高对抗 DDoS 攻击的效率，但如果攻击方用大量“肉鸡”（也称傀儡机，指可以被黑客远程控制的机器）将带宽占满，那么零信任访问代理也是无能为力的，只能通过流量清洗、带宽扩容等手段解决。

（5）零信任方案包括应用层的转发和校验环节，因此可能存在与业务系统的兼容问题。应当尽量在零信任方案建设的早期发现并解决这类问题。

（6）零信任建设涉及各方面的对接，需要考虑建设路线和成本问题。零信任的建设一般要考虑与业务系统、用户身份、安全分析平台的对接，以及与现有网络安全设备的协同。否则零信任的加密通信策略可能影响原有的流量分析体系。

（7）零信任的信任评估及风险分析算法可能存在误报。企业应当不断积累训练数据，根据业务自身的特征，对分析模型进行持续调优。

（8）安装零信任客户端可能导致用户学习成本增加。在建设零信任架构时，需要考虑为非管控设备和无法进行强制要求的第三方用户提供无端的接入方式，或者尽量提供无感知的终端体验。

（9）采取单一厂商解决方案会导致供应商锁定问题，可以考虑将多个产品集成。例如，将资源访问和身份认证模块分开采购。

（10）如果采用云形式的零信任架构，则需要考虑第三方的服务等级协议（SLA）、可靠程度、可能存在的数据泄露问题等。

（11）零信任也无法突破安全能力的极限。如果用户的账号和密码被窃取，那么零信任系统发现之后会进行短信认证和设备认证。如果攻击者将用户的手机、计算机、账号和密码、证书等信息都窃取了，而且绕过了零信任系统的异常行为检测，零信任就无能为力了。同样的道理，零信任的终端沙箱可以禁止用户将敏感文件从安全区拷走。但如果有复制权限的用户故意将文件泄露，或者有管理员故意做了不安全的配置，那么零信任系统也只能审计，无法阻拦。

3 零信任架构

本章将通过对比的形式，介绍企业如何向零信任架构演进，并总结一个典型的零信任架构应该具备哪些能力，希望能帮助企业按图索骥，在实际落地时根据零信任能力地图，结合现有架构和自身需求，规划出适合自己的架构方案。

3.1 当前网络架构

图 3-1 展示了一个很有代表性的虚构的企业网络安全架构。从图中可以看出，这家企业已经拥有了很多网络安全设备，具备了一定的安全能力，不过仍然存在对内网过度信任、对外暴露攻击面、缺少基于身份和数据的动态安全管控等问题。

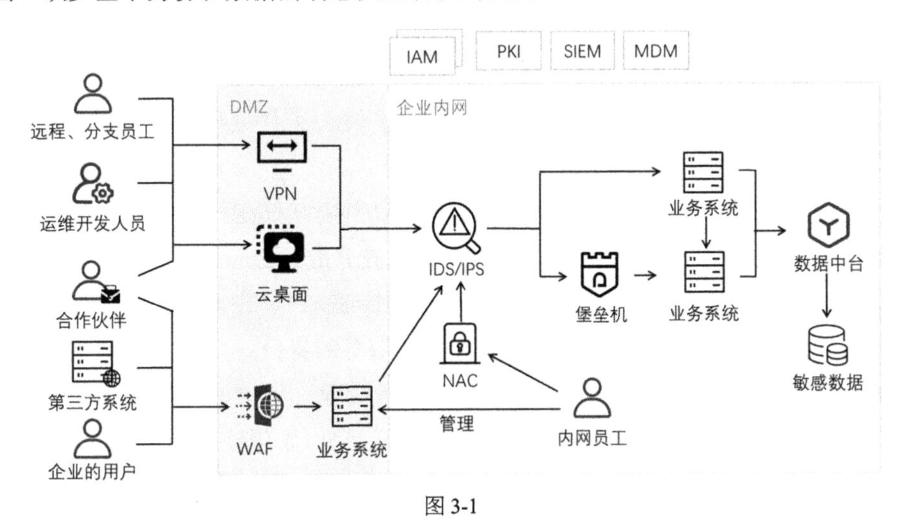

图 3-1

下面对企业现有架构中的要点进行简要介绍。

1．具备基本的边界安全能力

◎ 入侵检测：企业的防火墙带有 IDS 和 IPS 功能，可以对网络流量进行检测。

◎ 网络准入：企业员工需要通过 NAC 系统的验证才能接入公司网络。问题是 NAC 无法用于远程访问和云环境，基于复杂度和性能考虑，企业也没有将 NAC 用于分支机构。

◎ WAF：企业的一部分 2C 的业务系统位于 DMZ 区，企业的 C 端用户可以直接通过互联网访问，业务系统会调用内网资源。企业还提供了一些 API 供第三方调用，这些 API 在互联网上也是开放的。这部分系统和 API 的安全由 WAF 来保护。

2．简单的网络分区

目前防火墙的网络规则比较宽松，只做了简单的分区。如果企业遭受病毒攻击，那么病毒可以在网络中自由传播，会影响很多业务系统。企业希望通过零信任架构消除网络中的过度信任，限制威胁扩散。

3．对远程访问的担忧

◎ VPN：大部分远程访问的员工会通过 VPN 接入内网。不过随着远程办公人数的增加，VPN 的安全问题越来越明显。而且，业内爆出了不少 VPN 漏洞攻击事件，企业对此非常担心，希望通过零信任架构保护远程办公的安全。

◎ 堡垒机：企业一直使用堡垒机来保证核心网络资源的安全运维。美中不足的是，目前堡垒机与核心网络资源之间的连接始终是畅通的，企业希望可以对此进行改善。而网络策略默认是拒绝的，只有合法用户发起访问时，才暂时允许堡垒机连接到核心网络资源。

◎ 云桌面：部分员工需要通过云桌面接入敏感的业务系统。企业最头疼的是云桌面的成本、性能、体验问题。

4．期望升级身份管理和安全运营能力

◎ 身份管理系统：企业大部分员工的身份在 IAM 中。但是由于历史原因，也有一部分人的身份在其他几个小型身份管理系统中，比较分散。

◎ 身份验证：部分系统已经使用了多因子身份认证。

◎ PKI：企业已经开始使用 PKI 来验证用户和服务的身份。

◎ MDM：企业已经通过 MDM 对移动设备进行管理。

◎ SIEM：企业使用 SIEM 来管理安全信息和安全事件，希望持续丰富接入 SIEM 的信息，同时引入自动化的编排和响应能力（SOAR）。

3.2 零信任网络架构

大型复杂网络的零信任改造是一个非常大的话题。本节提出的零信任逻辑架构无法“面面俱到”，仅希望提供一个简单的、直观的参考。

经过零信任改造后，企业的网络安全架构变成了一个端到端的纵深安全体系，如图 3-2 所示。零信任管控平台与网络中的各个节点对接，管理用户的网络连接、身份认证、业务访问等流程。安全网关作为企业网络的统一入口，负责执行持续的身份和权限校验，对于不同的用户和场景有不同的准入要求，只有满足要求的用户和场景才能接入企业网络。企业网络中的所有访问都受零信任的策略管控，不存在默认的信任。

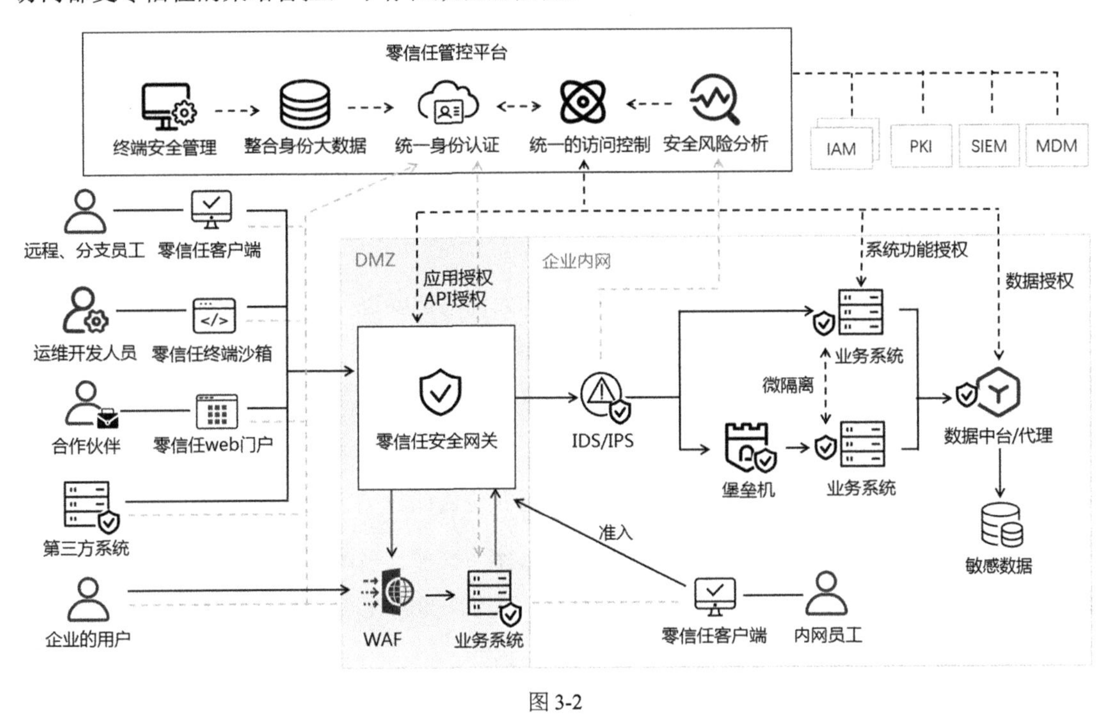

图 3-2

下面分别介绍零信任架构中的各个组件。

3.2.1 零信任管控平台

零信任管控平台相当于零信任架构的大脑，负责对用户身份、权限、终端设备进行管理；收集各类数据进行风险分析和综合信任评估；对外提供身份认证和动态权限校验服务。如果企业只有一个数据中心，那么管控平台可以部署在企业内网。如果企业有多个云或数据中心，那么管控平台可以单独部署，统一管理所有数据中心的安全网关和其他策略执行点。

1．终端安全管理

管控平台负责收集用户终端设备的信息，检查是否存在入侵迹象，以便为后续的访问控制策略提供依据。管控平台需要向各类零信任客户端（终端沙箱、Web 门户等）下发管控策略。管控平台还可以与传统的终端管控产品对接，实现终端与零信任策略的联动。

2．整合身份大数据

零信任架构是以身份为中心的。为了设定细粒度的访问控制策略，零信任系统要汇聚各个来源的身份属性，组成完整的身份安全大数据。例如，从 IAM 及其他身份系统同步用户的岗位、部门信息，从 MDM 同步用户的设备信息，从 SIEM 同步用户的网络安全信息，并把这些信息打通，形成完整的用户画像，从而设定基于身份、设备、安全属性的细粒度访问控制策略。而且，要定期检测、处理平台中存在的异常账号和不合理的权限，提升身份大数据的质量。

3．统一身份认证

无论用户身处内网还是外网，在访问企业资源之前，都要进行统一的身份认证。零信任系统可以与原有的 PKI 和 IAM 的认证模块对接，延续原有的认证方式。用户的身份认证会被转发到管控平台统一执行。对于风险级别较高的人，要进行额外的多因子认证。

第三方系统、API 服务也建立了零信任身份。企业的 API 服务是通过零信任安全网关来发布的。第三方系统在调用企业的 API 时也需要进行身份认证。

C 端业务的用户身份也可以纳入零信任系统做统一管理。当用户通过互联网访问业务系统时，零信任系统起到身份认证和风控分析的作用。这个场景将在 6.4.2 节详细介绍。

4．统一的访问控制

管控平台依据“身份大数据”和“安全风险分析”的结果对用户访问行为进行校验。一方面要确保用户的访问行为得到了授权，另一方面要确保用户的访问行为不存在风险，否则将通知策略执行点进行拦截。

管控平台可以与安全网关、业务系统、数据中台、数据代理进行对接，实现应用级、功能级、数据级的权限管控。管理员分层配置各类访问控制策略，由访问控制引擎统一计算后下发决策指令。

5. 安全风险分析

管控平台的风险分析模块会持续接收客户端及其他设备发来的安全信息，基于用户身份、设备状态、访问行为、网络日志等信息，综合分析是否存在风险，计算用户和设备的可信等级，为访问控制引擎的判断提供依据。访问控制引擎会对用户的访问请求进行判断，如果合法则向网关下发放行指令。如果用户的请求与授权策略不匹配，或者发现用户行为存在风险，则向网关下发阻断指令。

总结一下，零信任管控平台的数据来源包括身份大数据模块汇聚的用户和设备信息、风险分析模块发现的异常事件、终端安全模块检测的终端安全状态、零信任安全网关上传的用户访问日志等。

3.2.2 零信任客户端

零信任客户端的形式多种多样，可能是类似 VPN 的独立小程序，可能是浏览器，可能是浏览器插件，可能与终端沙箱融合，可能与杀毒和终端管控软件融合。

零信任客户端部署在用户的设备上，提供从用户到授权资源的加密连接。在建立连接之前，客户端会对用户进行身份认证。在访问过程中，客户端持续对终端设备进行安全检测，并向管控平台上报。在发生异常时，管控平台会向客户端和网关同时下发阻断指令。客户端要与用户交互，提示被阻断的原因，或提示进行二次认证。

在敏感数据访问场景下，客户端还要具有终端沙箱、添加水印等数据泄密防护功能。零信任安全网关只放行从终端沙箱发出的流量，用户只能在终端沙箱中查看数据，不能向外复制，从而形成完整的安全闭环，让数据只在安全闭环内流转。企业也可以保留云桌面，实现数据的分级访问控制。安全网关只允许使用云桌面的用户访问高敏数据，本书 4.5 节将对零信任的终端安全能力进行更详细的描述。

在有些场景下，可以允许用户不安装客户端，直接通过零信任 Web 门户接入零信任网络。如果不安装客户端，那么虽然提升了用户体验，但会降低安全能力。本书 6.3 节将对轻量的零信任 Web 门户进行更详细的描述。

3.2.3 零信任安全网关

零信任安全网关相当于企业网络的大门，对所有流量强制执行访问控制策略。安全网关通过对用户访问和 API 调用的统一代理，对企业的网络暴露面进行收口。当遇到访问请求时，安全网关立即向管控平台上报，并根据平台下发的指令进行放行或阻断。在访问过程中，安全网关还要负责流量的负载均衡、加密传输及日志记录。

安全网关应该支持各种常见协议的传输。其实现形式可能有多种，例如，与 VPN 类似的隧道网关，或者应用层的反向代理等。如果企业的业务系统原本就有 Nginx 等代理服务器，那么可以直接在 Nginx 上进行零信任改造，充当安全网关。

在多分支机构或多数据中心的场景下，安全网关还需支持分布式集群部署，或云网关+连接器模式的架构。让安全网关镇守在每个环境的网络入口。

具体来说，零信任安全网关需要支持在以下场景下的访问控制。

1. 远程访问

企业逐步用零信任系统替代了 VPN。零信任安全网关具备网络隐身能力，可以减少企业的暴露面。当员工进行远程访问时，要先登录零信任客户端，客户端会转发用户的访问请求。零信任管控平台会对用户的行为进行风险分析，零信任网关根据管控平台上配置的访问控制策略对用户、设备属性进行细粒度检测，随时拦截可能发生的风险。

2. 内网访问

在零信任系统逐步成熟后，会消除内外网之间的差异。内网员工也需要登录零信任客户端，在经过严格的验证之后，才能访问内网业务系统。如果不登录零信任客户端，就访问不了任何内网资源。

3. API 调用

当第三方系统调用企业的 API，以及业务系统之间调用 API 时，需要进行身份验证。管控平台会检查调用者的身份、权限是否合法。对于重要的 API 资源，管控平台还会要求调用者安装终端环境检测组件，由终端检测组件实时向管控平台上报调用者的环境是否安全。例如，服务器是否有杀毒能力、是否存在高危漏洞、是否存在入侵迹象等。在验证成功后，安全网关才会转发调用请求。

零信任安全网关还可以集成一部分安全防护能力，实现 API 流量的威胁检测。更多详细内容可以在 6.7 节中找到。

3.2.4 微隔离组件

安全网关负责用户到服务器之间的访问控制，而微隔离组件负责每个服务器之间的访问控制，微隔离策略由零信任管控平台统一管理，管控平台的决策指令由微隔离组件执行。微隔离组件最常见的形式是在服务器上部署一个 Agent 软件，相当于在服务器上部署了一个基于身份的“防火墙”。

微隔离组件会校验服务器之间的访问请求，阻断未授权的非法访问。例如，一个业务系统的前端服务器只能访问它的后端数据库，不能访问其他业务系统的服务器。在实施了微隔离策略之后，攻击者即使攻陷了某个服务器，也无法以此为跳板，攻击网络中的其他服务器。

微隔离组件常常会与主机安全组件融合。当在服务器上发现了入侵迹象时，立即触发告警，提醒管理员尽快修复。如果超过一定期限没有修复，则自动隔离或限制服务器的访问权限。

3.2.5 零信任策略执行点

大部分原有的安全设备仍将存在于零信任架构中，这些设备可以通过对接和集成，与零信任架构融合，变成零信任的策略执行点，基于身份属性进行访问控制或威胁过滤。业务系统和数据中台本身也可以成为零信任的策略执行点，执行更细粒度的权限管控。

1. 网络安全设备的零信任改造

对于传统安全设备的改造主要是在设备上实现一个策略对接层。对接层与零信任管控平台对接，接收安全策略，转化为安全设备可以执行的规则，然后执行。

以防火墙为例，传统防火墙以 IP 地址为基础进行管控。例如，“允许来自 10.5.0.0/16 的流量访问 10.3.0.0/16 的 443 端口”。经过零信任改造后，防火墙可以基于身份进行管控。例如，在给用户小张授予访问 OA 系统的权限后，每次小张登录零信任管控平台时，防火墙都会从管控平台获取小张的 IP 地址，然后自动添加一条规则“允许小张的 IP 地址 10.5.0.2 访问 OA 的 IP 地址 10.3.0.2:443”。在小张退出登录后，立即取消这条规则。当管控平台发现小张的设备存在高危风险时，防火墙也会暂时取消这条规则，当小张修复了设备后，再恢复他的访问权限。如果小张有两个设备，那么防火墙可以只封锁有风险的设备 IP 地址，安全设备的访问权限不受影响。

此外，零信任系统可以与 IDS 对接，帮 IDS 进行流量解密、身份溯源，减少误报；与堡垒机对接，基于更多身份和数据属性，进行细粒度授权。8.4 节将介绍更多零信任与现有架构融合的方式。

2．功能级、数据级的访问控制

零信任的理念不只适用于应用级的访问控制，还可以与业务系统对接，结合设备、环境因素，进行更细粒度的权限管控。例如，用户只有在可信设备上才能使用“编辑、删除”功能，在有风险的环境中只能使用“查看”功能；工作人员在有风险的环境中查看客户信息时，中台只返回手机号的后四位；只有在公司使用管控设备查看客户信息时，才能查看完整的手机号等。

对于业务系统的改造主要是在业务系统内部实现一个策略执行模块，拦截访问请求，发给管控平台校验，再根据接收到的指令，执行放行或阻断动作。数据中台的执行动作除了放行和阻断，还有可能包括数据过滤、数据脱敏等。

3.3 零信任安全能力地图

下面对零信任技术进行总结，撇开概念，介绍零信任的技术。最常见的零信任能力分为 7 类：身份、设备、网络、应用、数据、可见性与分析、自动化与编排，如图 3-3 所示。

图 3-3

也有人将零信任简单总结为“SIM”，即 SDP、IAM、微隔离，这种说法点出了零信任架构中最具代表性的几个能力，非常简单易懂，但没有图 3-3 完整。

3.3.1 身份

1. 身份大数据

◎ 身份属性建模：定义用户、组织、设备、资源等实体的模型。根据业务发展和安全需求增加，不断补充、调整模型属性的定义。

◎ 多源身份汇聚：从 IAM、HR 系统、设备管理系统、网络安全分析系统中同步与用户相关的属性信息，汇聚成身份大数据，处理多源汇聚过程中的冲突。

◎ 基本身份管理：集中管理内部员工、外包人员、合作伙伴、供应商等各类人群的身份生命周期。

2. 持续身份认证

◎ 身份认证：支持密码、动态口令、U 盾、生物识别等多种形式的身份认证。

◎ 持续多因素认证：在登录和访问过程中，如果发现了设备和行为存在异常，或进行了高危操作，则对用户进行二次身份认证。

◎ 单点登录：用户在零信任客户端或 Web 端登录后，进入业务系统时，不用再次登录，可以直接进入。

3. 动态授权

◎ 基于角色的授权：将具有类似特征的一批人归纳为一个角色，例如，网络管理员、研发工程师、行政人员等，根据角色授予用户访问应用和数据的权限。

◎ 基于属性的授权：对各项属性都符合要求的用户进行授权。包括设备属性（是否为管控设备、是否有杀毒软件、是否有锁屏密码等）、环境属性（时间、位置、IP 地址等）、身份属性（岗位、部门、职级、休假差旅状态、可信等级等）、业务属性（用户正在进行的事务类型、需要的资源类型、用户级别与资源级别的匹配关系等）等。

◎ 基于任务的授权：对参与了某项任务的用户，授予访问该任务相关资源的权限，在任务结束后，立即收回权限。

◎ 基于策略的授权：定义操作某项业务所必需的资源和操作，定义哪些员工可以得到操作这项业务的权限，定义不同的人分别在什么条件下可以得到操作这项业务的权限。当员工满足策略中的条件时，将获得策略中对应资源的操作权限。

◎ 临时访问权限申请：允许用户申请访问敏感资源的权限，并按流程进行审批。例如，由部门领导和资源负责人审批后再授权。

3.3.2 设备

1. 设备清单库

◎ 设备识别：采集每个设备的设备 ID、Mac 地址、主板号等信息，组合成设备的唯一指纹标识。

◎ 设备清单库：导入、管理公司管控设备和员工自带设备的生命周期。

◎ 设备绑定：限制用户可绑定的设备数量，或指定绑定某个设备 ID。绑定过程与审批流程结合，用户可自助申请绑定和解绑。

2. 设备安全基线

◎ 设备认证：在用户登录和访问时，对用户当前使用的设备进行身份校验。

◎ 设备安全检测：检测设备是否安全合规。例如，是否存在病毒或木马、高危漏洞、黑名单软件，是否存在不安全的配置，是否存在注册表篡改等入侵迹象，是否存在不安全的进程和服务，是否打了最新补丁等。

◎ 设备漏洞修复：根据设备安全检测的结果，引导用户修复设备存在的漏洞，清理病毒、木马，否则用户无法继续接入零信任网络。

◎ 远程擦除：当设备被窃取时，可由管理员或用户远程擦除设备上的敏感数据。

◎ 可信进程管控：按进程的粒度执行访问控制策略。零信任客户端允许企业指定的可信进程连接资源，其他程序即使安装在用户设备上，也无法连接资源。

◎ 设备准入基线：设备只有满足一定安全要求才能通过认证，接入零信任网络。例如，未安装杀毒软件的设备不能接入。

3.3.3 网络

1. 网络隐身

◎ 网络隐身：零信任安全网关默认隐藏所有端口，只对经过 SPA 单包授权的用户暂时开放。

◎ SPA 动态密钥：用户和安全网关各有一个密钥，用户发出的加密 SPA 包只有安全网关能解开，从而防止对 SPA 包的重放和篡改。

2. 统一入口

◎ Web 应用代理：统一代理所有 Web 应用的访问请求。应支持 HTTP、HTTPS、WebSocket 等协议。当访问请求到达时，校验每个请求是否合法，执行放行或拦截动作。记录用户访问 URL 的日志。

◎ 安全隧道网关：与零信任客户端建立网络层隧道，分配虚拟 IP 地址，转发用户对网络资源的访问，支持基于 TCP 和 UDP 的各种协议，如 HTTPS、SSH 等。当访问请求到达时，校验每个请求是否合法，执行放行或拦截操作，记录用户访问 IP 地址的日志。

◎ API 安全网关：统一代理所有调用 API 的流量。校验每个访问请求，执行放行或拦截操作，记录调用 API 的日志。

◎ 云网关与本地连接器：在云端部署网关，在本地部署连接器。本地网络不必提供入站连接，只需提供出站连接，因此，企业网络在互联网上完全不可见。连接器也需要对访问请求进行校验并记录日志。

◎ 分布式网关集群：为用户提供不间断的访问体验。提供多个网络接入点，全球不同地区的用户可以就近快速接入零信任网络。可以动态添加和删除集群的节点。

◎ 网络准入：基于零信任的授权策略，检查用户的身份、设备、环境信息，只有符合要求的设备才能连接企业 Wi-Fi。

◎ 网络入侵防护：与防火墙、IDS、IPS 联动，检查网络流量中是否存在恶意威胁，进而提供审计或阻断服务。

◎ 安全 DNS：在零信任体系内，进行私有 DNS 解析。在解析过程中，过滤恶意域名，记录用户的访问历史。

3. 微隔离

◎ 微隔离：在服务器上部署微隔离组件，接收零信任管控平台的安全策略。服务器之间的访问需要经过微隔离组件的校验才能被放行。

◎ 主机行为基线：通过微隔离组件采集的数据来学习主机的行为习惯，形成安全基线白名单。例如，控制主机上的 Java 进程只能连接后端数据库的 IP 地址，控制 Ncat、bash 进程不能连接任何 IP 地址，控制只允许运维管理员的 IP 地址访问 22 端口等。

4. 加密传输

◎ 国产密码加密传输：使用国产密码对流量进行加密。

◎ SSL 加密传输：使用 SSL 对流量进行加密。

◎ mTLS 加密传输：使用双向 TLS（mTLS）对流量进行加密。

◎ 隧道加密传输：使用隧道传输协议对流量进行加密。

◎ 加密证书：为每个设备生成一个证书，用于 SPA 校验和后续的加密通信。证书通过手动或自动方式下发给合法设备。

3.3.4 应用

此处的“应用”与前文提到的工作负载的概念类似，包括本地的业务系统、云端的服务等。

1. 应用访问控制

◎ 应用管理：管理应用的协议、地址、端口等信息。

◎ 应用发现：从网络日志或访问日志中发现企业有哪些应用，应用有哪些用户。这些信息可以辅助管理员进行授权操作。

◎ 应用功能访问控制：基于零信任管控平台的安全策略，对登录应用的用户进行细粒度的权限管控。用户只能看到有授权的功能菜单，无法执行未授权的操作。

2. API 访问控制

◎ 服务器安全检测：检测服务器是否安全合规，是否存在病毒或木马、系统篡改、高危漏洞，是否存在不安全的系统配置，各个组件是否都打了最新补丁等。

◎ API 调用者的身份认证和授权：为 API 调用者建立身份凭据，配置它在什么条件下，可以调用哪些 API 服务。

◎ API 服务的管理：配置 API 服务的地址和端口，对外发布 API 服务。

◎ API 内容过滤：检查 API 调用的流量中是否存在敏感数据泄露和恶意代码攻击问题。

3. 应用赋能

◎ 访问加速：通过安全网关实施统一的应用代理，通过连接复用、缓存、压缩传输等手段提升访问速度。

◎ 统计分析：根据客户端的访问日志，对应用的连接速度、响应时间、访问成功率等进行统计。

◎ 可信身份传递：将零信任系统的用户身份信息传递给应用，便于应用对用户进行识别统计。

4. 安全开发运维

◎ 安全运维访问：管理特权账号的身份和账号，与堡垒机联动，对运维操作进行细粒度权限校验。

◎ 代码可信校验：只允许经过评审和检测的代码才被构建、部署，避免未知源代码引入安全漏洞。

3.3.5 数据

1. 数据访问控制

◎ 数据分级分类：对接大数据平台，导入数据的分级分类标签作为数据访问控制的依据。

◎ 数据访问控制：用户通过应用访问数据时，数据代理或数据中台依据零信任授权策略对访问行为进行校验，只放行身份和权限合法的访问。

◎ 数据脱敏：在对数据进行访问控制后，基于零信任授权策略，检测返回结果中是否存在敏感字段或标签，对其进行脱敏处理后再返回数据。

2. 数据泄密防护

◎ 数据泄密防护：基于零信任授权策略，在用户可信等级较低或资源要求较高时，执行数字水印、文件不落地、文件操作审计、敏感文件的外发审计等策略。例如，当发现敏感文件发送到私人邮箱时，进行录屏存证。

◎ 终端沙箱：可在设备上划分一片数据安全区。敏感数据只能通过沙箱访问，只能在终端的数据安全区内加密存储。数据无法被复制，无法另存到用户的个人空间。导出文件需经过审批，否则数据只能留在零信任的安全闭环内。

◎ 远程浏览器隔离（RBI）：用户通过远程浏览器隔离技术打开的页面，只是一系列像素组成的图像，实际的页面数据在远端服务器，不会落在本地。用户无法将页面数据复制到本地。

◎ 安全浏览器：基于浏览器或浏览器插件，给 B/S 应用的敏感页面打上数字水印。禁止用户对敏感页面进行复制、粘贴和截图操作。监控用户在浏览器输入和查看的页面内容中是否存在敏感信息。

3.3.6 可见性与分析

1. 安全审计

◎ 账号权限审计：对用户和角色的权限进行审计，确保合规。

◎ 用户设备审计：查看所有设备的可信等级分布，查看用户使用设备的属性信息。

◎ 访问日志审计：记录用户的网络连接日志、应用访问日志，以便对恶意行为进行溯源。

◎ 授权策略审计：检查授权策略的执行情况。检查是否存在与策略不符的访问记录（可能是程序故障或攻击行为）。

◎ 越权访问审计：记录尝试访问未授权应用，或尝试访问沙箱中未授权数据的行为。

◎ 安全事件审计：记录发生的所有安全事件以及自动化处理结果，安全人员可以据此进行安全事件的人工确认和处理，定期分析事件背后的共性原因。

2. 风险分析

◎ 身份窃取分析：检查用户的登录行为是否存在异地登录、异常时间登录、借用账号、借用设备等情况。

◎ 异常行为分析：检查用户的访问行为是否存在操作频率过高、会话时间过长、占用带宽过大、访问行为与以往习惯不符等情况。

◎ 网络攻击发现：检查用户是否存在内网扫描、暴力破解等攻击行为，是否存在针对 SPA 隐身功能的恶意攻击行为。

◎ 异常账号分析：检查是否存在长期未使用的沉默账号、在定义流程之外创建的私开账号或孤儿账号、未与零信任身份关联的应用账号和不包含任何用户的角色。管理员应及时删除无效的账号，这样既能节省账号许可费，又能消除安全隐患。

◎ 异常权限分析：检查账号是否存在长期未使用的权限，是否存在在定义流程外开通的权限，是否存在过度授权的情况。

◎ 威胁情报分析：对接各个安全设备发现的安全威胁以及全网已发现的威胁情报，与身份大数据融合，以便对用户和设备进行综合信任评估。

3. 信任评估

◎ 综合可信等级分析：综合评估用户当前的认证强度、设备安全状态、环境的可信程度、近期是否出现过风险事件等信息，对用户的可信程度进行分级。

◎ 可信要求分析：综合评估应用的访问频次、关联人群、关联数据的级别等信息，分析应用的重要性，对应用进行分级，只有当用户可信等级高于应用等级时才能授予其访问权限。

3.3.7 自动化与编排

1. 风险响应

基于风险分析的结果执行处置动作。出现低风险事件要向用户或管理员发出风险提示。出现中高级风险事件要对用户进行二次认证，或直接阻断会话。

2. 策略编排

◎ 安全设备联动：通过与终端安全产品和边界安全产品联动，对可疑用户进行各个层面的阻断和隔离。

◎ 外部管控 API：允许第三方系统通过 API 对零信任体系进行管控，包括对用户、设备管理、策略配置、客户端和网关等的控制。

3.4 零信任的典型用例

下面将通过几个典型用例，把常见场景下的零信任能力串起来，更形象地说明零信任架构的能力。

（1）初次接入零信任网络，需进行设备的绑定与激活。

一名刚入职的用户使用公司的新计算机接入零信任网络。由于用户使用了新的设备，所以自动触发了系统的动态码认证，在用户认证成功后，系统自动将这名用户和设备进行了绑定。并根据用户指纹为这个设备下发了一个与设备绑定的加密证书，后续都使用这个证书进行加密通信。

（2）在怀疑有攻击者窃取账号时，及时向用户推送风险提示。

一名位于上海的用户正在登录零信任网络，系统要进行登录策略的校验。零信任网络检测到该用户 1 小时前曾在北京登录，但用户当前登录位置处于上海，用户不可能以如此快的速度移动，因此向用户发送了短信进行提醒：如果不是本人操作，那么请及时举报锁定账号。

（3）只有经过授权校验后，才能在沙箱中查看敏感信息。

当用户访问项目资料时，系统提示该资料属于敏感信息，只能在终端沙箱内访问。因为用户之前安装过沙箱，所以经过几秒钟的自动加载后，沙箱自动启动了，项目资料已经在沙箱内打开了。当用户查看资料时，试图复制一段文字并发送给同事，但是复制的文字无法粘贴到沙箱外的程序中，也无法在沙箱内打开微信、QQ、网盘。

（4）研发人员必须在云桌面中，才能从 Git 拉取代码。

研发人员只能通过零信任客户端访问 Git。当用户从 Git 拉取代码时，零信任系统会检测用户的身份是否为研发人员，以及用户的请求是否从云桌面中发出。当用户未登录零信任客户端时，无法连接任何服务。如果用户只登录了零信任客户端，没有登录云桌面，那么也无法访问 Git，本地设备会提示“请从云桌面访问”。研发人员只有登录零信任客户端，再进入云桌面后，才能访问 Git，拉取代码。

（5）在执行高危操作之前，要进行额外的审批或认证。

角色为系统管理员的用户在接入关键资源进行运维操作前，需要申请身份令牌，并报备本次运维的目的和要使用的命令，在通过审批后获取令牌。在执行运维命令时，零信任系统会进行审计。用户在操作时不小心多执行了一个命令，由于害怕后续被审计出来给自己带来麻烦，因此主动向管理员进行了报备。

（6）在攻防演练中，不暴露攻击点。

在攻防演练活动开始前，安全人员提升了身份认证的强度，每次登录都需要校验 U 盾。安全人员还收紧了业务服务器之间的隔离规则，删除了不必要的例外放行规则。在攻防演练过程中，安全人员一直关注平台告警，但已经接入零信任系统的业务系统并没有告警。在演练结束后，安全人员发现只有安全网关中有几次未授权的网络扫描记录，因此估计攻击队在进行扫描时，根本没有发现已经“隐身”的业务系统，所以系统没有受到任何攻击。

（7）服务器微隔离，阻断横向攻击。

攻击者在已被攻陷的服务器中上传了反弹 Shell 程序，由于服务器之间设置了微隔离策略及进程外连的白名单，所以攻击者的 Shell 程序无法连接任何 IP 地址，也无法探测到网络中的其他服务器。

3.5 零信任的量化评价指标

当安全产品进入成熟期后，各个厂家的方案会逐渐趋同，其功能基本一致。此时，如果要区分优劣，就要对方案的核心功能进行量化比较。例如，防火墙最核心的指标是吞吐量；杀毒软件最核心的指标是误报率和漏报率。

零信任方案与传统安全方案最大的不同是持续认证和动态访问控制能力，这也是零信任方案的核心竞争力。零信任系统应该尽量对接更多策略执行点，收集更多安全信息，通过更精准的模型分析，更快速地执行访问控制策略。简单来说，这个过程包括信息采集、模型分析、访问控制三个步骤。考察与之相关的指标，就可以大致评估出一个零信任方案核心能力的优劣。

（1）收集更多安全信息：零信任方案采集数据的维度应该尽可能多。例如，谷歌的 BeyondCorp 就采集了用户、设备、连接、时间、位置、行为等维度的 200 多项数据进行风险分析和信任评估。

（2）更精准的模型分析：零信任系统通过风险模型分析潜在的安全威胁，所以模型越多、越准确、越实用。目前，实际应用效果较好的模型多数是基于简单规则的。基于机器学习的技术正在逐步走向成熟，2021 年 RSAC 创新沙盒大赛第一名得主——Abnormal Security，就是利用机器学习技术解决邮件安全问题的公司。

（3）更快速地进行访问控制：零信任架构应该对访问路径上的更多关键节点进行管控，不留安全死角。一般企业在建设零信任架构时，都会从最外侧的网关开始，逐步深入。最早发力的谷歌，其零信任管控能力已经深入网络的每个节点。

除此之外，零信任系统阻断风险的速度、安全网关的性能、客户端的易用性等都是重要的评价指标。零信任系统上线后会影响企业的整体安全建设，所以其是否具备兼容性、扩展性也尤为重要。

4

零信任组件技术

前面已经介绍了零信任的整体架构，本章将针对架构中的核心组件和核心技术的原理进行深入分析。

4.1 零信任的隐身黑科技

一个网络有多少端口对外暴露，就有多少可以被攻击的点。在传统安全模式中，用户通常具有比较广泛的网络权限，只有在访问应用时才进行身份验证。例如，任何人都能连接财务系统的服务器，但只有财务部员工才拥有账号和密码，可以打开登录页面。服务器在网络层就像一个靶子，攻击者可以对服务器进行漏洞攻击，在登录页面进行暴力破解、SQL 注入等操作。

零信任理念主张在网络层也基于身份进行访问控制，避免出现任何人都能发起攻击的情况。零信任系统只允许合法用户连接网络，未知用户根本看不到被保护的服务器，服务器就像隐身了一样。

网络隐身是零信任最引人关注的一项技术。最常见的实现方式是 SDP 框架中的 SPA。下面对这种技术进行详细的介绍。

4.1.1 SPA 端口隐藏

通常，一个网站需要把端口映射到互联网上，才能被外部用户访问。使用 SPA 技术的零信任架构可以做到让网站只对合法用户映射端口，不对非法用户映射端口。如图 4-1 所示，只有合法用户能连接到业务系统，非法用户完全“看不到”被保护的业务系统和网络。非法用户如果尝试连接隐藏端口，就会发现这个 IP 地址什么都没有，但合法用户可以正常连接并使用。被保护的网络就像隐身了一样，非法用户根本看不到、摸不着。图 4-1 中列举的各类网络攻击都无从发起。

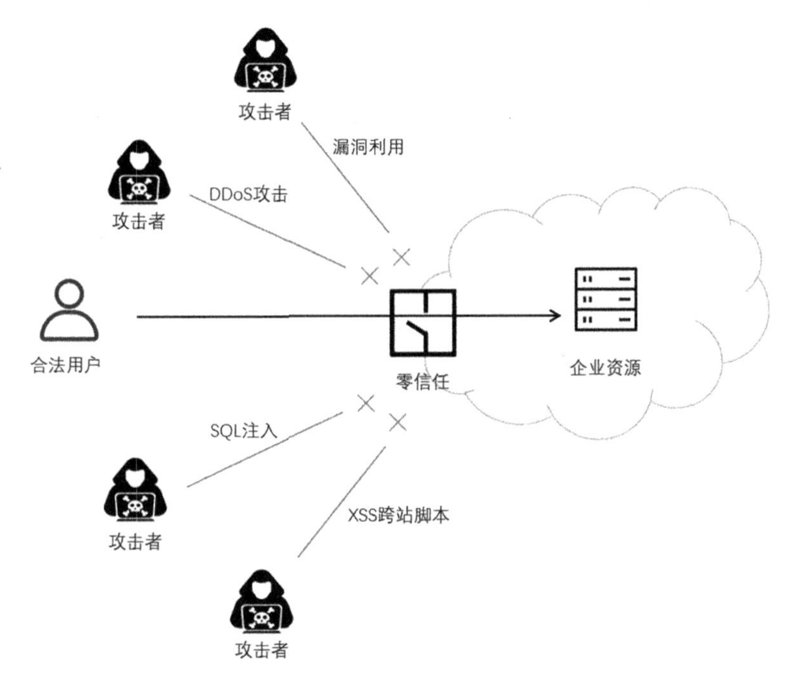

图 4-1

在介绍端口隐身的原理之前，先讲解什么是端口，黑客怎么攻击端口。

1. 什么是端口

如果一个服务器是一栋大楼，那么端口就是大楼的各个出入口，通过不同的入口可以进入不同的店铺和区域。对服务器来说，不同的端口对应不同的服务器程序。通过 443 端口可以访问 HTTPS 网站，通过 80 端口可以访问 HTTP 网站，通过 22 端口可以建立 SSH 连接，通过 25 端口可以发送邮件……

每个服务器程序都是通过端口与外面的用户通信的。例如，当用户用浏览器打开百度页面时，就是通过百度的 443 端口与百度的服务器程序通信的。浏览器地址栏里真实的 URL 是 https://www.baidu.com:443，用户一般看不到 443，这是因为浏览器把端口隐藏了。不信你在 URL 后面输入“443”，打开的是同一个页面。

2. 黑客怎么攻击端口

端口是攻防的关键，各类网络攻击基本都是以端口为目标的。黑客在进行攻击前，一般会先收集服务器开放了哪些端口，猜测服务器提供什么服务，然后制定相应的攻击计划。

1）利用漏洞攻击

黑客利用端口扫描工具（例如 Nmap）可以从端口的返回信息中了解到很多服务器的信息。例如，服务器的操作系统、中间件、通信协议等，如图 4-2 所示。

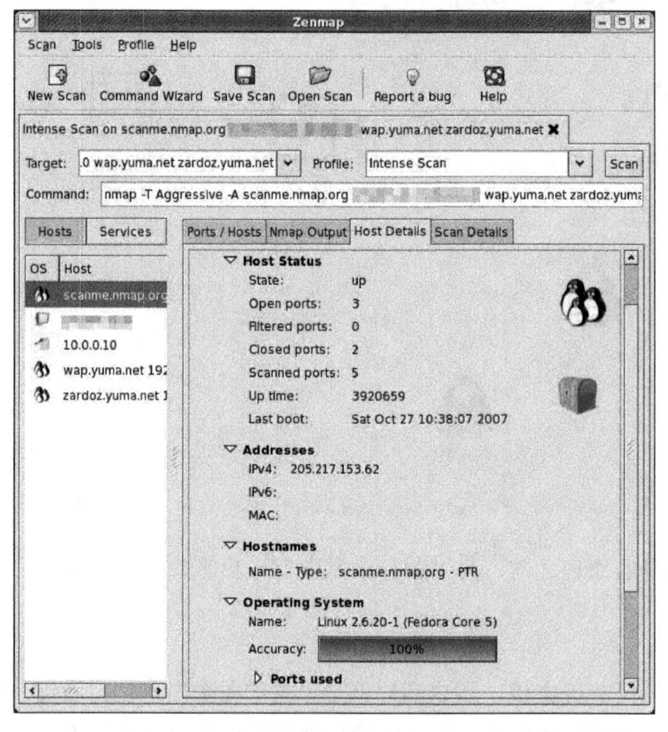

图 4-2

黑客一旦知道了目标服务器的信息，就可以利用相应的漏洞进行攻击。互联网上有很多公开的漏洞库，只要在漏洞库里搜索，就能查到漏洞，如图 4-3 所示。

操作系统、中间件等软件厂商会从漏洞库里查找自己的漏洞，并进行修复升级。但软件更新后，用户不一定会马上升级，大部分用户用的是带着漏洞的版本。

对黑客来说，这些未修复漏洞的服务器，就是一个靶子，可以随意攻击。

NVD
国家信息安全漏洞库

首页 漏洞信息 补丁信息 网安时情 数据立方 漏洞报告

漏洞信息 国内 国外

- SAINT Security Suite 跨站脚本漏洞 2020-08-10
- SAINT Security Suite SQL注入漏洞 2020-08-10
- SAINT Security Suite 跨站脚本漏洞 2020-08-10
- SAINT Security Suite SQL注入漏洞 2020-08-10
- QEMU 安全漏洞 2020-08-10
- Google Chrome 资源管理错误漏洞 2020-08-10
- Marvell QConvergeConsole 路径遍历漏洞 2020-08-10

图 4-3

2）DDoS 攻击

除了利用漏洞，黑客还有更简单粗暴的攻击方法。如果发现目标服务器的某个端口是暴露的，就直接利用大批“肉鸡”进行流量攻击，把服务器的资源占满，直接让服务器“瘫痪”，如图 4-4 所示。

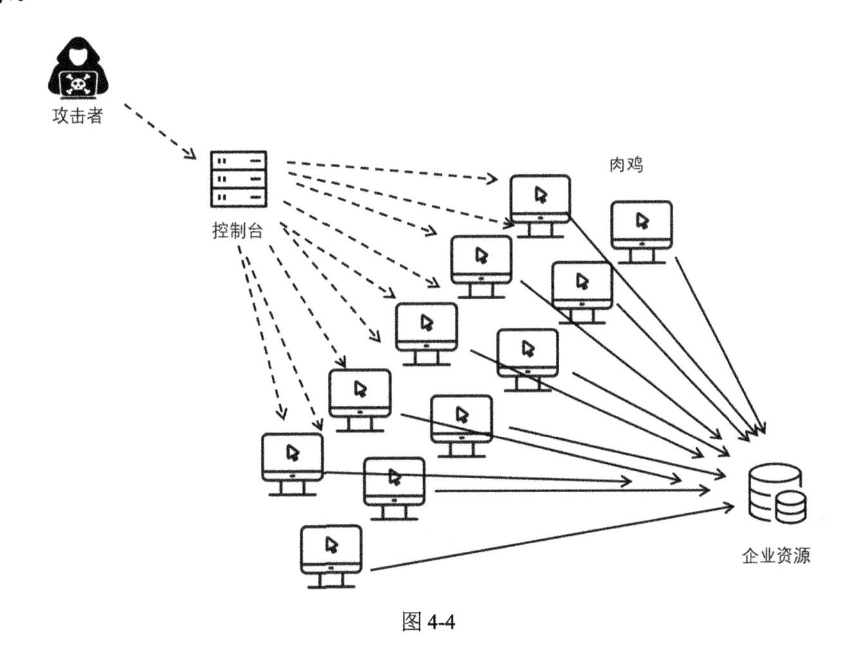

图 4-4

3）自动信息收集

看到这里，你可能想，端口直接暴露在互联网上确实危险，但是哪有那么多人这么无聊，每天在网上扫描漏洞、肆意进攻啊？有的话也轮不到攻击我吧。

错！网上每天都有很多爬虫在大规模地进行自动扫描。很多黑客组织会做一套集群，每天扫描全世界所有的服务器。图 4-5 就是国内某个公开的服务器搜索引擎，在里面搜索一个漏洞的名字，全世界所有有这个漏洞的服务器马上就会被列出来。所以，你可能已经在别人的目标列表里了，只不过还没攻击你，或者你还不知道而已。

图 4-5

3. 一般的防御手段

网络攻击很恐怖，常规防御有两种方法。

第一种方法是允许所有人访问目标网站并进行安全过滤，一旦发现恶意行为，就立即阻断访问。这种方法依赖识别恶意行为的规则库，难以防御没有破解方法的新型攻击，也就是我们常说的“零日攻击”。这种防御的思路也有缺陷：只要目标网站是暴露的，它就是一个靶子，坏人可以随时研究它、破解它。例如，WAF 是专门防御 Web 攻击的设备，网上有很多绕过 WAF 的教程，因为 WAF 是所有人都可以看到的，所以所有人都可以不断地研究它，测试有没有绕过它的办法，如图 4-6 所示。

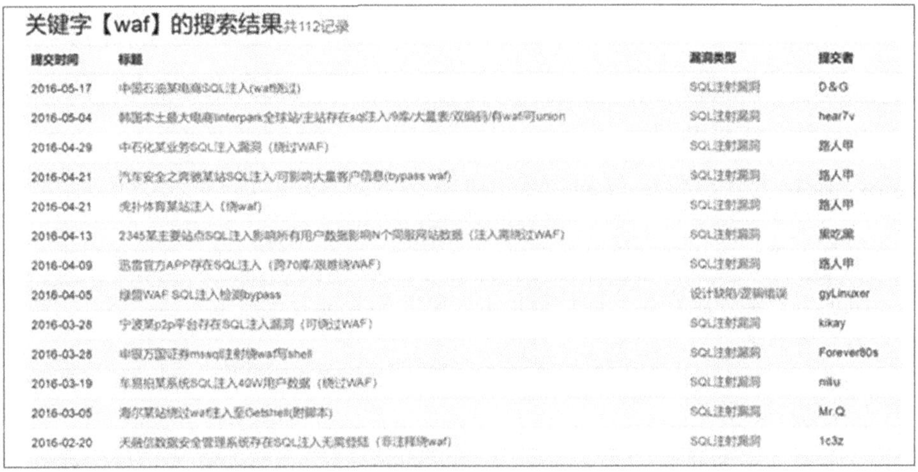

关键字【waf】的搜索结果共112记录

提交时间	标题	漏洞类型	提交者
2016-05-17	中国石油某电商SQL注入(waf绕过)	SQL注射漏洞	D&G
2016-05-04	韩国本土最大电商interpark全球站/主站存在sql注入/9库/大量表/双编码/有waf可union	SQL注射漏洞	hear7v
2016-04-29	中石化某业务SQL注入漏洞（绕过WAF）	SQL注射漏洞	路人甲
2016-04-21	汽车安全之奔驰某站SQL注入/可影响大量客户信息(bypass waf)	SQL注射漏洞	路人甲
2016-04-21	虎扑体育某站注入（绕waf）	SQL注射漏洞	路人甲
2016-04-13	2345某主要站点SQL注入影响所有用户数据影响N个同服网站数据（注入需绕过WAF）	SQL注射漏洞	黑吃黑
2016-04-09	迅雷官方APP存在SQL注入（跨70库/跑数绕WAF）	SQL注射漏洞	路人甲
2016-04-05	绿盟WAF SQL注入检测bypass	设计缺陷/逻辑错误	gyLinuxer
2016-03-28	宁波某p2p平台存在SQL注入漏洞（可绕过WAF）	SQL注射漏洞	kikay
2016-03-28	申银万国证券mssql注射绕waf写shell	SQL注射漏洞	Forever80s
2016-03-19	车易拍某系统SQL注入40W用户数据（绕过WAF）	SQL注射漏洞	nilu
2016-03-05	海尔某站绕过waf注入至Getshell(附脚本)	SQL注射漏洞	Mr.Q
2016-02-20	天融信数据安全管理系统存在SQL注入无需登陆（非注释绕waf）	SQL注射漏洞	1c3z

图 4-6

正是因为以上问题，所以很多重要的系统都不暴露在公网上。在网络上设置白名单，只允许公司的 IP 地址访问业务系统，公司外的用户 IP 地址是动态的，无法直接进入白名单，如果需要远程访问，就通过 VPN 接入。VPN 的特点是可以减小暴露面，外部用户看不到由 VPN 保护的业务系统的端口。

但是 VPN 也存在问题，就是 VPN 本身还是要暴露端口的。例如，SSL VPN 就要暴露 443 端口，有端口就有漏洞。图 4-7 就是笔者在漏洞库里搜索到的 VPN 漏洞。

SSV ID	提交时间	漏洞等级	漏洞名称	漏洞状态	人气 | 评论
SSV-98182	2020-03-11		Zyxel CNM SecuManager多个漏洞		1300 | 0
SSV-98177	2020-03-09		Authenticated Remote Code Execution in M302-L M302-LG M402-LG Industri...		1143 | 0
SSV-98146	2020-03-09		Unauthenticated RCE in Draytek Vigor 2960, 3900 and 300B (CVE-2020-8515)		2212 | 0
SSV-98121	2020-01-11		Citrix ADC&NetScaler远程命令执行漏洞(CVE-2019-19781)		3622 | 0
SSV-98102	2019-11-15		hinet gpon 光猫未授权rce等多个漏洞		1699 | 0
SSV-98082	2019-08-23		Pulse Secure SSL VPN Arbitrary File Read (CVE-2019-11510)		2800 | 0
SSV-98056	2019-08-15		the Fortigate SSL VPN多个漏洞		2408 | 0
SSV-98036	2019-08-01		Microhard Systems 3G/4G Cellular Ethernet and Serial Gateway - Denial of S...		1408 | 0

图 4-7

为什么我们总能听到关于 VPN 漏洞的新闻呢？就是因为 VPN 端口始终暴露，坏人可以随时尝试攻击，研究端口有没有漏洞，所以 VPN 也不是一个完美的解决方案。那么有没有方法能做到一个端口都不暴露呢？有！方法就是——SDP。

4. SDP 端口敲门

要实现隐身的效果，SDP 网关需要部署在网络的入口处，被保护的网络只留这一个出入口，访问业务系统必须经过 SDP 网关。

1）SDP 的组件

SDP 需要管控端、客户端和网关的配合，才能实现隐身效果。SDP 管控端可以与网关和客户端连接，SDP 客户端安装在用户的计算机上，SDP 网关部署在网络入口，这三个组件与零信任的管控平台、客户端、安全网关一一对应。

2）默认关闭所有端口

SDP 网关的默认规则是关闭所有端口，拒绝一切连接。SDP 网关中有一个 SPA 模块，这个模块类似于一个动态的防火墙。在默认情况下，SDP 网关上的防火墙只有一条规则——拒绝一切连接（deny all）。这样，任何发过来想建立连接的数据包都会被 SPA 模块直接丢弃，谁都连不上它的端口。SDP 网关就是这么“隐身”的。

3）端口敲门

按照以上做法，“坏人”是连不上了，但是“好人”怎么连呢？“好人”要通过一套特殊的流程才能与端口建立连接。这套流程叫作端口敲门。

前文已经介绍过，端口敲门的原理就像进入一个秘密基地，基地的大门平时是紧闭的，里面有人守着，只有敲对了暗号才会开门，例如，三长两短。

SDP 技术要求“好人”在连接端口之前先敲门。

（1）SDP 客户端在与 SDP 网关通信之前，会先发送一个敲门用的数据包。包中带有用户的身份信息和申请访问的端口。

（2）SDP 网关监听到敲门包之后，解析包中的身份信息并进行验证，检查身份是否合法、用户申请访问的端口是否得到授权。

（3）如果通过检查，那么 SDP 网关会在防火墙中添加一条规则——允许来自这个用户的 IP 地址访问某端口，相当于用户把 SDP 网关这扇门给“敲”开了。

（4）敲门成功后，用户就可以访问端口了，网关会把用户的流量转发给相应的业务系统，如图 4-8 所示。

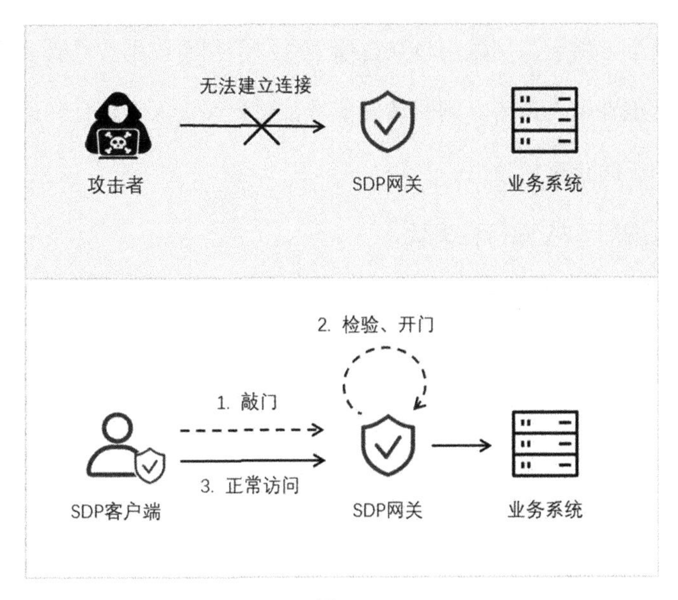

图 4-8

注意，这时“坏人”还是不能访问该端口。因为网关只对“好人”的 IP 地址放行，对“坏人”的 IP 地址是没有放行的。而且目标端口对“好人”也只是暂时开放，一旦“好人”停止操作超过一分钟，端口就自动关闭。如果“好人”一直在操作，那么 SDP 客户端会定期去敲门，保持端口是开放的。

你可能发现，这里有一个问题：如果 SDP 网关默认所有的端口都是关闭的，那么敲门包是怎么被接收的呢？

SDP 客户端会将敲门包发送到 SDP 网关上某个事先约定好的 UDP 端口，例如 60001，这个端口只监听，不做任何回应。所以，用户可以正常敲门，但黑客会因为端口不对扫描做出反应而认为端口是关闭的。

以上就是 SDP 端口敲门的原理。因为在敲门过程中，要先发送一个用于验证身份的敲门包，所以这个过程也被称为单包授权（Single Packet Authorization，SPA）。

5. 敲门包详解

SPA 敲门包中包含用户的身份信息、申请访问的目标信息、身份凭证等，SDP 网关会对用户进行身份校验，并根据申请信息对用户开放端口。具体来说，SPA 敲门包应包括如下信息。

（1）用户身份信息，用于识别敲门包来自哪个用户，判断该用户是否有访问权限。

（2）设备信息，识别用户设备，判断该设备是否被允许接入零信任网络。

（3）随机数，用于防止重放攻击。

（4）时间戳，过期后 SPA 敲门包失效。

（5）客户端 IP 地址，SDP 网关会把这个 IP 地址作为源 IP 地址，并暂时对其开放端口。

（6）申请访问的 IP 地址和端口，SDP 网关会把这个 IP 地址作为目标 IP 地址，并向其转发用户的访问请求。

（7）加密密文，SPA 客户端会用事先颁发的证书对前面的信息进行加密，SDP 网关以此验证用户证书是否合法，进而判断用户身份是否合法。

4.1.2 端口隐藏的效果

如果使用端口扫描工具扫描 SDP 网关，那么会发现所有端口都处于关闭状态，如图 4-9 所示。但是使用 SDP 客户端可以正常打开网站。

端口	端口状态	端口	端口状态
25	关闭	23	关闭
53	关闭	3306	关闭
80	关闭	110	关闭
21	关闭	443	关闭
22	关闭	1433	关闭
2289	关闭	1863	关闭

图 4-9

端口隐藏有如下两个作用。

第一，黑客没有攻击的意愿。黑客的攻击通常都是从收集情报开始的，后续怎么进攻完全依赖前期收集到的情报。如果黑客只是在漫无目的、广撒网式地扫描，那么当他探测不到服务器时，就意味着他会认为这里没有运行任何有价值的服务，因此不会有进一步攻击的意愿。互联网上的大部分攻击都采用侦察到哪里存在漏洞，就攻击哪里的模式， SDP 的端口隐藏技术可以有效地对抗这类攻击。

第二，黑客的攻击手段受限。即使黑客掌握了零信任系统的网络信息，也无法绕过 SPA 攻击后面的业务系统。黑客看不到被保护的系统，SQL 注入、漏洞攻击、XSS、CSRF 等攻击根本无从发起。

安全人员在进行攻防实战时，一个重要工作就是封锁 IP 地址。而 SPA 相当于把所有 IP 地址都封锁了，只有身份合法的 IP 地址才可以临时进入。这是一个相当简捷有效的防护手段，在 SPA 面前，绝大多数网络攻击都是无效的。

零信任网络相当于加了一层隐身防护罩。通过隐身能力，零信任架构在不安全的互联网上构建了一个安全的暗网。

4.1.3 SPA 技术的增强

SPA 敲门技术是不断发展的，下面介绍几种最新的用于增强端口敲门强度的技术。这些技术可以有效避免攻击者对 SPA 技术的破解和篡改。

1. UDP 敲门之后的 TCP 敲门

上节介绍的敲门流程是在建立连接之前，单独发送一个 UDP 敲门包进行校验，这种方式也被称为 UDP 敲门。还有另一种 TCP 敲门技术，可以在与业务系统建立 TLS 连接时进行校验。TCP 敲门的具体过程如下。

（1）SDP 客户端在 TLS 握手过程中，向网关发送 client hello 消息，扩展字段中包含用户的身份信息。

（2）SDP 网关验证 TLS client hello 扩展字段中的身份信息。

（3）若 SDP 网关验证成功，则将用户的数据包转发至目标服务器。

（4）若 SDP 网关验证失败，则中断连接。

TCP 敲门相当于对 UDP 敲门的补充。假设用户已经通过 UDP 敲门成功了，那么当 SDP 对该用户的 IP 地址开放端口时，对与用户同一 IP 地址的“坏人”也开放了端口。在使用了 TCP 敲门技术之后，“坏人”只能看到开放的端口，无法建立连接。因为“坏人”发起的 TLS 连接请求中没有合法的身份信息，无法成功与 SDP 网关建立连接，所以无法进一步发起攻击。这就是 TCP 敲门的作用。

TCP 敲门技术的拦截效果非常明显。对没有 TCP 敲门和有 TCP 敲门的两个网关持续发送建立连接的请求，观察网关的连接数，就会看到没有使用 TCP 敲门技术的网关的连接数直线上升，而有 TCP 敲门技术保护的网关拦住了非法的连接请求，连接数并不会大幅上升。

2. 敲门包的动态密钥

SPA 技术有一个可被攻击的点，就是 SPA 包是可以伪造的。攻击者只要伪造了 SPA 敲门包，就可以敲开门。伪造的方式可能是直接构造包，也可能是捕捉合法用户的 SPA 包，修改其中的信息。

为了防止被破解和篡改，需要对 SPA 敲门包进行加密，而加密的密钥就是 SPA 技术的关键。前文介绍过 SPA 包是有加密机制的，所以攻防的焦点就变成了能否破解密钥。谈到加密，众所周知，算法不是关键，密钥才是关键。如果所有用户都使用相同的密钥，那么安全性就很差。为了安全，应该做到每个用户、甚至每个设备都使用不同的密钥，简单来说就是要实现“一机一钥”。

SPA 的密钥分发是一个难题。因为在默认情况下，零信任的服务端是隐身的，在客户端未进行身份验证时，无法与服务端连接。所以，密钥只能事先分发，或者在 SPA 的过程中分发。密钥的分发方式主要有以下 3 种。

1）客户端嵌入密钥

事先在客户端中嵌入密钥，再交给用户进行安装、使用。这种方式比较方便，但无法做到一机一钥。

2）用激活码生成密钥

管理员为每个用户分发一个激活码。当用户安装客户端后，在登录过程中，让用户输入自己的激活码，客户端以激活码为种子生成密钥。这种方式较为麻烦，但可以实现一机一钥。

一种优化的方式是，让用户在下载客户端安装包前进行身份认证，系统根据用户身份分配激活码，并将其插入下载文件的文件名中。这样，用户下载的安装文件的文件名中带有自己的激活码，当用户登录时，客户端可以自动读取激活码进行激活，激活过程无须用户参与，用户体验比较好。

3）将临时密钥转换为正式密钥

通过在客户端安装包中嵌入临时密钥的方式让用户登录。在登录成功后，管控端为每个登录成功的客户端都自动下发一个在后续通信中使用的正式密钥。临时密钥要设置失效条件，例如，3 天后失效或 100 人用过之后失效。正式密钥在一定时间内有效并与用户的设备关联，每个设备都对应唯一的密钥，如果设备丢失，那么可以在服务端删除密钥。这种方式兼具便捷性与安全性，可以与方法（2）结合使用。

以上就是主要的分发 SPA 密钥的方式，每种方式都有优缺点，企业应该根据安全和体验方面的要求进行权衡，选取合适的方式。

4.1.4 管控平台的 SPA 防护

除了 SDP 网关保护的业务系统，SDP 管控平台也会成为黑客攻击的目标。保护 SDP 管控平台有两种方式。

（1）在 SDP 管控平台上嵌入 SPA 模块。当 SDP 客户端到管控平台进行身份认证时，也需要进行 SPA 敲门。在敲门成功后，SDP 管控平台才开放认证端口，如图 4-10 所示。

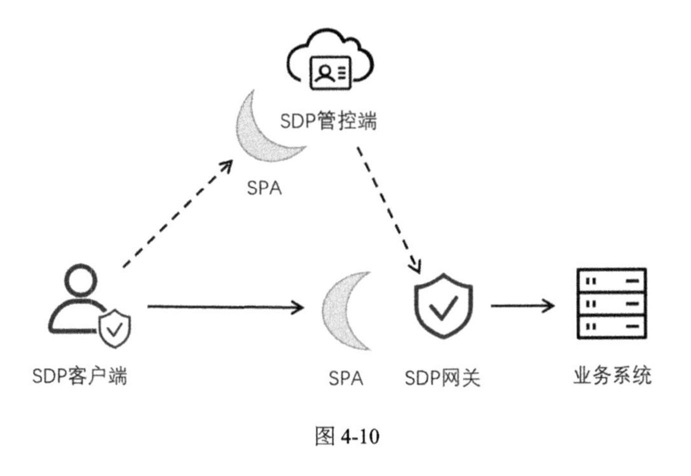

图 4-10

（2）在标准的 SDP 架构中，管控端和网关都是暴露的，但其实可以根据需求灵活调整：将 SDP 管控端隐藏在 SDP 网关之后，利用网关保护管控端。这种架构需要解决 SDP 客户端如何进行登录认证的问题。简单来说，SDP 网关需要支持登录认证请求的转发。首先，SDP 客户端发起 UDP 敲门；然后，SDP 网关对用户开放 SDP 管控端的认证端口；最后，SDP 客户端发起登录认证请求，由 SDP 网关转发给 SDP 管控端进行认证，如图 4-11 所示。

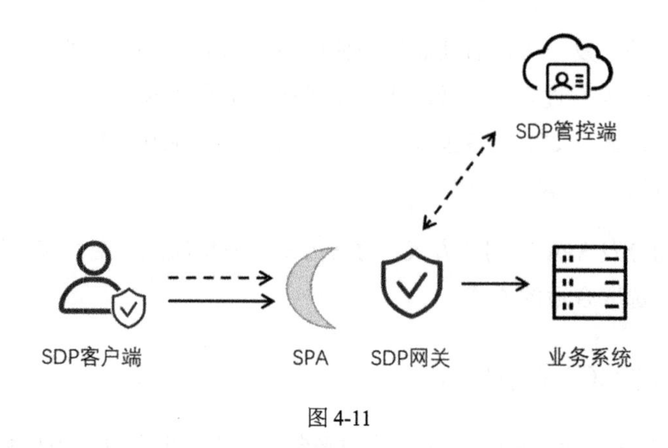

图 4-11

4.1.5 双层隐身架构

有一个很容易引起误解的地方：在使用了 SPA 技术后，安全网关还是要对外映射 IP 地址的，只不过网关的 SPA 模块会拦截未授权的请求，网络通路并不是完全封闭的。

有一种云网关+连接器的架构，可以实现近似“网络完全封闭”的效果。下面将对这种架构进行详细介绍。

1. 连接器的原理

云网关+连接器的架构如图 4-12 所示。其中，云网关相当于 SDP 或零信任的网关，客户端相当于 SDP 或零信任的客户端。连接器部署在企业网络中，起到连接企业网络和云网关的作用。为了简化问题，我们先忽略管控平台，具体的工作流程如下。

（1）连接器主动与云网关建立逆向隧道。

（2）客户端发起的流量先到云网关，再沿隧道的回路转发到连接器。

（3）连接器把流量转发给企业的业务系统。

用户访问业务系统的数据包先被发送到云网关，云网关再依据路由规则，将发给业务系统的包统统转给连接器。连接器在收到数据包后，通过本地网卡将数据包转给业务系统的服务器。连接器与云网关之间相当于建立了一条 IPsec VPN 隧道。

在这种架构下，企业不用为连接器对外映射 IP 地址和端口，连接器只要能上网就能建立隧道。此时，企业网络只有向外的连接，没有向内的连接。这样，攻击者就彻底被隔离在网络之外了。

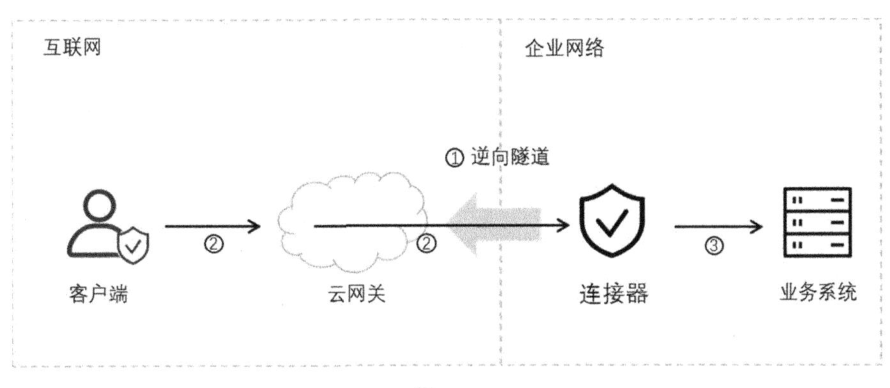

图 4-12

这里有一个细节：为什么连接器不需要对外映射 IP 地址和端口呢？简单来说，这是因为连接器是主动向外建立隧道的，连接器本身并不对外提供服务，云端与连接器的通信是沿着隧道的回路进行的。如果想不明白，那么可以想想我们平时在家上网的场景：家里的计算机是不对外映射 IP 地址和端口的，那么网站是怎么把信息发给计算机呢？计算机主动向网站发起连接，网站是顺着连接的回路把网页发下来的。

2. 连接器的好处

（1）企业不用对防火墙进行任何更改，连接器可以部署在任何地方。理论上，企业没有对外开放服务，不用备案。

（2）各种 DDoS 攻击和漏洞扫描都不可能发生。由于扫描工具里要填写目标 IP 地址，如果企业什么 IP 地址都不暴露，那么攻击者别说扫描端口了，连 IP 地址都不知道怎么填。这样，企业网络就相当于彻底隐身了。

3. 双层隐身

这种模式既省心又安全，本质上是把风险转嫁到云端了。由于云端要对外映射 IP 地址，因此云端安全就显得至关重要。

当然，云端本身是个 SDP 网关，具备 SPA 机制。所以，云端虽然还要暴露 IP 地址，但是不会暴露端口，也是有安全保障的。

将连接器与 SPA 结合，企业网络相当于具备了两层防护，第一层是 SPA 隐藏端口，第二层是连接器不暴露 IP 地址。整体的安全性得到了保障，如图 4-13 所示。

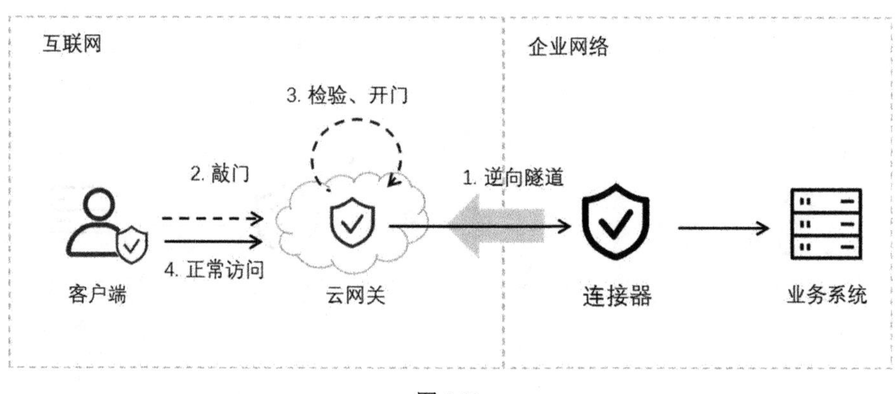

图 4-13

4. 连接器在内网的应用

双层隐身架构可以不放在云端，完全部署在企业网络中。在这种部署方式下，零信任网关部署在企业的 DMZ 区，连接器部署在企业内网，如图 4-14 所示。

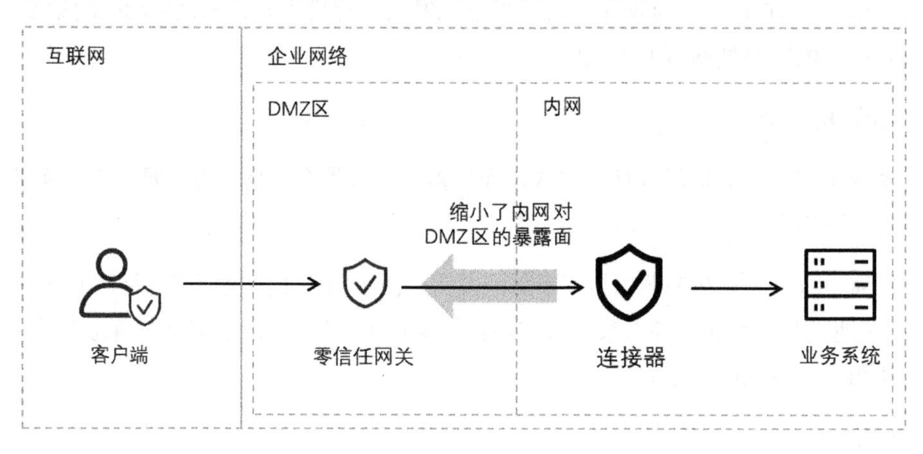

4-14

这种部署方式的好处是缩小了内网对 DMZ 区的暴露面。如果没有连接器，企业就要打通网关到每一个业务系统的连接通路，内网的业务系统都会暴露给零信任网关。应用了双层隐身架构后，流量全部由连接器转发，网关不用再与业务系统直连，只需让连接器访问网关即可，网关和业务系统不用打通，网络配置特别简单。

4.1.6 无端模式隐身

SPA 的安全性是极好的，但是在便捷性上有一个缺点——用户必须安装客户端。因为敲门是一个特殊的流程，计算机上的默认浏览器无法执行，所以必须有专门的客户端。一般终端的产品比较难运维，容易遭到用户排斥。

下面介绍一种折中的方案，不用安装客户端也能实现一定的隐身效果。

1. 无端模式的架构

在无端模式下，用户不用安装客户端，但需要打开一个 Web 形式的门户网页，门户网页来自管控平台。在默认情况下管控平台不隐身，只有安全网关是隐身的，如图 4-15 所示。

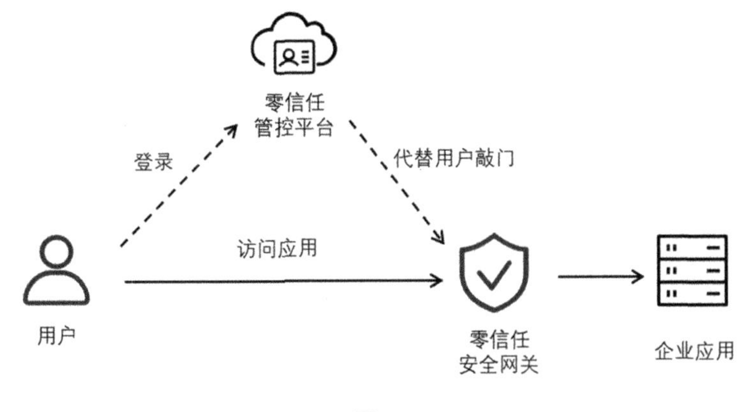

图 4-15

无端模式的具体工作流程如下。

（1）用户在 Web 门户网页上登录。

（2）登录后，零信任管控平台会通知安全网关，添加一条防火墙规则——对该用户的 IP 开放所需的端口。

（3）零信任管控平台有一个“IP 地址开放规则”的定期回收程序。回收程序定期检查用户的会话是否存在，如果用户已经很长时间没有操作了，则清除该用户的端口开放规则。

简单总结一下，无端模式的原理就是，当用户登录时，零信任管控平台帮用户做了敲门的工作，用户可以实现正常访问，而攻击者无法连接安全网关。

2. 无端模式的优缺点

无端模式也能实现隐身效果，但只有安全网关是隐身的。因为用户要在管控平台登录，所以管控平台始终是暴露的。整体来看，无端模式的用户体验好了，但是安全性差了。

无端模式更适用于无法强制要求其安装客户端的用户和场景。例如，第三方人员、外包团队、供应商访问内部业务系统。

4.1.7 隐身安全能力总结

隐身技术为企业带来的价值非常大，可以避免绝大多数的网络攻击、渗透测试。尤其是对于比较大的公司，内部有几百个系统，一个一个安装补丁、修复漏洞，效率很低，不如将统一入口隐身，先解决主要问题，再慢慢补漏洞。

正因为SPA的价值巨大，所以其安全性也备受关注。前文已经介绍了SPA的防破解、防篡改能力，下面将对SPA的安全能力进行总结。

（1）使用SPA后需要对外映射端口吗？一般的方案要映射，双层隐身架构不用映射，但连接器需要能上网。

（2）如果黑客捕捉到合法的SPA包进行重放攻击，那么能防住吗？SPA包中有随机数，可以防重放。

（3）SPA包可不可以伪造？SPA包做了加密，可以防伪造、防篡改。

（4）如果黑客获取了用户的账号和密码，并且下载了客户端，那么还能防吗？SPA过程需要验证加密证书，证书与设备绑定，所以只获取账号和密码及客户端是没用的。

（5）如果证书也泄露了，那么怎么防？这是一个重要的问题，如果证书泄露了，SPA就失效了，所以拼技术拼到最后，就是拼证书的保存机制，最佳的方式应该是与硬件结合。

4.2 零信任安全网关

零信任安全网关是最核心的策略执行点，在用户访问资源的过程中，强制实施细粒度的访问控制。本章将对零信任安全网关的技术原理进行详细介绍。

4.2.1 零信任架构的中心

无论是NIST、BeyondCorp，还是SDP，在所有零信任架构中，最核心的部分都是“安全网关”，安全网关的基本作用有两个。

1）分隔用户和资源

用户与资源处于不同的网络中，用户想获取资源，只能通过安全网关进入业务系统，安全网关就像门卫，放行合法的，拦住不合法的。用户不能直接接触业务系统，必须先经过安全网关的认证才能与业务系统连接。

2）执行安全策略

当用户的访问请求转发到安全网关后，安全网关解析出请求中的用户信息，向管控平台询问用户的身份、设备、行为等信息是否合法，并根据结果进行放行或拦截。

由于所有的访问请求都先经过安全网关，再到达业务系统，所以安全网关可以挡住大部分针对业务系统的攻击。由于所有的连接都集中在一个地方，所以在发现异常行为后，对异常行为进行封堵或打击也更加容易。

下面将介绍安全网关的具体架构。

4.2.2 Web 代理网关

BeyondCorp 是最早落地的零信任项目。BeyondCorp 网关的名字叫“访问代理”（Access Proxy）。实际上，最初的 BeyondCorp 访问代理只是一个“Web 代理”，只支持 Web 网站的接入，不支持 C/S 架构的应用。这个网关可以用类似 Nginx 的代理服务器实现。

1. Web 代理网关的功能

1）转发请求

这是代理服务器最基础的功能。Web 代理网关根据用户访问的域名不同，将请求转发到 Web 代理网关后面的不同服务器。具体来说，首先要将用户的访问流量导流到 Web 代理网关上，例如，把业务系统的域名 DNS 对应到 Web 代理网关的 IP 地址，当用户访问业务系统域名时，流量自然会被发送到 Web 代理网关的 IP 地址上。Web 代理网关在收到用户的访问请求后，通过数据包中的域名信息识别出用户的访问目标，然后判断请求的合法性，将合法请求转发给业务系统的真实服务器，并将返回的数据按原路发给用户（另外，为了兼容性，应支持转发时记录用户源 IP 地址。）

2）获取身份

客户端通常会在 cookie 或数据包头部加入代表用户身份的 token。如果只修改数据包头部，那么 Web 代理网关可以提取信息进行校验，不会影响正常的业务逻辑。Web 代理网关可以通过解析数据包头部信息获取用户身份，设备信息也可以用类似的方式进入网关。

3）验证身份

Web 代理网关可以将访问者的身份信息发给管控平台，由管控平台进行对比和判断，并返回验证结果。这一步会严重影响 Web 代理网关的性能，为了提升验证速度，可以在 Web 代理网关上也存储一份身份信息。

4）放行或拦截

Web 代理网关根据验证结果决定将访问请求转发到真实的服务器或报错页面上，BeyondCorp 的报错页面会引导用户自助申请权限。

2. Web 代理网关的好处

1）互联网收口

只有 Web 代理网关是开放的，企业的业务系统不直接暴露在互联网上。Web 代理网关前面是互联网用户，后面是企业网络中的各类应用资源，用户访问应用必须经过 Web 代理网关的校验和转发。

2）预验证、预授权

只有通过身份验证的用户才能接入企业资源，其他人会被拦在外面，完全接触不到企业资源，相当于在企业资源外加了一层防护罩。

3）不会暴露业务系统的真实 IP 地址

用户只能通过域名访问业务系统，只有 Web 代理网关知道业务系统的真实 IP 地址。用户只与 Web 代理网关直接交互，与业务系统不处于同一网络。

4）持续监控

所有流量都是通过网关转发的，所以网关可以持续对用户的设备健康状态和行为状态进行检测。如果发现异常，那么可以立即拦截。

4.2.3 隐身网关

SPA 模块相当于一个具有隐身功能的网关。隐身网关的作用类似于防火墙，对用户的身份进行检测，对合法用户打开防火墙的端口。对非法用户来说，所有端口都是关闭的。

如果把隐身网关放在 Web 代理网关之前，则可以增强安全网关的“隐身”防护能力，抵抗针对 Web 代理网关的扫描和攻击，如图 4-16 所示。

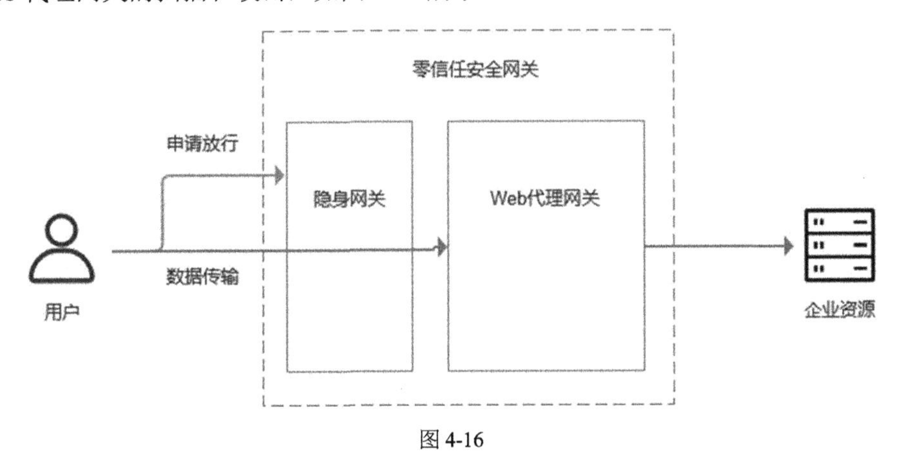

图 4-16

隐身网关的工作流程如下。

（1）默认关闭所有端口。如果非法用户对隐身网关 IP 地址进行扫描，那么会发现端口都是关闭的。

（2）申请放行。用户在正常通信前，先向隐身网关发出申请放行的数据包，这个数据包中包含用户身份信息。

（3）验证身份。隐身网关接收用户的数据包，解析用户的身份，并对身份进行检测。

（4）放行或拦截。如果身份合法，隐身网关就会对用户的 IP 地址定向开放端口。对其他用户来说，端口还是关闭的。

（5）正常通信。放行之后，用户就可以正常与 Web 代理网关通信了。

4.2.4 网络隧道网关

一个完整的零信任方案应该支持 B/S 场景和 C/S 场景。如果只有 Web 代理网关，那么无法支持 C/S 架构业务系统的访问，远程运维连接 SSH、连接数据库等工作都难以进行。当然，RDP 和 SSH 也有 Web 形式的方案，可以让这两种协议也经由 Web 代理网关，但从用户体验和使用习惯上来讲，这些并不是最佳方案。

另外，企业里可能有些老旧的客户端或者浏览器插件使用的是自己的通信协议，这些场景中的问题无法用 Web 代理网关解决，只能在客户端的网络层抓包，再通过网络隧道转发。

因此，零信任网关一般有支持网络隧道的组件，如图 4-17 所示。在用户访问 Web 网站时经由 Web 代理网关，在其他 C/S 架构的场景下经由网络隧道网关。

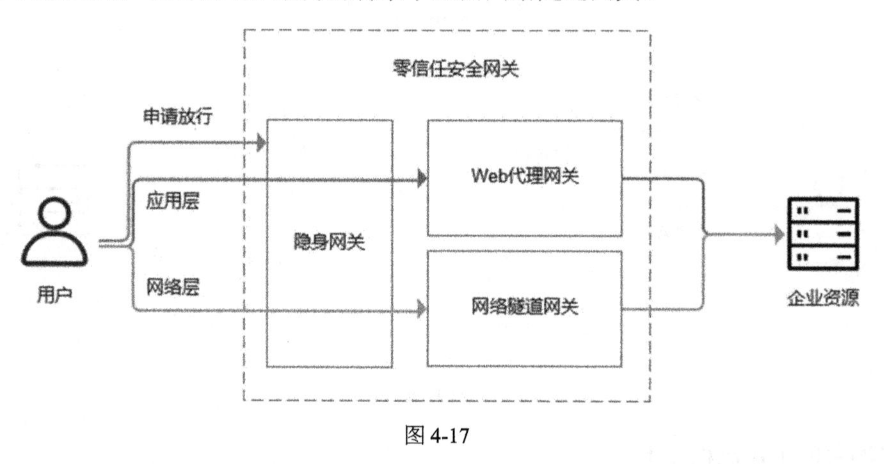

图 4-17

很多零信任产品是用成熟的 VPN 技术来实现网络隧道网关的， BeyondCorp 也把 C/S 架构的场景交给了 VPN。VPN 的原理简单来说就是通过设置虚拟网卡和路由表，拦截所有流量，由虚拟网卡将流量转发给网关，由网关进行身份和权限校验，然后将合法的流量转发到业务系统的服务器上，进行正常通信。为了提升用户体验，还可以增加隧道保活、断线重连等机制。

4.2.5 Web 代理与隧道网关的关系

与 Web 代理网关的作用不同，网络隧道网关的作用是覆盖更多使用场景，让零信任架构更完整，但它的性能不如 Web 代理网关，而且暴露了网络层的资源，安全性较低。

Web 代理网关可以在应用层进行安全策略控制，对不同应用、不同 URL 设置不同的安全策略。Web 代理网关的管控粒度比隧道网关更细。

所以，隧道网关与 Web 代理网关是相互补充的关系。如果因为隧道网关能支持所有场景，就放弃 Web 代理网关，那就是“丢了西瓜捡芝麻”。

4.2.6 API 网关

隧道网关可以覆盖所有访问场景，但无法管理服务器之间的访问。服务器之间的访问需要

API 网关来管理，如图 4-18 所示。

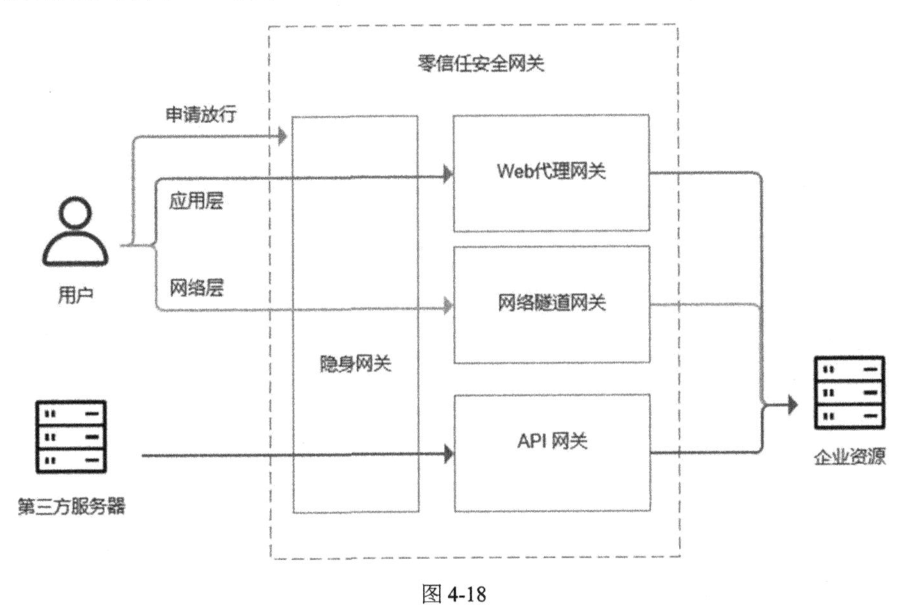

图 4-18

当第三方服务器调取被保护资源的 API 时，需要进行身份验证和安全过滤。具体流程如下。

（1）申请隐身网关放行。

（2）通过 API 网关的身份验证。多数 API 是 HTTP 或 HTTPS 的，所以这个过程与通过 Web 代理网关的身份验证过程类似。第三方服务器在通信时，将自己的身份信息插入数据包的头部，API 网关从数据包头部获取身份信息，并转发给管控平台进行验证，根据验证结果决定是否放行。

（3）通过 API 网关的安全过滤，检查是否存在敏感数据泄露、SQL 注入、PHP 注入、恶意代码、XSS 攻击等情况。API 网关要对异常行为和网络攻击进行实时拦截。

（4）正常通信。合法的请求会由 API 网关转发给 API 服务资源。

4.2.7 其他代理网关

零信任安全网关可以通过不同的组件来覆盖更多场景。例如，运维场景、物联网场景等。运维代理网关和物联网网关的架构如图 4-19 所示。

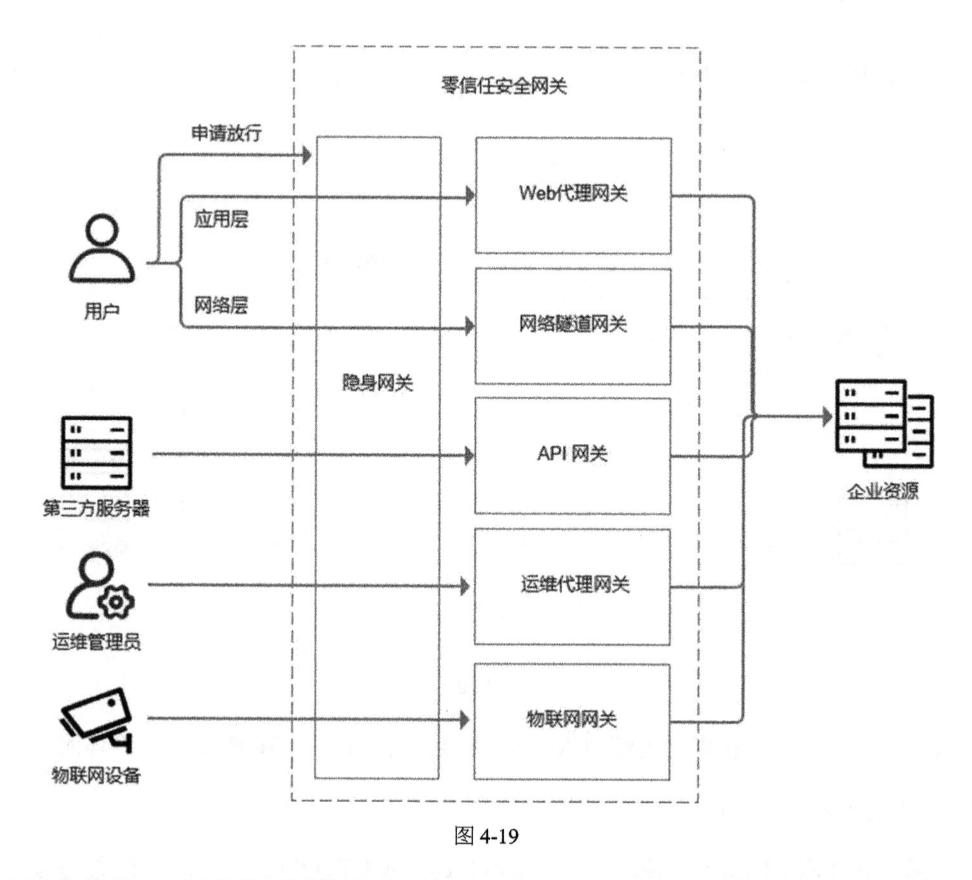

图 4-19

在运维场景下，运维代理网关需要支持 SSH、RDP 等协议，支持对服务器、数据库进行运维，可以对用户的行为进行监控。除了满足常见的安全运维需求，运维代理网关还要支持细粒度的访问控制策略。例如，当通过运维代理网关操作带有机密标签的数据时，触发二次认证或者上级审批等操作。

在物联网场景下，物联网网关需要支持常见的物联网通信协议，支持对接各种协议的物联网设备，把各类协议（如 ZigBee、Lora、蓝牙）统一转换为标准协议（如 MQTT、HTTP）与后端系统进行通信，满足常见的物联网通信、边缘计算需求。物联网网关还要支持细粒度的访问控制策略，贯彻零信任的理念。例如，对物联网设备的身份进行校验，对设备的安全状态进行检测，基于多种因素进行授权。

4.2.8 网关集群

到这里已经形成了一个完整的零信任安全网关。不过这只是单机版，只适用于中小型企业。

大型企业还有高性能和高伸缩性的需求，支持水平扩展是零信任安全网关必须具备的核心能力之一。

（1）高可用：所有流量都要经过网关转发，一旦网关出现问题，所有用户都会受影响，所以必须有高可用方案，一个网关坏了，自动切换到另一个。

（2）支持集群：大型企业用户量大，一个网关性能肯定不够，所以必须支持集群，通过负载均衡增加并发数，支持动态扩容，线性增强整体性能，提升高可用性。

（3）支持多数据中心部署：业务系统的服务器分别部署在多个数据中心或者多个公有云上，如图 4-20 所示。用户可以通过零信任客户端直接访问各个数据中心的业务系统。

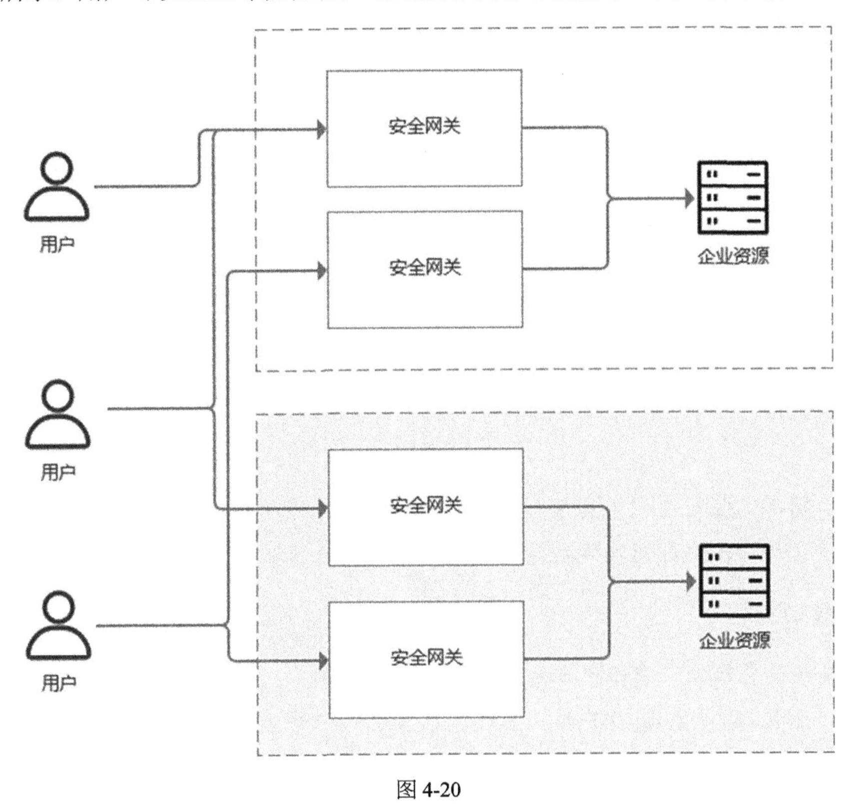

图 4-20

（4）支持分布式：如果企业在全国各地有分公司，或者跨国企业在国外有分公司，那么网关必须是分布式的，让用户能够就近接入，保证用户的访问速度。

网关的集群方案与零信任架构中的管控平台密不可分。管控平台管理所有网关，决定用户在什么情况下该连接哪个网关。网关间的负载均衡策略、数据同步等机制比较常规，在此不再赘言。

4.2.9 加密传输

零信任客户端和零信任安全网关之间通过加密协议进行流量传输，避免流量被窃听、被篡改。安全网关最常用的协议是 HTTPS，在此基础上，SDP 标准中提到应该实现 mTLS 加密，避免中间人攻击，国内不少厂商还会在此基础上再封装一层 UDP 进行传输。下面将对这几种加密传输方法的原理进行简单介绍。

1. SSL 卸载

零信任客户端与零信任安全网关之间通常使用 HTTPS 进行通信，也有些企业的业务系统希望使用 HTTP 进行通信。因此，零信任安全网关应该支持 SSL 卸载，安全网关对前半段和后半段分别使用不同的协议进行传输，用户与网关之间使用网关颁发的证书进行通信，如图 4-21 所示。

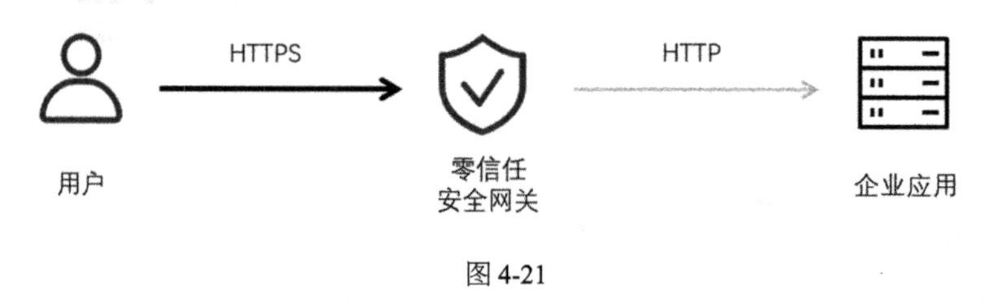

图 4-21

反过来，将零信任安全网关的 SSL 卸载应用于未使用安全传输协议的企业，可以起到保护作用，企业应用无须改造即可实现数据在互联网上的安全传输。

2. mTLS 加密

mTLS 是一种需要客户端和服务端双向认证的加密协议。普通的 TLS 只要求客户端验证服务端的证书，服务端不用验证客户端。其实，TLS 标准中是包含 mTLS 的，只不过大部分网站是面向公众的，允许匿名访问，验证客户端的证书意义不大，所以为了使用便捷，大部分网站只支持单向 TLS。

在零信任架构中，用户群体相对固定，如果特别担心传输的安全性，那么可以使用 mTLS 抵抗中间人攻击等安全风险。当用户连接业务系统时，要先上传身份证书，通过验证后，才能建立连接，访问相应的系统。由于黑客没有客户端证书，所以即使黑客监听、拦截了通信流量，也无法伪装成用户与服务器通信。

mTLS 的流程如下。

（1）网关和客户端安装各自的加密证书。

（2）当建立连接时，双方交换、检查对方的证书是否合法，检查内容包括公钥、签名、CA、域名、有效期等。

（3）双方协商接下来的通信要采用什么加密方案。

（4）在使用密钥加密后，进行通信。

3. 国产加密

在国内，安全网关除了支持 AES、RSA 等国际加密算法，还需要支持国产加密算法，保障数据传输安全，如图 4-22 所示。在国产加密算法中，SM1、SM4、SM7、祖冲之密码（ZUC）使用对称算法；SM2、SM9 使用非对称算法；SM3 使用散列算法。SM1 是通过硬件实现的，最常用的是 SM2、SM3、SM4。很多企业使用开源的 GmSSL 支持 SM2、SM3、SM4 国产加密算法。

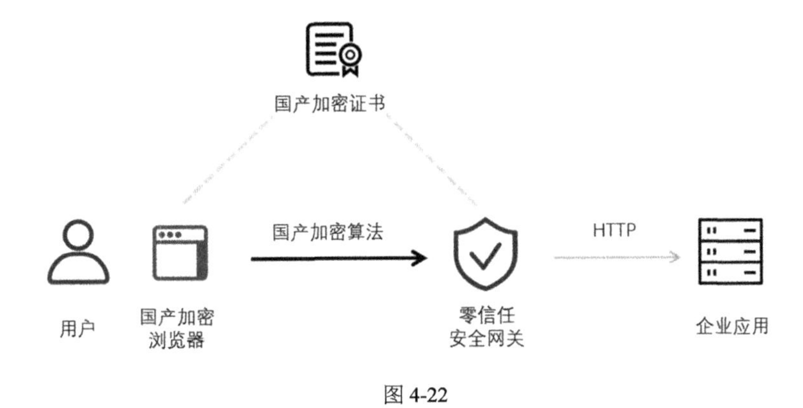

图 4-22

4. UDP 加密传输

有些零信任方案选择了最新的 WireGuard 协议进行通信加密。WireGuard 协议简单理解就是在正常的 HTTPS 通信上进行封装，将正常通信的 TCP 包作为 body 部分，构造一个新的 UDP 包，通过 UDP 在互联网上进行加密传输。

WireGuard 的通信流程如图 4-23 所示。

（1）零信任客户端创建虚拟网卡，抓取用户流量。

（2）通过 SPA UDP 敲门，向隐身网关申请放行。

（3）与网络隧道网关建立连接。WireGuard 将抓到的 TCP 数据包进行 UDP 封装，在封装过程中进行加密。WireGuard 采用 Cryptokey Routing 加密方法，客户端和网关各有一对公钥、私钥，并将公钥发给对方。通信时先用私钥进行加密，对方再用公钥解密。公钥、私钥与用户和设备绑定，每个设备都用一套独立的公钥、私钥。这种强度的加密基本是不可破解的。

（4）零信任网关检测用户身份。身份信息是在 UDP 封装过程中插入 UDP 数据包头部的。

（5）验证成功后，使用用户的公钥解开 UDP 包，还原成 TCP 数据包，通过 HTTP 转发给企业应用。由此可见，用户到企业应用之间使用 TCP 通信，只不过在传输过程中从用户到网关这一段进行了 UDP 封装。

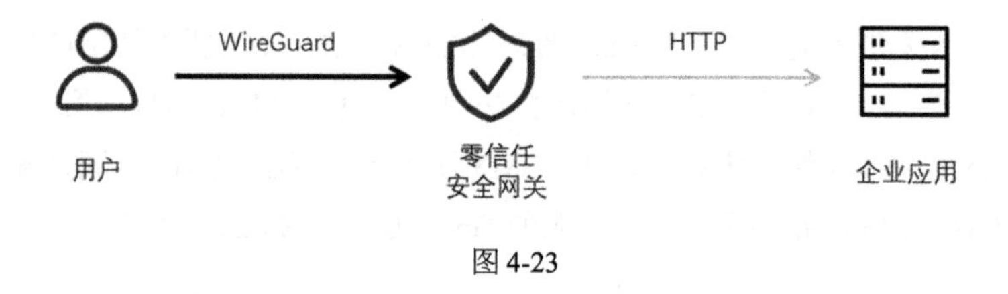

图 4-23

WireGuard 协议的好处如下。

1）隐身

通信过程使用 UDP，与 SPA 技术的 UDP 敲门搭配，在整个通信过程中都不用开放 TCP 端口（一般 WireGuard 只需要开放 UDP 51820 端口）。

2）效率高

WireGuard 协议的特点就是代码非常简洁。WireGuard 只有四千行左右的代码，传统 VPN 至少有几万行代码。代码少，就意味着运行更快、更稳定，效率更高，漏洞更少。

3）双向加密

WireGuard 协议采用双向加密，与 mTLS 一样，能够更好地抵抗中间人攻击。

4）“实名制”网络

上文从加密角度介绍了 WireGuard 协议的 Cryptokey Routing 技术。其实这种技术与零信任的持续身份认证原则也特别契合。WireGuard 公私钥加解密的过程能证明数据包的身份。这相当于让网络中流动的所有数据包都具有身份，没有身份的包会被零信任抓出来丢弃掉。也就相当于给网络做了“实名制”认证，真正做到了针对每个包的持续身份认证。

4.2.10 关键能力总结

零信任安全网关通常会部署在企业网络的入口，对企业影响非常大。因此，是否支持各种协议、是否支持高可用，以及加密通信的性能和稳定性，是零信任安全网关最重要的评价指标。上文已经介绍了零信任安全网关的组件和原理，下面将对零信任安全网关需要具备的能力进行总结，如图 4-24 所示。

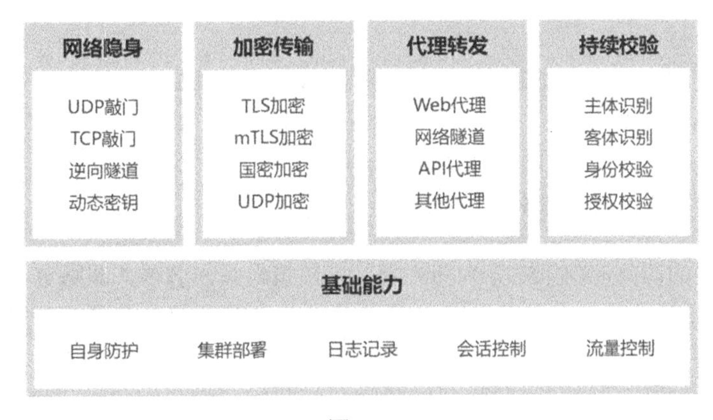

图 4-24

（1）网络隐身：默认关闭所有端口，只允许合法用户建立连接。

（2）加密传输：通过各类加密算法保护通信传输的安全。

（3）代理转发：接收用户的访问请求，支持各类业务访问场景的统一代理转发。

（4）持续校验：在流量转发过程中，识别每个访问请求的用户身份和申请访问的目标，根据管控平台下发的安全策略，进行身份和权限的校验。

（5）基础能力，包括以下 5 项。

a）自身防护：作为网络的入口，安全网关可能成为各种攻击的目标。因此安全网关应该具备一定的自身防护能力，8.8 节将对此进行详细介绍。

b）集群部署：支持企业的高可用、集群、分布式部署需求，保障安全网关的快速、稳定运行。

c）日志记录：实时上报用户的访问日志，包括用户身份、设备信息、访问时间、目标资源、占用流量等，以便管控平台进行安全审计、风险分析和信任评估。API 代理会记录 API 调用者的身份、IP、访问时间、API 服务响应、流量大小等信息。

d）会话控制：管理用户的会话连接。根据管控平台的指令，执行中断会话等操作。

e）流量控制：为保障安全网关的稳定运行，对访问请求的长度、频度、时长、并发数、大小、速度等指标进行管控。

4.3 动态权限引擎

零信任架构中的权限不是固定不变的，而是随着用户所处的环境不同而变化，动态授权是零信任安全的核心技术之一。

4.3.1 权限策略与风险策略的关系

零信任架构中的访问控制策略分为两大类。权限策略是白名单，即圈定范围，规定允许用户做什么。风险策略是黑名单，如果用户做有风险的事情，则进行拦截。这两种安全策略互为补充，共同在零信任体系中发挥作用。

传统的安全产品大部分执行风险策略，只有在发生问题时才发挥作用，在很多时候，甚至发生了问题也只能做到检测和审计，不会阻断。这样的防御效果通常不是很好，来不及响应 APT 和 0 Day 漏洞攻击，当问题发生时，可能损失已经形成了。零信任更强调权限策略，强调白名单的限制，所有流量都要通过校验得到授权，并且只被授予最小的权限，这就是零信任与传统安全理念的本质区别。

4.3.2 权限引擎的架构

1. 架构概述

零信任的权限引擎是零信任管控平台的一部分。当零信任的安全网关和策略执行点监测到用户访问请求时，权限引擎要解析访问请求的身份和环境信息，根据事先配置的权限策略进行计算，得出应该执行的策略，向策略执行点下发指令，如图 4-25 所示。

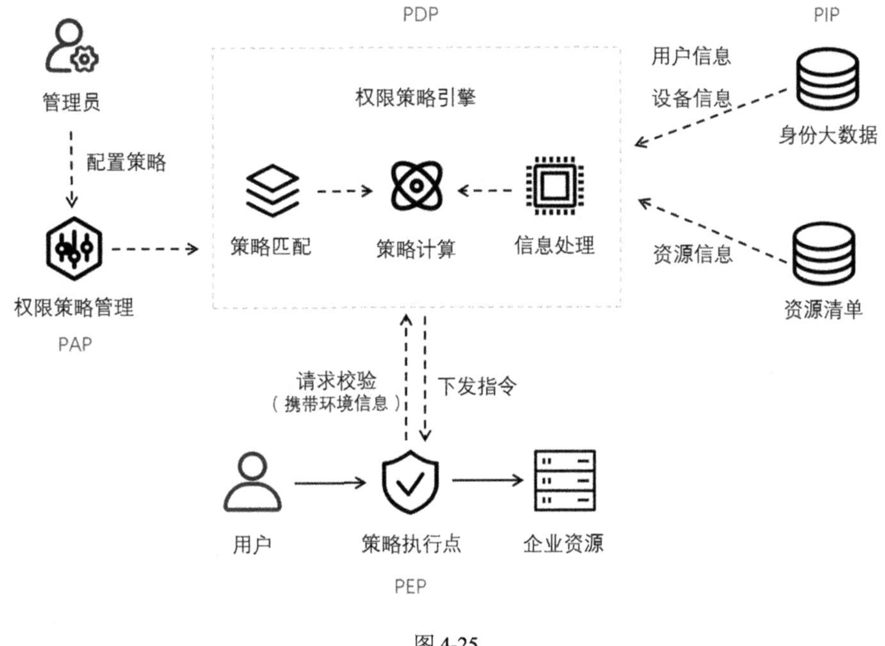

图 4-25

下面简要介绍图 4-25 中的几个组件。

（1）权限策略管理：管理员在这里配置用户的授权策略。这里也称策略管理点（PAP）。

（2）权限策略引擎：也称策略决策点（PDP）。

a）收到策略执行点发来的请求后，根据请求的主体和客体，匹配出所有相关的策略。例如，张三请求访问 OA 系统。引擎需要找出与张三和 OA 关联的所有策略。

b）进行策略计算，得出策略动作。例如，一个策略要求只有某个部门的员工能访问 OA，另一个策略要求必须使用管控设备访问 OA，那么匹配用户的部门和设备信息，如果符合要求，则得出计算结果：允许访问。

c）将计算结果下发给策略执行点执行。

（3）身份大数据、资源清单：也称策略信息点（PIP），负责存储、管理用户资源信息。PIP 汇聚相关信息后，向策略引擎提供与用户、设备、资源相关的属性信息，作为策略判定的依据。

（4）策略执行点（PEP）：用户必须先访问 PEP，然后才能访问企业资源。PEP 可能是零信任安全网关，也可能是业务系统本身，或者是数据代理、API 网关等。有些信息是只有 PEP 才知道的，例如，访问请求的时间、位置、业务类型等。在 PEP 询问是否放行之前，需要把这些信息传递给权限引擎。

另外，为了提升计算性能，也可以利用缓存机制，将部分信息同步到策略执行点上，进行本地策略计算。权限策略引擎在信息发生变化时同步更新。

2. 策略传递

策略从制定到执行要经过 PAP、PDP、PEP 等多个组件。为了让每个组件都能正确理解策略的含义，所有组件都要使用同一种“策略定义语言”。目前最常用的策略定义语言是可扩展访问控制标记语言（XACML）。PAP 创建的策略以 XACML 的形式存储，然后传给 PDP 进行计算。当 PDP 向 PEP 下发命令时，在简单的场景下可以直接下发放行或拒绝指令，在复杂场景下，可以通过 XACML 格式下发数据过滤、提示文案、数据脱敏等指令。

3. 策略决策

最常见的场景是，策略执行点在接到用户请求时询问某用户能否访问某资源，权限引擎进行策略计算后，下发“是”或“否”的指令。

在某些场景下，权限引擎还要返回允许访问的资源清单，例如，某条策略限制用户只能在可信设备上打开“客户信息”菜单。业务系统中有很多功能菜单，如果在给用户展示页面时逐个查询是否显示每个菜单，那么要查询很多次，整体效率非常低。所以，业务系统一般会直接向权限引擎询问一次：在当前用户使用某设备时，能使用哪些功能？权限引擎直接返回可以显示的所有菜单，整体执行效率更高。

在数据访问场景下，权限引擎可能直接返回具体的策略条件，由执行点自己计算。例如，用户在进行搜索时，不可能逐一查询每条数据能不能访问，也不可能查询能访问的所有数据（太多）。系统只能查询用户会受到哪些条件的限制，然后将限制条件添加到搜索条件中。

4.3.3 权限策略模型

常见的权限策略模型有很多，零信任架构可以在不同场景下，根据不同需求，使用不同的权限策略模型。

1. 基于角色的访问控制

目前最流行、最简单的权限策略模型是基于角色的访问控制（Role-Based Access Control，RBAC）模型。RBAC 的核心思想是根据用户所属的角色，给用户授予访问资源的权限。

角色可以直接与某些用户和部门关联，也可以与属性符合某个条件的一类用户关联。一个用户可以与几个角色关联。例如，一个人可能既是研发部成员，又是某应用的管理员，同时拥有这两个角色的权限。

角色是授权的基本单位，每个角色都可以被分配一系列的权限和限制，授权对角色关联的所有用户生效。在角色中新增或删除用户时，会自动为用户赋予或撤销角色的权限。

RBAC 的优势是简单、清晰，用户和其能访问的资源是一种直观的连线关系，如图 4-26 所示。从图中可以直接看到每个用户有什么权限。

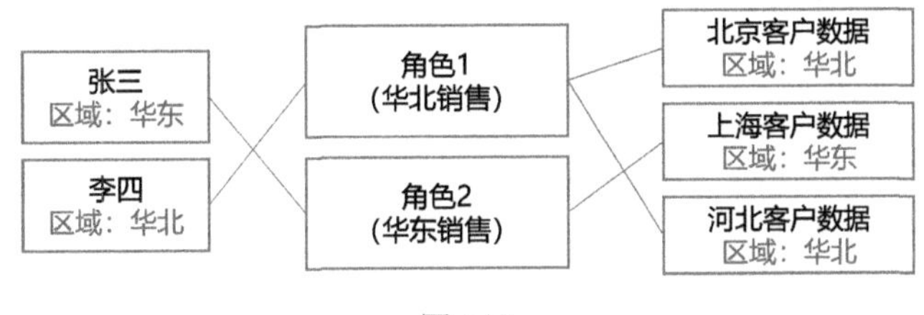

图 4-26

如果角色比较少，那么 RBAC 是直观且高效的。在大型企业中，可能存在几百、几千个相似但不同的角色，而且随着时间的推移，角色会越来越多。在这种情况下，RBAC 就会变得非常难以管理和维护。

2. 基于属性的访问控制

基于属性的访问控制（Attribute-Based Access Control，ABAC）的核心思想是根据用户、资源、环境的属性是否满足条件，决定用户在具体环境条件下能否访问某资源。

图 4-26 中的例子如果用 ABAC 来表示，那么可以大大简化。为华北销售设置一个角色，为华东销售设置一个角色，并制定一条规则——用户只能访问与自己区域相同的数据，如图 4-27 所示。

与 RBAC 相比，ABAC 的维护也会更容易。当新增用户时，不用编辑角色，只需在创建用户时准确设置区域属性，例如，区域为华东，用户就会自动获得相应的权限了。

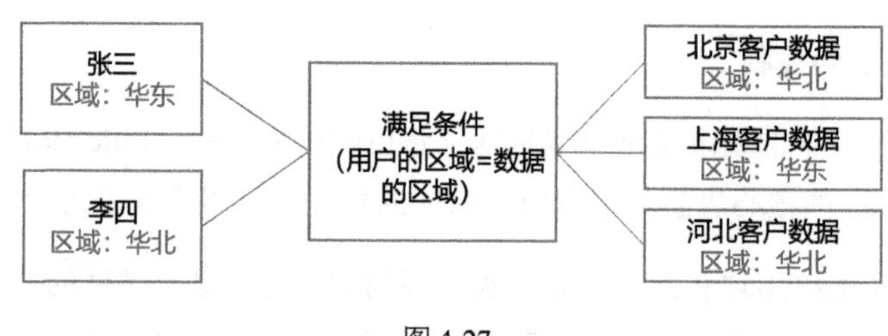

图 4-27

在 ABAC 中，用户和资源可以有很多属性。基于这些属性可以实现比 RBAC 更细粒度的管控。例如，ABAC 可以限制某岗位的用户只有在可信设备上通过可信网络才能在某时段访问某应用里的某些功能。

ABAC 的缺点是不直观，在计算所有策略之前，并不能直接看到一个用户到底能访问什么资源，这是因为属性是动态变化的。例如，要求用户只能在 23 点前访问某资源，那么只有结合具体的时间信息，才能判断用户到底能不能访问该资源。

3. 基于任务的访问控制

基于任务的访问控制（Task-Based Access Control，TBAC）的核心思想是参与了某项任务的人才能访问任务对应的资源。

TBAC 可以算是 RBAC 和 ABAC 的补充，理论上 TBAC 也可以用 RBAC 或 ABAC 来表示。例如，将参与各类任务的人员分别归入不同的角色，或者将任务作为用户的属性，当用户的某某任务属性为激活状态时，可以访问某些资源。它们的区别在于理念不同，TBAC 与业务结合得更紧，以任务为基本单位进行授权。

TBAC 的重点是对"任务"进行管理。用户在任务管理系统中申请、审批任务，权限管理系统与任务管理系统对接，从任务管理系统同步任务信息，在权限管理系统中设定任务对应的权限，将权限策略同步给策略执行点。

任务一般有时限。当任务结束后，任务对应的权限随之撤销。在紧急情况下，应该允许用户申请临时任务权限，以便快速解决问题。

4. 基于策略的访问控制

基于策略的访问控制（Policy-Based Access Control，PBAC）的核心思想是根据是否满足策略要求，决定是否授予对资源的访问权限，最典型的 PBAC 产品是美国的 PlainID。相对来说，PBAC 的标准没有那么明确，有人说，PBAC 更偏重于用自然语言来描述访问规则。在笔者看来，PBAC与ABAC在本质上的区别确实不大，只不过PBAC更强调从业务的视角来设置策略。

在PBAC中，定义策略就是定义一项业务。例如，销售过程中有一项业务是“查看销售线索”，这就是一个策略。完成这项业务需要什么人？做这项业务需要什么数据？在什么条件下这些人可以做业务？这些合在一起就定义了一个策略。

PBAC的优点之一是更易理解，因为策略中定义的是现实中存在的“业务规则”，是企业的管理员可以理解的。

PBAC 策略与业务强相关，只能由业务部门的人员来制定自己部门的策略。例如，销售部门制定销售管理系统的策略，网络安全部门在此基础上添加网络安全和数据安全策略。

不同策略制定者所制定的策略之间可能有重叠和冲突，因此PBAC需要维护一个集中管理的策略池。权限引擎需要在添加策略时检测、解决冲突，在设置好策略后提供模拟运行功能，以便管理员检查策略是否符合自己的设想。

复杂性是PBAC的缺点。在应用PBAC前，需要对管理员进行培训。在运行时，权限策略的计算也可能成为性能的瓶颈。

5. 策略模型的总结

前面介绍的4种策略模型各有优劣，在实际应用中，往往多种模型混合使用。例如，RBAC最直观，可以先基于RBAC模型设定用户的权限基线，再基于TBAC完善任务方面的业务规则，最后基于ABAC和PBAC进行身份和环境属性的灵活的访问控制。

另外，在企业的零信任架构转型过程中，应当考虑权限引擎与已有系统的兼容性。例如，如果在已有系统上已经构建了一套RBAC的权限模型，那么应该在零信任管控平台中先支持对接已有权限，实现权限的统一管理和冲突检测，再叠加ABAC/PBAC的策略。

4.3.4 典型的策略构成

一个典型的零信任策略应该包含策略主体、策略客体、策略条件、策略动作等内容。XACML中对策略的构成有明确的定义，但整体比较烦琐，在实际应用中，往往会对XACML进行简化。下面将对一个策略包含的最常用的几部分进行介绍，如图4-28所示。

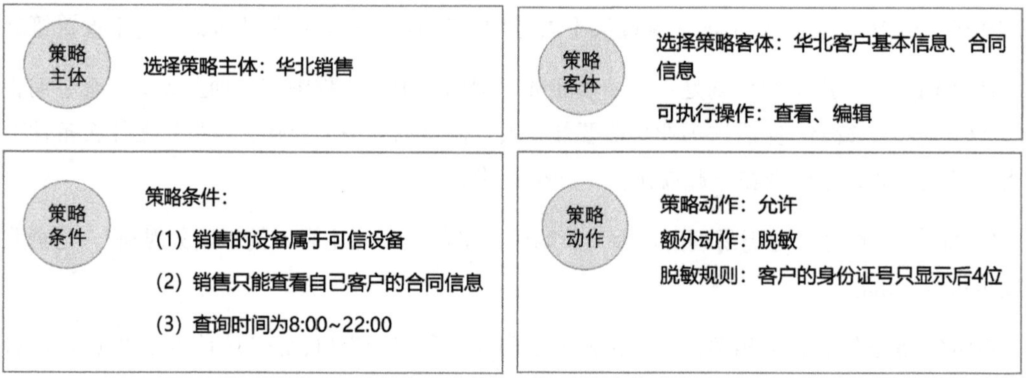

策略主体	选择策略主体：华北销售
策略客体	选择策略客体：华北客户基本信息、合同信息 可执行操作：查看、编辑
策略条件	策略条件： （1）销售的设备属于可信设备 （2）销售只能查看自己客户的合同信息 （3）查询时间为8:00~22:00
策略动作	策略动作：允许 额外动作：脱敏 脱敏规则：客户的身份证号只显示后4位

图 4-28

1. 策略主体

策略主体指请求的发起者，用户就是最典型的策略主体。在物联网场景下，策略主体可能是物联网设备。在 API 场景下，策略主体可能是调用 API 的服务器。

策略主体必须是经过身份验证的。在实际应用中，往往需要在进行权限判定前先进行身份验证，再通过身份关联属性信息。

策略主体属性的范围很广，可能包括用户的岗位、部门等身份属性信息，也可能包括与用户关联的设备、任务等其他属性信息。

2. 策略客体

策略客体指请求的被动接收方，一般是被保护的资源，例如，业务系统、服务器、数据库等。在应用访问场景下，策略客体的粒度可以细化到应用内的菜单、按钮。在数据访问场景下，策略客体的粒度可以细化到数据表的行和列。

对策略客体的操作也可以算作策略客体的一部分。例如，对文件和数据的查看、编辑、删除等操作。“资源+操作”这个整体可以当作一个策略客体，由策略决定是否允许用户对某个资源进行某项操作。

策略客体可以是静态指定的，也可以是动态的、符合某条件的一类资源。例如，所有带有“个人隐私信息”标签的数据，或部署在“北京数据中心”的所有服务器。

3. 策略条件

当所有的策略条件均被满足时，才允许策略主体对策略客体执行策略动作。策略的条件包括很多类型，具体如下。

（1）对策略主体的限制，如用户设备必须是可信设备。

（2）对策略客体的限制，如客户合同的创建时间为 6 个月内。

（3）策略主、客体的匹配，如策略主体的所在区域等于策略客体的所在区域。

（4）对环境因素的限制，如访问位置在内网或外网（注意，零信任架构不是彻底抛弃内、外网的概念，而是不以之为唯一衡量信任的标准）。

这里的环境因素指请求发生的环境，是独立于策略主体、策略客体之外的，例如，位置、时间等。策略条件除了对策略主、客体的属性进行限制，还可能对环境因素进行限制。

还有一些条件的分类不那么清晰，例如，用户曾经连续认证失败的次数小于 10 次。这个信息可以算作环境信息（上下文信息），也可以算作策略主体的一个属性标签。

4. 策略动作

最基本的策略动作是允许或拒绝，即在满足策略条件时允许用户访问资源，或拒绝满足策略条件的用户访问资源，复杂一点儿的情况包括上级审批后允许、二次认证后允许。例如，用户已经满足了所有策略条件，此时给用户发送一个二次认证的弹窗，用户完成二次认证后即可打开应用。4 种常见的策略动作如图 4-29 所示。

图 4-29

策略执行点除了判断是否放行用户的请求，可能还要对返回数据进行处理。例如，放行之后，还可以对数据进行加密或者脱敏。加密和脱敏就属于策略的“额外动作”。这在 XACML 中被称为“职责”。

在进行加密和脱敏时，权限引擎和策略执行点之间需要约定好一套逻辑语言，用于传递具体的加密和脱敏规则。例如，加密和脱敏的范围、加密和脱敏的算法等。

此外，在放行用户的访问动作后弹出用户提示，或者发出管理员告警消息等动作也属于额外动作。在执行提示和告警动作时，权限引擎和策略执行点之间需要约定好提示和告警内容如何传递。

4.3.5 分层制定授权策略

为了便于理解，可以将策略分拆成几层，分别由不同的人在独立的界面进行配置。例如，业务系统的授权策略由业务部门配置，设备准入策略由网络安全部门配置。数据脱敏规则由数据平台的管理者配置。

每层策略都是权限引擎的一个独立模块，不同部门分别从自己的角度提出要求。用户的访问请求需经过层层策略校验，都通过后，才允许访问资源，如图 4-30 所示。

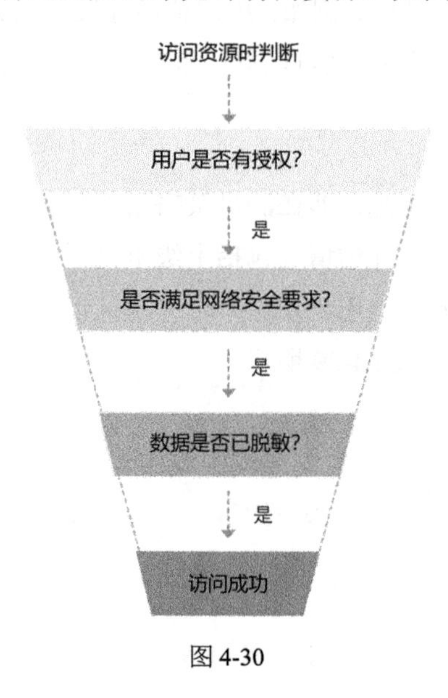

图 4-30

1. 用户授权策略

用户授权策略定义了员工完成工作必备的权限，其他各层策略在用户授权策略的基础上取交集。

在实际应用中，用户授权策略可以从已有的权限系统中同步过来，也可以由部门指定，或者由员工自助申请。

（1）用户授权策略可以基于 RBAC 模型建立用户与资源的对应关系。例如，指定 IT 部员工可以访问 OA、邮箱、项目管理系统、Bug 管理系统等应用。

（2）用户授权策略可以基于 PBAC 模型建立“数据”的授权策略。例如，老板可以访问所有客户的信息，而初级销售只能访问自己客户的信息；电话销售人员只能查看合同即将到期的、分配给自己的客户的电话。这类策略通常是在业务系统中进行管理的。如果企业使用了大数据平台，业务系统从大数据平台调用数据，那么可以考虑将零信任架构与大数据平台结合，把大数据的权限放到零信任系统中统一管理，为数据层多设一道保护。

2. 网络安全要求

网络安全要求通常是网络安全部门对全体员工提出的要求。例如，必须用云桌面访问敏感应用，用户设备必须安装杀毒软件，不能安装远程控制软件等。

这些要求可以基于 ABAC 模型实现，由安全人员设定网络、设备方面的安全策略。在实际应用时，还可以对安全要求进行细分，例如，在登录阶段有什么安全要求，在访问不同的业务系统时有什么安全要求等。

1）登录认证的安全要求

登录认证策略指允许/拒绝用户登录、要求用户做多因子认证、允许用户免认证登录的条件。登录认证条件如图 4-31 所示。

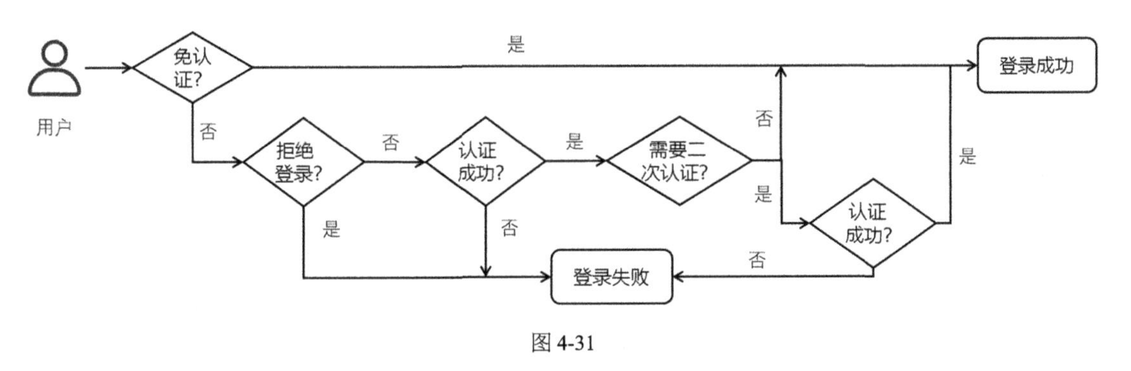

图 4-31

a）免认证：设置用户可以自动登录的条件。例如，已经进行过 Windows 域认证的设备无须认证，可以直接登录。

b）拒绝登录：可以在登录阶段设置人员和设备的安全基线，阻止可疑人员登录。例如，限制可登录的时间范围、IP 地址范围、位置范围；拒绝来自恶意 IP 地址的用户登录；绑定用户设备，禁止非管控设备登录。

c）二次认证：在登录时要求可疑用户进行多因子认证。例如，策略可以设定为异地登录的用户需要进行二次认证，进一步验证用户的生物特征。

根据用户的状态，自适应地选择合适的认证强度，安全级别高的用户可以免认证，安全级别低的用户要进行多因子认证。

2）应用访问的安全要求

应用准入基线是对所有访问者进行的限制。访问者必须满足指定要求才能访问该应用。例如，必须在终端沙箱或云桌面中访问核心代码；在使用非常用设备访问高敏应用前，必须进行二次认证；门店员工只能在上班时间访问收银系统等。

3. 数据脱敏规则

数据脱敏规则通常由网络安全部门或数据安全部门制定，是对公司数据进行分级分类保护的安全要求。必须对数据进行治理、为数据打标签，才能落实数据的安全策略。例如，通过模式匹配，为所有的个人隐私类数据打上 PII（Personally Identifiable Information）标签，然后设定规则：在任何人访问带有 PII 标签的数据时，都必须脱敏展示，如果必须查看、编辑 PII 数据，则需申请授权。

4. 策略执行的冲突处理

上述几层权限策略是在层与层之间取交集，在同一层中的不同策略间取并集。例如，如果权限范围基线中有两条策略，一条是允许张三访问 OA，另一条是允许张三访问 ERP，那么张三可以同时访问 OA 和 ERP。如果网络安全要求中有两条要求，一条是禁止有病毒的设备访问任何应用，另一条是禁止未安装最新版客户端的设备访问任何应用，那么张三违反其中任何一条都无法访问。如果这 4 条策略同时发生作用，那么张三必须安装最新版客户端，且在没有病毒时，才能访问 OA 和 ERP。

在同一层中，可能同时有匹配结果为“允许”或“拒绝”的策略。这时，权限引擎需要处理冲突的规则。常见的冲突处理规则如下。

（1）拒绝优先：如果任意策略的结果是“拒绝”，最后的结果就是拒绝；如果所有策略的结果都是允许，最后的结果就是允许。这种方式最简单。

（2）按优先级：为每个策略都设定一个优先级，以优先级最高的策略的结果为准。这种方式最灵活。

（3）以先匹配到的为准：先匹配到哪个策略，就以哪个策略的结果为准，这种原则要求策略之间有排序关系，可以看作按优先级处理的一个变种。

在实际应用时，企业可以根据实际需求和策略模型的要求，选择合适的冲突处理规则。

4.4 风险与信任评估

阿尔法狗（AlphaGo）诞生以来，人工智能和机器学习技术不断发展，目前已经在网络安全领域有了广泛的应用。人工智能和机器学习技术可以基于海量数据进行分析，提高风险的响应速度，增强安全运营能力，成为守护网络的“阿尔法警犬”。本节将介绍零信任架构中基于人工智能和机器学习的风险与信任评估技术。

4.4.1 持续的风险与信任评估模型

著名咨询公司 Gartner 曾提出过连续自适应风险与信任评估（Continuous Adaptive Risk and Trust Assessment，CARTA）模型，CARTA 与零信任的风险与信任评估逻辑是高度一致的。在 CARTA 模型中，防止攻击、发现异常、实时响应、威胁预测是一个循环，模型的每一步都可以通过零信任架构实现。具体的对应关系如图 4 -32 所示。

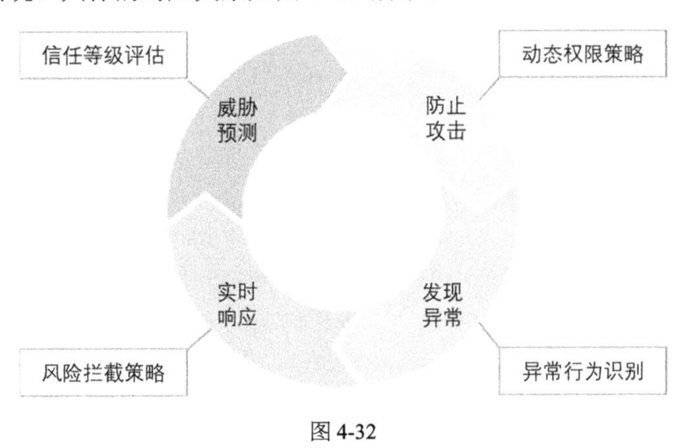

图 4-32

（1）防止攻击：为了防止攻击的发生，零信任架构采用默认拒绝策略，通过动态权限策略，提高攻击的门槛，降低发生攻击的可能性。

（2）发现异常：零信任系统可以通过安全网关持续收集用户行为日志，然后基于风险模型进行分析，学习用户习惯。零信任系统对每个连接都进行检测，以便及时发现用户异常行为。

（3）实时响应：在零信任架构中，管理员可以提前配置风险拦截策略。当发生问题时，系统将自动执行响应动作，缩短响应时间。

（4）威胁预测：零信任系统可以通过人工智能技术综合评估用户和资源的信任等级，发现可能发生问题的人和设备。

上面 4 个步骤中的第一步对应 4.3 节介绍的权限策略，本节将主要介绍后 3 个步骤。

4.4.2 零信任的风险分析架构

零信任的风险分析架构如图 4-33 所示。风险分析是从日志汇聚开始的。在进行分析前，要先对各个来源的数据进行清洗、转换、关联、归约。然后通过预先定义算法和模型，对处理后的数据进行分析，从中发现可疑的风险事件，学习用户的画像、给用户打标签，综合评估用户的可信等级。

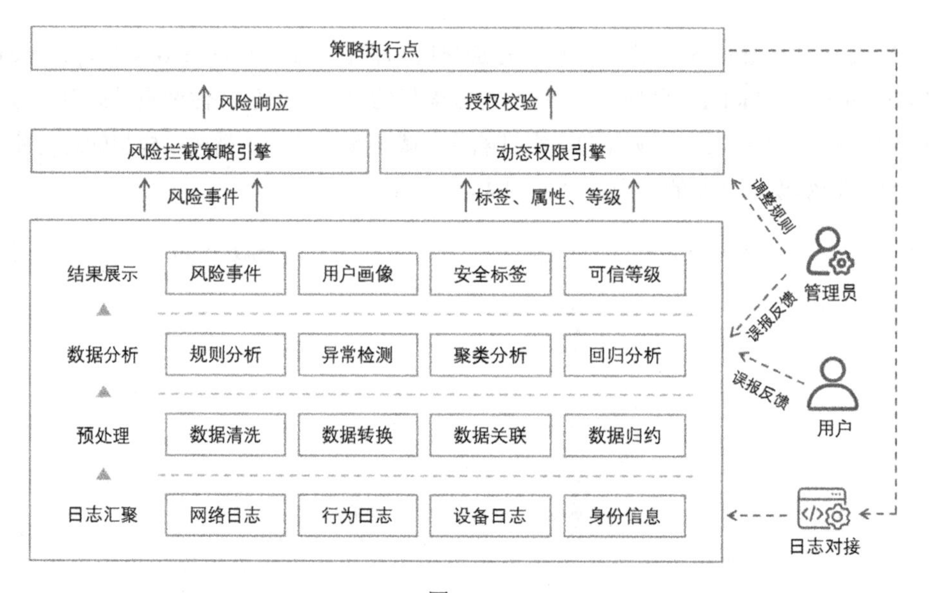

图 4-33

在发现风险事件后，“风险拦截策略引擎”会进行实时响应。零信任系统分析出的用户画像、安全标签、可信等级等信息也可以作为判断依据，提供给动态权限引擎，用于设定访问控制规则。

最终，风险的响应动作和权限策略都会落在策略执行点上执行。策略执行过程中会积累更多日志，管理员和用户会基于策略执行的结果进行反馈。如果发生了误报，那么管理员可以调整分析模型的参数、风险策略、权限策略，提升准确率。

1. 日志汇聚

通过文件、数据库、API 等形式收集各个来源的日志。尽可能获取更多数据，从各个维度发现异常行为，提升分析的准确率。同时，便于后续开展跟踪溯源、安全审计工作。具体来说，需要收集如下内容。

（1）网络日志：网关的网络流量日志，如时间、IP 地址、丢弃的异常报文等。

（2）行为日志：来自服务器和网关的用户访问日志，如用户设备信息、应用 URL、匹配到的策略信息等。

（3）设备日志：设备安全状态、系统配置信息、终端上的用户操作日志等。

（4）身份信息：用户身份信息、登录认证日志等。

（5）其他日志：来自防火墙、入侵检测、终端检测的安全事件，第三方威胁情报，来自业务系统的用户操作信息等。

2. 预处理

零信任风险分析平台在存储原始数据后，要对数据进行预处理，以便进行后续的数据分析。具体来说，常见的预处理工作如下。

（1）数据清洗：把残缺数据、错误数据、重复数据等脏数据变成可处理的干净数据。

（2）数据转换：将数据的格式和结构转换成便于后续关联、处理的格式。

（3）数据关联：关联不同来源的数据，构造从用户网络连接，到应用访问，再到业务操作的完整的端到端的行为记录。

（4）数据归约：如果数据量太大，那么后续的数据分析速度会很慢，应在保持数据原貌的前提下，最大限度地精简数据。

3. 数据分析

数据分析算法包括简单的规则匹配，也包括复杂的机器学习算法。零信任系统可以对日志进行分析，发现异常的风险事件、分析用户的属性画像，并根据用户特征和安全状态为用户打上安全标签，综合评估用户和资源的可信等级。

（1）规则分析：基于设定的阈值，与日志统计数据进行对比，发现异常风险。

（2）异常检测：统计用户的属性或事件的分布规律，进行对比，发现异常变化。

（3）聚类分析：选取多个特征值，对用户和行为进行分类，评估用户的安全风险。

（4）回归分析：基于以往数据进行预测，发现用户的异常行为。

4. 结果展示

（1）风险事件：风险事件指根据事先定义的风险模型通过数据分析方法发现的异常事件。例如，可疑的用户正在登录、用户行为与往常不同、用户行为疑似网络攻击等。风险事件应该与日志关联，满足溯源审计需求，基于复杂模型分析出来的风险事件还应该具备可视化的分析证据。

（2）用户画像：用户的常用设备、常在位置、活跃时段、常用应用，以及用户的行为规律、访问频次、占用带宽、近期的行动时间线等信息。

（3）安全标签：包括描述用户特征的标签，例如，“特权用户”“北京员工”“出差中”等，还包括描述用户安全风险的标签，例如，“非常用位置”“二次认证未通过”等。

（4）可信等级：综合用户的认证强度、环境可信度、近期发生过的风险事件等信息，计算用户的可信等级。根据访问频次、覆盖人群、是否存在安全漏洞等信息，计算服务器的可信等级。

风险拦截通常负责事中和事后的处理，权限策略可以在事前进行预防，权限引擎可以根据用户的属性、标签，以及可信等级设置权限策略。例如，当可信等级为高时，可以访问高敏应用；当可信等级为低时，无法访问高敏应用，只能访问低敏应用。

不同的风险事件严重程度不同，管理员在风险拦截策略引擎中，要根据不同的风险事件或事件的组合制定相应的响应策略。对于严重程度低的风险，向用户推送风险提醒；对于严重程度高的风险，立即阻断会话。

4.4.3 风险分析方法

风险分析的方法有很多种。通常在项目还没有数据积累时，可以依靠阈值检测、规则匹配等方式制定风险分析策略，这种方式简单易行、速度快。在积累了一定数量的数据后，可以通过更复杂的机器学习算法，发现用户的行为规律，挖掘未知的异常行为。这类方法需要安全人员在实践过程中不断调优模型参数。下面介绍几种常见的风险分析方法。

1. 阈值检测

设定某个指标的阈值，如果超出阈值则证明发生了异常情况，这是最简单的风险分析方法，非常常用。图 4-34 是一个针对用户访问记录进行阈值检测的例子。

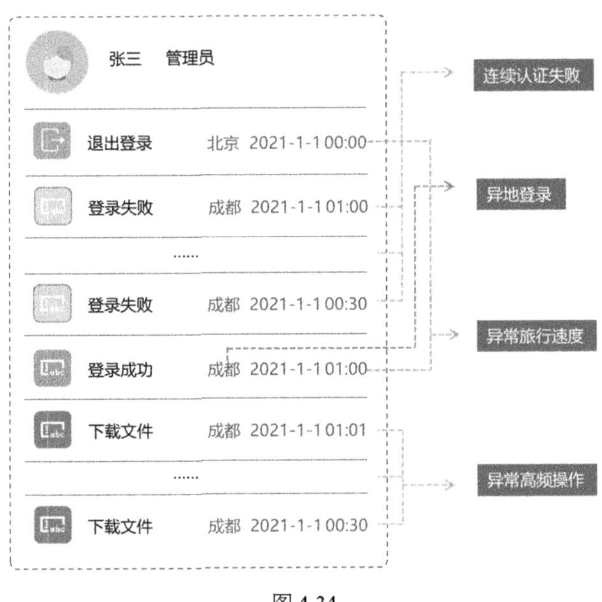

图 4-34

（1）连续认证失败：如果在 30s 内连续认证错误次数超过阈值，则记录一条风险事件。可能是攻击者正在进行暴力破解。

（2）异地登录：如果用户的登录位置在过去三个月内没有出现过，则记录一条风险事件。当然，异地登录可能因为员工正常出差。因此，在配置风险拦截策略时，不应直接拦截，而应当先发送给用户一个风险提醒，同时记录下事件以便审查。

（3）异常旅行速度：对比用户当前登录位置与上次登录位置，如果两地距离除以间隔时间高于阈值，则记录一条风险事件。因为用户不可能短时间瞬移到另一个地方，很可能是在异地有另一个人使用同一账号进行了登录。

（4）异常高频操作：事先统计用户行为数据，将本次单位时间内的下载次数与之前的数据进行对比，如果本次下载次数超过了合理的阈值，则说明本次属于异常行为。

2. 规则匹配

有些风险可以通过对流量内容的匹配来识别。例如，请求方法异常、请求内容语义异常、header 字段异常等。当这些异常出现时，代表可能有人在挖掘系统的弱点。

有些风险与业务相关，需要通过设定业务规则才能识别。例如，管理员通常只负责管理系统，如果管理员进行了业务操作，则被认为是与职责不符的异常行为。

有些风险可以通过用户行为的规律来识别。例如，可以通过分析用户的访问规律识别慢速扫描，如果在一段时间内某用户以顺序或乱序访问了大量 IP 地址和端口，并且每个都是浅尝辄止，或者在调用接口时按照某种顺序不断试探各种参数，那么很可能存在异常。

3. 聚类分析

当黑客利用窃取的账号进行恶意操作时，往往会表现出与众不同的特征。打个比方，员工上班会先到大厦前台，再到电梯，再进办公区；下班会先到电梯，再出门。而小偷的路径会很特别，可能从楼梯上楼，然后到每层挨个屋子逛一逛。

通过用户的行为特征就可以区分正常用户和异常用户。基于这个理念，可以指定访问时长、频率、应用数、平均停留时间、页面数等特征值，使用聚类算法，找到各项指标与大多数人明显不同的异类，如图 4-35 所示。

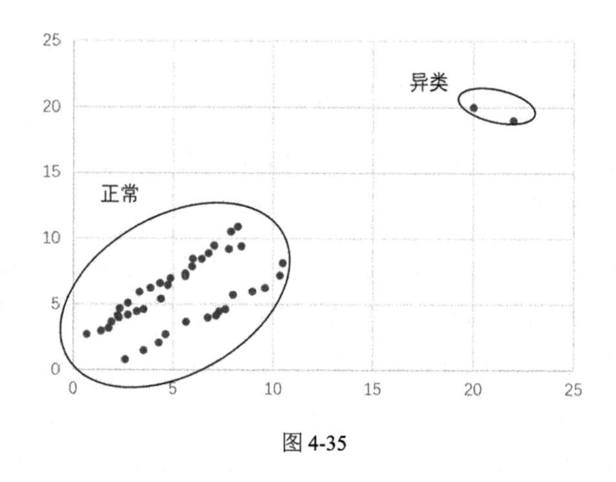

图 4-35

4. 神经网络

长短期记忆（LSTM）神经网络是一种可以处理长期记忆场景的机器学习算法，它可以根据用户的访问记录学习用户的访问习惯。例如，当用户访问应用时，会习惯性地先使用某个功能查看代办信息，再使用某个功能处理审批等事项。LSTM 神经网络可以将这些习惯转化成一系列特征值，通过对比用户某次的访问记录的特征与历史访问记录的特征，判断用户行为是否与之前的习惯一致。通过这种方式，可以发现一些平时难以发现的隐藏较深的异常行为。当然，这种算法的准确率取决于模型的优劣和数据量的多少，企业可以先积累数据，再不断调优。

4.4.4　风险分析可视化

风险分析可视化是零信任的重要能力。风险分析的过程和结果都应该是可见的，以便安全运营人员快速理解、分析、处理问题。

1. 风险分析过程展示

风险分析是一个黑盒过程，是有准确率的，容易让用户感觉不可信。通过展示风险事件分析过程，可以让管理员了解风险事件的判定标准和风险分析机制，有助于后续的策略配置和模型调优。

例如，通过对比历史上的登录位置，发现本次登录属于“异常位置登录”。在查看事件原因时，可以查看到统计数据。

通过对比一段时间内的登录 IP 地址，发现账号违规借用事件。在查看风险事件的原因时，展示近期的所有登录 IP 地址，以便管理员继续追查，如图 4-36 所示。

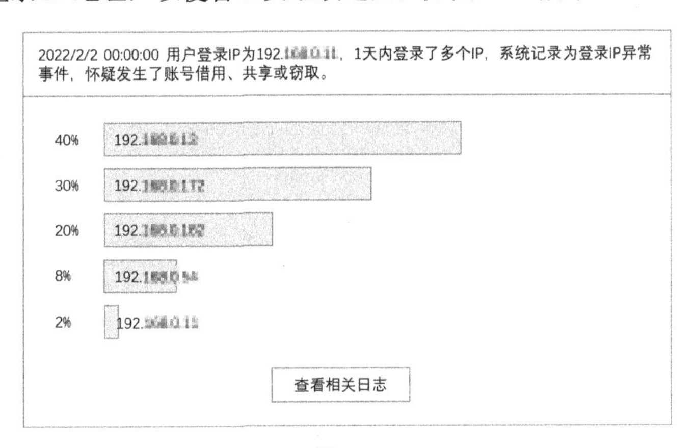

图 4-36

2. 风险事件审计

管理员可以通过对风险事件的统计，了解当前的整体安全状态。图 4-37 为风险事件审计的示意图。管理员可以查看近期常见的风险事件类型，有针对性地分析事件发生的原因。如果是普遍现象，则应当完善相应的安全防护能力。如果是大量误报，则应当提升分析模型的准确度。

图 4-37

3．安全标签

零信任系统会为有风险的用户打上风险标签。打了标签的用户，应当可以查到，以便分析人员在敏感时期主动挖掘潜在的威胁，如图 4-38 所示。分析人员可以筛选出带有可疑标签的用户，查看其访问日志，然后进行人工确认、风险处理。

图 4-38

4．用户画像

通过一个界面列出用户的基本资料、实时访问行为、常用设备、用户相关的权限策略、近期发生的风险事件等信息，便于管理员对用户进行深度分析。例如，发现了一个异地登录的事件，立即可以查询该用户是否处于出差状态（从 OA 系统同步），如图 4-39 所示。

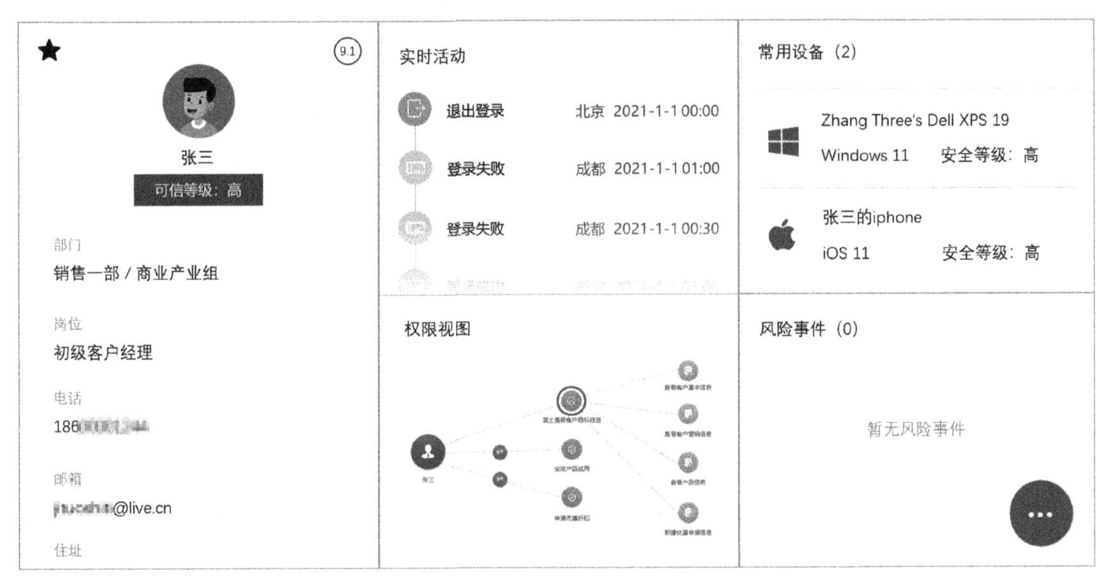

图 4-39

5．安全态势大屏

安全态势大屏一般以攻击视角的数据为主，展示整体风险、攻击地图、资产状态等。除此之外，零信任系统的大屏还可以展示用户和设备的可信等级分布，系统隐身范围及仍存在的暴露面，各类用户可疑行为的变化趋势，身份认证、设备认证、风险二次认证的执行情况等。

4.4.5 风险拦截策略

风险拦截策略是一种以工作流方式定义的事件分析和响应流程。零信任架构中的风险拦截策略引擎会在风险事件发生时匹配合适的策略，进行处置。自动化的风险拦截可以在安全威胁出现时，快速、大规模地采取行动，抓住时机及时止损，大幅提升响应效率。

1．风险拦截策略的构成

风险拦截策略与风险事件、响应动作关联，如图 4-40 所示。风险的响应动作包括动作的执行者和执行的指令。

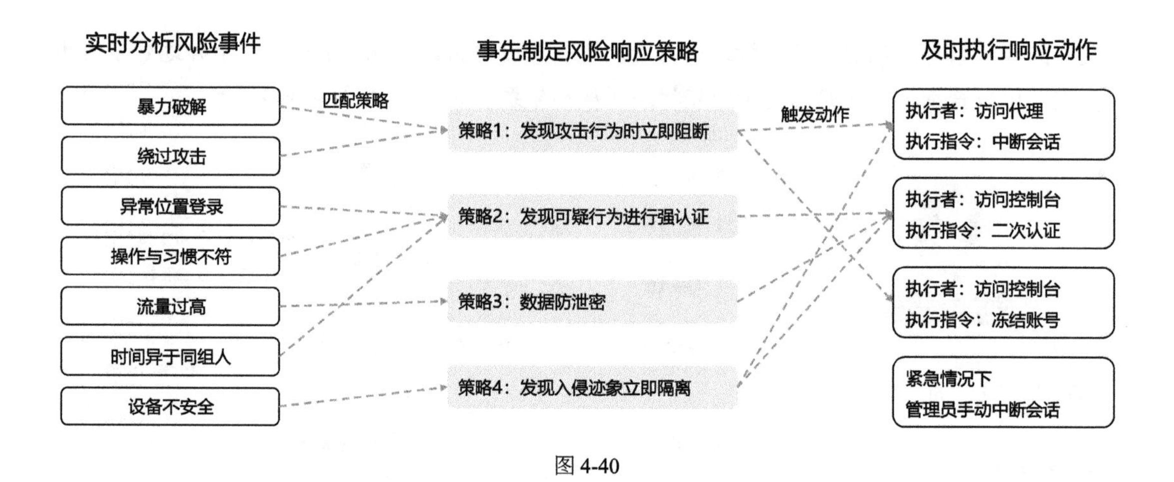

图 4-40

不同执行者可执行的动作不同。例如，零信任的身份认证平台可以撤销用户的身份令牌，客户端可以将设备隔离或远程擦除数据，网关可以中断会话或添加黑名单。

当一个风险事件发生时，可以有多个响应动作同时进行，层层防御。例如，在将发起过网络攻击的用户的会话中断后，还要在权威身份源中锁定该用户的账号和设备，避免用户用其他账号或设备登录。如果用户在内网，那么还要将用户的网络断开，避免攻击者攻击内网其他资源。

2. 如何解除风险状态

有些策略是瞬间完成的，例如，断开用户的会话、强制用户退出登录。在这种情况下，用户只需重新登录。

有些策略的效果会持续一段时间，例如，锁定账号、封禁 IP 等。这类策略的效果可以定期解除，也应该允许管理员手动解除。

如果策略要求用户进行二次认证，那么在完成认证之前，用户是无权再访问相应资源的。这种状态也应该允许通过重新登录解除。

当然，并不是风险状态解除就完全没有影响了。为了考察用户在较长时间内的安全状态，可以将风险事件转化为用户身上的标签，或者通过扣除信任分，反映在用户的综合可信等级中。

3. 风险告警的分级处理

风险告警背后应该有一套分层风险处理机制。最简单的风险可以交给用户自己处理，由用户确认是否真的发生了问题。如果真的有问题，那么用户可以举报、锁定账号，自助修改密码或更新密钥证书。

如果有较严重的业务风险，那么可以在通知用户本人的同时通知用户的领导，由领导处理业务方面的下属的风险告警。因为只有业务部门清楚该告警到底是不是风险，是不是在职责范围内。

最后才轮到安全运营人员兜底，处理其他安全问题。从安全防护的角度进行持续的分析和优化。

4. 风险事件的联动响应

零信任系统发现的风险事件可以由各类策略执行点联动拦截，其他安全分析平台、下一代防火墙、终端管控、DLP 等发现的风险事件，也可以由零信任体系进行响应，真正将零信任架构与整个安全体系打通。例如，与威胁情报联动，对接入零信任网络的用户设备的 IP 地址、访问的域名、URL 等信息进行过滤；与防火墙、网络准入联动，层层封锁恶意用户在内网的活动。

4.4.6 综合信任评估

可信评估是零信任架构的核心技术之一，最简单的评估方式是在用户访问资源前，考察用户的各项属性是否符合要求。这就是前文讲的权限策略。

此外，还有一种综合评估用户可信等级的方式，综合考虑多个方面的因素，给每个用户打分，再根据分数划分信任等级。通过主客体的等级匹配，进行访问控制。

综合评分方式的好处是可以长期持续追踪一个人的可信程度，就像支付宝的芝麻信用分一样。另外，这种方式隐藏了很多细节，如果打分机制合理，则可以大大提升管理的便捷性。如果可以管控的属性有上百个，那么按属性设置的权限策略将不可维护，而使用综合信任等级来管理可能只需要维护几个策略。

1. 主体信任评估算法

主体信任评估的因素包括用户的身份认证、设备状态、近期风险事件、环境可信度等。每类因素都可以根据实际需求设置权重。

（1）身份认证：在 To C 场景，如果用户绑定了手机，进行了实名认证，则应当提高用户的分值。在 To B 场景，如果用户选择使用 U 盾或者人脸识别等多因素认证方式登录，则应当提高分值，如果通过密码登录则降低分值。当分值较低时，可以触发二次认证，强制要求用户使用多因素认证，提高分值。

（2）设备状态：对设备是否要装了杀毒软件，是否安装了最新的系统补丁，是否安装了违规软件等因素进行分项计分。如果用户希望提高这方面的分值，就需要修复设备上的扣分项。修复一项，就获得一项的分值。

（3）近期风险事件：如果近期发生过风险事件，则进行扣分。如果发生过严重的风险事件，则直接将用户信任等级降低到不能登录的水平。在确认消除风险后，再恢复信任分。

（4）环境可信度：对各分项进行计分。例如，当前设备是否是常用设备，目前所处位置是否是常在位置，当前使用的浏览器是否是常用的。

信任评估不得不面临的一个问题是白名单。如果某用户信任等级很低，恰好该用户又是领导，那么在实际生活中，安全人员为了不耽误领导的工作，通常会选择直接为领导开白名单。在这种情况下，最好对白名单设置时间限制。在有效期内，需要帮助用户修复漏洞，消除风险，有效期结束，就回到正常状态。

2．客体信任评估算法

用户只有在其主体信任分高于客体信任分时，才被允许访问客体。所以，客体的信任分其实代表了对主体可信程度的要求。

影响客体信任评估最主要的因素是企业对客体的分类分级。例如，依据检查数据中是否包含个人隐私、是否包含公司核心资产、是否涉及保密对数据进行分级。

应用的信任评估可以考虑应用的覆盖用户数、每日访问次数，是否包含核心资产，以及应用系统本身是否存在未修复的漏洞等因素。对于容易被攻击或者被攻击之后影响较大的应用，应该设置较高的要求。

客体的信任分应当允许进行人工调整，因为大部分业务系统的重要程度、影响范围，只有业务人员才知道，只能人工设置。

3．基于信任等级进行分级访问控制

在实际安全运营过程中，大部分阻断手段都是不能轻易使用的。例如，封锁 IP 地址或终端断网等手段太强硬了，万一有误报就会引起不必要的麻烦。

零信任系统提供了一种更灵活的、灰度的管控手段——根据可信等级进行分级访问控制。如果用户发生了风险事件，那么可以扣除一定的用户信任分。随着分值降低，缩小用户的访问范围。

如果只是较小的事件，那么也要留有余地。对可疑用户可以只限制其访问高敏应用，不限制其正常上网和访问低敏应用。如果确认用户已经被入侵了，那么再将其访问权限完全收回，如图 4-41 所示。总之，就是通过设置几个访问级别，让综合评估灰度管控成为让人敢用的管控手段。

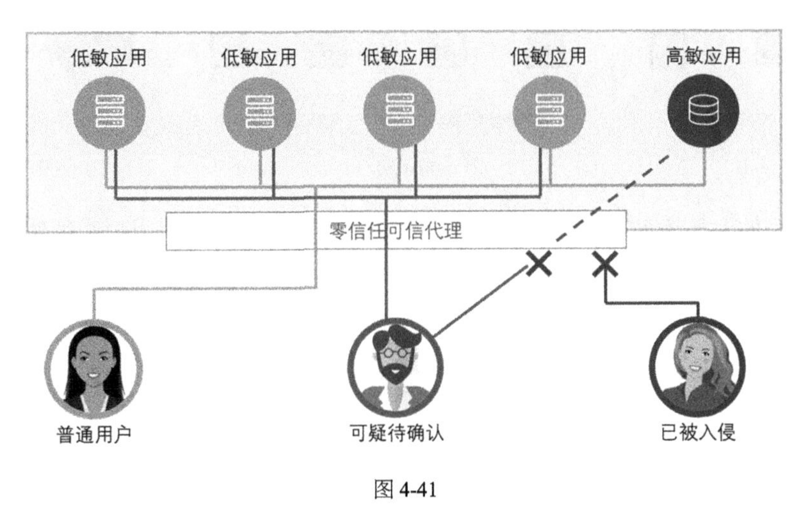

图 4-41

4. 信任等级的划分

根据微软和谷歌的经验，将信任等级划分为 4 级是比较合理且易于管理的，如图 4-42 所示。

（1）不可信：发生了严重风险或存在安全威胁的人，不能访问任何系统。

（2）基本级：普通用户达到此级别，即可访问日常办公应用，如员工服务网站。

（3）专业级：开发人员、IT 人员、财务人员、业务审批人员、公司高管等需要达到这个级别，才能访问敏感数据，如财务数据。

（4）特权级：具有企业网络和业务系统的管理权限的技术人员需要达到这个级别，才能执行敏感操作。此级别的管控粒度应该更细，细到数据、微服务级。

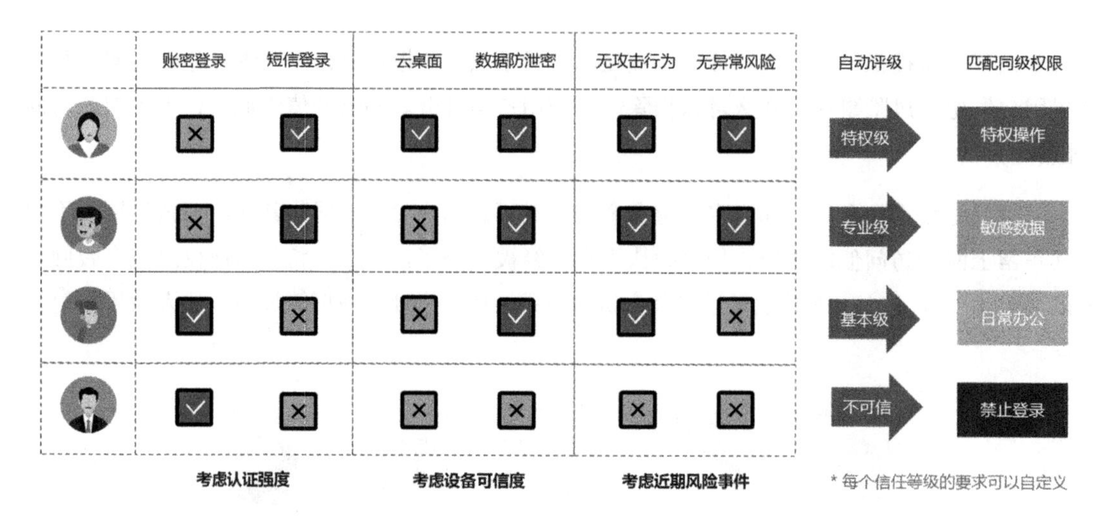

图 4-42

对于各级别的人员还可以有进一步的管控要求，例如，特权级的用户必须使用云桌面，并且对操作进行严格的审计；专业级的用户要使用终端沙箱，避免敏感数据泄露；基本级用户的设备必须安装杀毒软件等。

以上等级划分和等级要求仅为示例，企业应当根据自身的实际需求，自定义可信等级和权限策略。

4.5 零信任的终端安全闭环

终端安全是安全的“最后一公里”。通过零信任网络进行访问控制，可以保证数据的获取和传输是安全的，但是数据落在终端之后，仍有被窃取的可能。数据是企业最昂贵的资产，设计图纸、客户资料、核心代码等敏感信息如果发生了泄露，就会给企业带来严重的经济损失，甚至会导致企业面临法律风险。所以零信任方案中还需要包括终端防护和安全隔离能力，让数据的获取、传输、存储、使用都处于可控状态，完成零信任的安全闭环，如图 4-43 所示。

终端的安全防护包括两部分，一是防护，二是隔离。防护指检查设备漏洞、病毒，及时安装补丁，修复配置，建立终端的安全基线，消除黑客和恶意软件入侵的可能性。隔离指通过云桌面、终端沙箱、远程浏览器隔离（RBI）等方式将企业数据与个人数据隔离，不让企业数据落在个人终端或终端的个人区上，消除员工泄密的可能性。

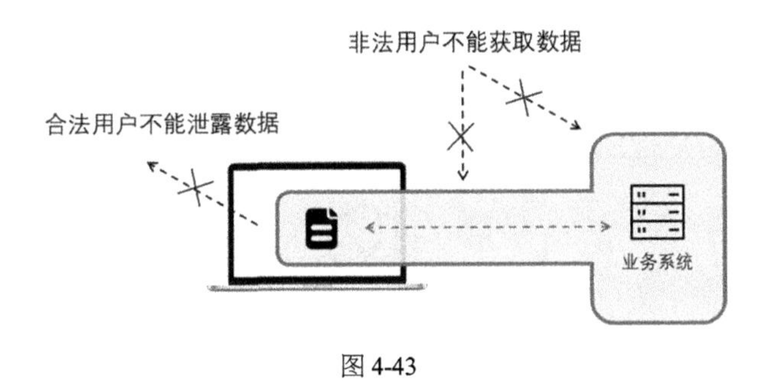

图 4-43

下面将分别介绍实现终端安全基线与数据泄密防护的常用技术，以及这些技术在整个零信任体系中能够发挥的作用。

4.5.1 终端安全基线

对终端进行管理的第一步是建立终端设备的清单。知道企业有哪些设备，才能对设备进行管理。

1. 设备清单库

设备清单库应该存储终端的设备标识、基础信息、安全状态、应用信息、漏洞信息、关联用户等信息，并对设备生命周期进行管理。

在用户安装零信任客户端后，客户端即可采集用户设备的信息。设备的基础信息包括设备型号、生产厂商、CPU、主板、网卡、操作系统信息等。这些信息一般很少变化。对这些信息进行综合计算，生成一个字符串，可以用于唯一标识一个设备。这个字符串通常也被称为“设备指纹”。

设备清单库中还要存储与用户相关的信息，便于后续的行为审计。例如，设备属于哪个用户、与用户关联的域信息、分配的 IP 信息、用户的 SPA 密钥证书等。管理员可以根据设备的 IP、域、计算机名称等信息判断设备是否是公司派发的。如果是公司管控设备，那么应该打上相应的标签。

2. 设备安全检测

零信任客户端应对设备的操作系统、安全配置、文件进程等内容进行安全检测，上报设备清单库。在 BeyondCorp 架构中，安全检测是通过在客户端集成开源的 OSquery 组件来实现的。检测结果最终用于用户设备的访问控制。高危设备无法接入零信任网络，如图 4-44 所示。

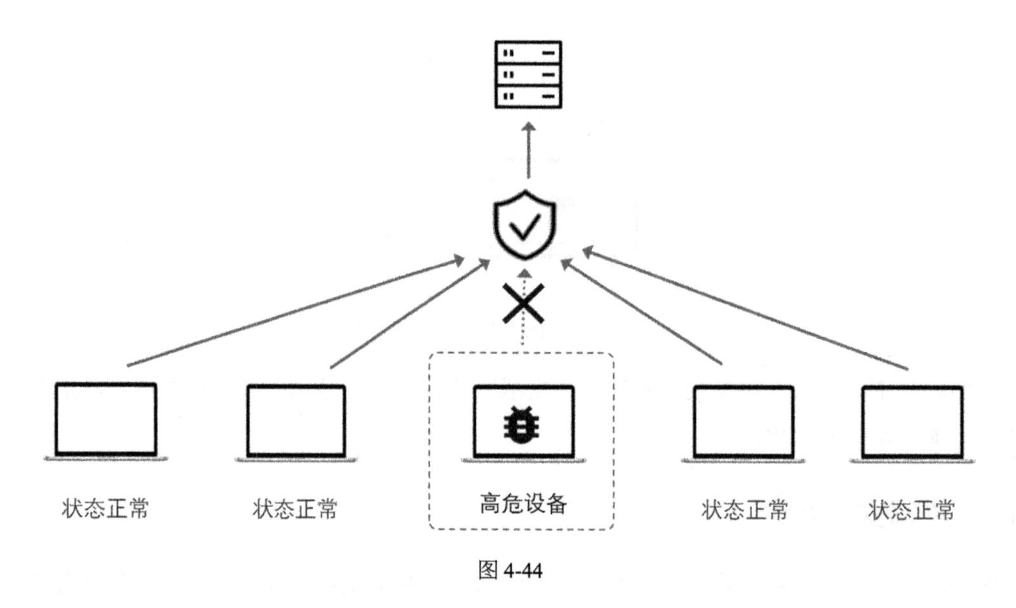

图 4-44

设备安全检测包括 PC 端、移动端的检测。PC 端设备检测信息如下。

（1）杀毒能力：是否安装杀毒软件、病毒库更新日期、是否开启了自动升级、是否开启了终端防火墙，是否存在木马病毒。

（2）漏洞修复能力：当前操作系统版本、是否安装了最新补丁、是否开启了自动升级。

（3）高危服务：是否开启了危险的文件共享服务、远程桌面服务、远程控制服务。

（4）系统配置：是否允许空密码登录、是否设置了锁屏密码、是否开启了硬盘加密、是否开启了蓝牙、USB，系统配置和注册表是否存在篡改迹象。

（5）软件合规：是否存在黑名单文件、黑名单进程，是否装了云桌面/终端沙箱/DLP/安全浏览器，软件版本是否为最新。

（6）用户身份：用户域账号或者零信任账号与设备是否匹配。

（7）违规外联：是否存在违规外联、是否连接了钓鱼 Wi-Fi。

（8）违规外设：是否存在违规的 USB 存储、蓝牙设备、光驱、摄像头等。

移动端设备检测信息如下。

（1）是否越狱、Root。

（2）漏洞修复能力：当前操作系统版本、是否安装了最新补丁、是否开启了自动升级。

（3）系统配置：是否设置了指纹或人脸识别、是否设置了锁屏密码、是否开启了USB调试、是否开启了密码自动填充、是否开启了消息通知。

（4）软件合规：是否存在黑名单文件、黑名单进程、广告木马App，是否安装了移动沙箱/移动终端管理App，软件版本是否为最新。

（5）用户身份：零信任账号与设备是否匹配。

（6）违规外联：是否存在违规外联、是否连接了钓鱼Wi-Fi。

3. 设备修复

零信任系统应该提供或联动终端管理软件以提供系统配置和漏洞修复的能力。在通过安全检测发现问题后，可以一键修复，帮用户解决问题，或者至少提供给用户一个解决问题的渠道。否则，用户发现存在问题却不知道如何处理，而自己的访问权限又被限制了，无法正常工作，肯定会影响用户体验。

4. 进程的访问控制

零信任系统可以按进程进行访问控制，只允许合法进程连接企业资源，设备上的其他软件，包括恶意软件、黑客工具等都无法连接企业资源。零信任系统的实现原理是，零信任客户端在进行流量转发时，对流量的来源进程进行校验，与后台配置的合法进程进行匹配，只转发来自合法进程的流量。如果企业只有B/S应用，则可以在后台设置只允许与IE、Edge、Chrome、360浏览器、QQ浏览器等常用的浏览器进行通信。如果企业有C/S应用，则在后台配置需要用到的客户端即可。如果有需要，那么还可以进行更细粒度的配置，把业务系统和软件进行关联。进程的访问控制如图4-45所示。

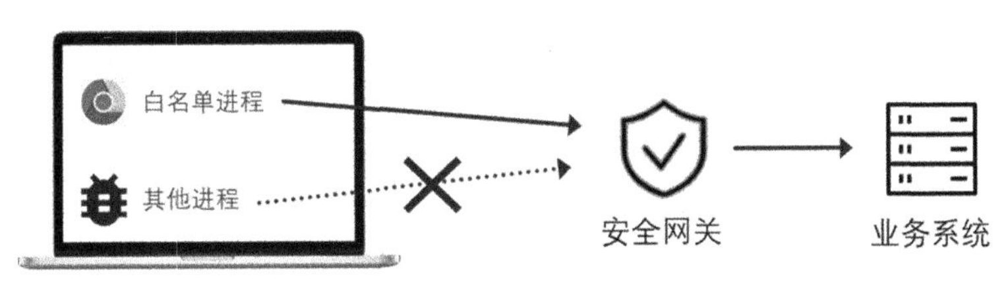

图4-45

5．设备认证

为了降低账号被盗带来的风险，可以在登录过程中进行设备认证，检测用户使用的设备是否合法。账号会被盗，但设备不会被仿冒，所以可以降低攻击风险。

1）设备绑定

绑定用户和设备是一件麻烦事。如果企业原来就有设备清单，那么管理员可以事先进行用户和设备的绑定。如果原来没有清单，那么用户可以通过自助申请审批进行设备绑定。管理员可以先对设备数量进行限制，设置用户的第一个新设备自动与用户绑定，当用户设备达到数量上限后，用户再走审批流程或自助处理绑定关系。

2）设备的数字证书

如果设备对安全性要求较高，那么还可以通过 PKI/CA 系统给设备发一个数字证书，通过验证设备数字证书的合法性来验证设备身份，只有设备上存在证书，用户才能正常登录、访问。如果用户在新设备上登录，则必须通过流程审批，或者让管理员手动发放一个临时证书。

3）安全检测

设备认证过程也包括对设备的安全检测，只有符合企业安全基线要求的设备才能通过设备认证。

4.5.2 数据泄密防护

DLP、云桌面、终端沙箱、安全浏览器、RBI 等技术都可以实现数据泄密防护的效果。其中，后 3 种是伴随着零信任发展出来的新技术，下面将对这几种技术进行介绍。

1．终端沙箱技术

终端沙箱的架构如图 4-46 所示。终端沙箱技术可以在终端设备上创建一个独立的安全区，安全区与设备的个人区是隔离的，用户只能通过沙箱下载敏感文件，文件无法复制到个人区。通过这种技术，企业的敏感数据将被限制在沙箱内，可以有效地避免泄露。

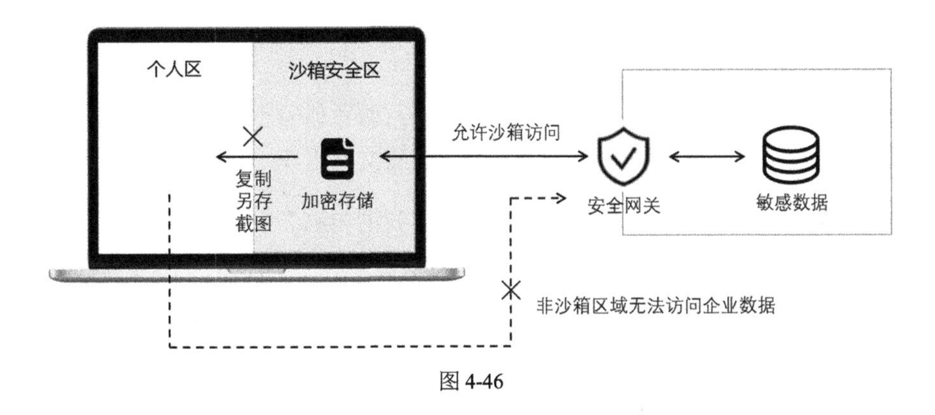

图 4-46

1）网络管控

终端沙箱与零信任客户端一般是融合在一起的，所以只有从沙箱安全区发起的访问请求可以通过安全网关访问敏感数据，未安装沙箱的计算机或计算机上的个人区都无法访问敏感数据。用户必须进入沙箱打开浏览器，才能访问敏感数据。如果不进入沙箱直接打开浏览器，则无法直接访问企业资源。

为了防止泄密，企业通常会限制在沙箱内只能访问企业资源，不能访问互联网；在个人区只能访问互联网，不能访问企业资源。

2）行为管控

敏感文件的下载和编辑都发生在沙箱内，用户必须通过沙箱打开 Word，才能编辑沙箱中的 Word 文件。

当用户编辑沙箱中的文件时，无法把数据带出沙箱。如果用户单击“另存为”按钮，那么文件只能存在沙箱区中，无法存到个人区。如果用户复制文件，那么会发现无法将其粘贴到个人区的文件中。这是因为沙箱安全区相当于一个受管控的“运行环境”，用户的复制或另存为操作会被沙箱拦截。同理，截图、打印等方式也受到沙箱的策略管控。

如果有文件确实需要外发，则须通过一系列审批，导出的文件可以自动加密，例如将导出的图片加上水印。

3）加密存储

安全区的文件是加密存储在硬盘上的，黑客难以直接破解文件、窃取数据。用户尝试从个人区访问敏感数据的“越权”行为会被记录、审计。如果设备被窃取，那么零信任管控平台可以远程擦除沙箱中的数据。

沙箱的加密技术分两种——文件加密、磁盘加密，两者体验不同，各有优劣。总体上看，文件加密要修改操作系统的驱动，更容易造成冲突导致文件损坏，而磁盘加密更加稳定。

文件加密是对单个文件进行加密，用户可以在“我的电脑”中看到加密后的所有文件。文件是加密的，所以带有一个“小锁头”标志。

磁盘加密是新建一块安全盘，将沙箱中的所有文件都存到这个盘中，整体进行加密。用户在“我的电脑”中只能看到一个虚拟镜像文件，对单个文件的操作只能通过沙箱自带的文件管理器进行。

沙箱加密安全能力的关键在于加密密钥的更新和保存机制，如果密钥被破解窃取了，那么沙箱也就没有意义了。

4）移动端沙箱

移动端沙箱与PC端沙箱的效果类似。不少厂商的PC端沙箱是基于开源的Sandboxie来实现的，移动端沙箱是基于VirtualApp来实现的，也可以通过对企业原有App进行封装，插入代码，实现对原有App的控制。移动端沙箱会构造一套虚拟环境，让原有App运行其中，并在移动端上划分出安全区，为应用数据提供隔离保护，安全区的文件不会流出，设备其他部分也无法访问。同时，移动端沙箱可以提供水印、截图、复制、下载的控制策略。

5）多级沙箱

沙箱可以在设备上创建多个安全区。例如，创建一个办公安全区，一个运维安全区。办公安全区只能存储办公应用的数据，运维安全区只能存储运维资源的数据。普通员工只有办公安全区，而运维人员有两个安全区。

可以对每个安全区都设置优先级，用户可以把低级安全区的资料复制到高级安全区，但不能把高级安全区的资料复制到低级安全区。

6）终端沙箱的形态

常见的终端沙箱有两种形态。一种是窗口的形态，当用户打开沙箱程序后，展示出的是能通过沙箱访问的资源（网址、进程、文件等），如图4-47所示。用户从沙箱窗口中启动的浏览器可以访问企业资源，而用户直接在桌面打开浏览器，无法访问企业资源。

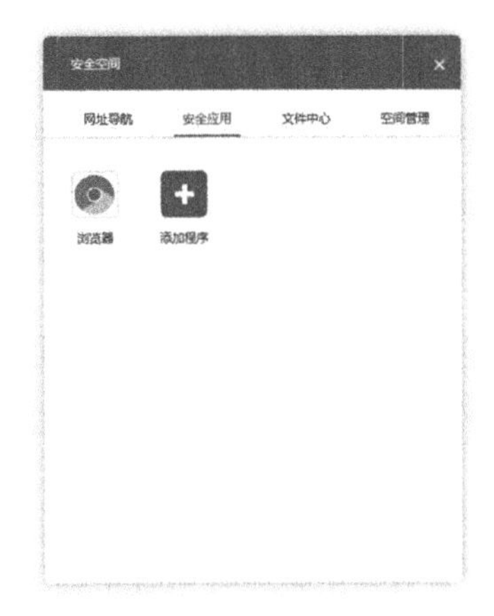

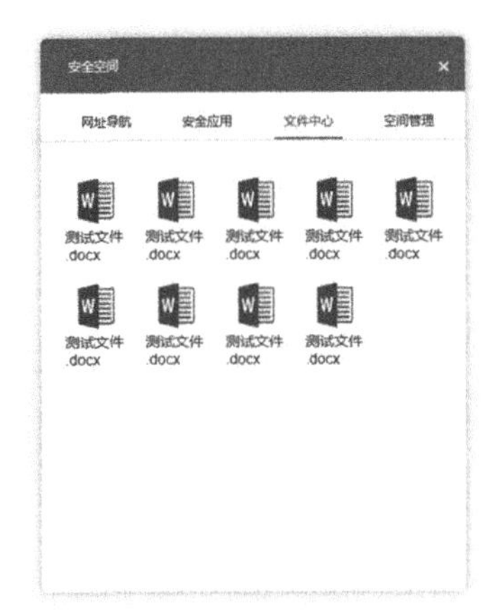

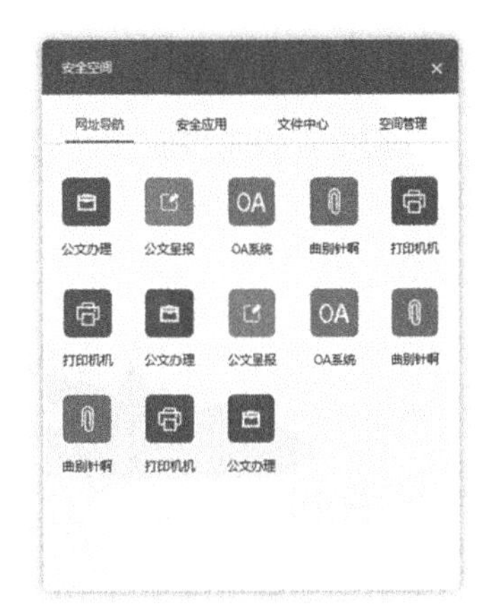

图 4-47

另一种是双桌面形态。用户在打开沙箱后，就像打开了一个虚拟机，在这个虚拟桌面中打开浏览器可以访问企业资源，打开文件夹可以查看企业的文档。用户退出虚拟桌面，回到个人桌面后，则没有权限访问企业资源，终端沙箱的双桌面形态如图 4-48 所示。

图 4-48

两种形态各有优劣。在双桌面形态下，个人区和安全区的区分更明显，用户更容易理解。在窗口形态下，用户可以同时打开个人区和安全区的文件，使用更便捷。

7）终端沙箱的优劣势

从安全性上看，终端沙箱产品可以实现数据不落地。用户可以在沙箱中下载、编辑文档，机密文件只能在零信任体系内流动，避免数据泄露。然而，沙箱还是会把文件存储在用户的计算机上，虽然会进行加密，但是仍存在被窃取的可能性。

从用户体验角度看，终端沙箱是有一定学习成本的，安全区的操作略显复杂，在使用上与一般的计算机存在一定差别。不过，由于沙箱落在本地，所在其在延迟和流畅度方面比云桌面强很多。

另外，终端沙箱一般是用虚拟化技术实现的，会占用一定的CPU和内存，对用户计算机配置有要求。沙箱与应用程序之间的兼容性问题也是项目建设过程中需要关注的重点。

2. 安全浏览器技术

有些厂商会提供专门的安全浏览器，作为零信任客户端供企业使用。在最早的BeyondCorp项目中，客户端是用Chrome浏览器插件实现的，美国的Chrome浏览器市场占有率比较高，因为同是谷歌公司的项目，所以使用Chrome插件比较合适。而国内浏览器市场占有率比较分散，无法使用插件，所以国内厂商往往会提供整个浏览器作为客户端。

安全浏览器的安全性比客户端更高，因为浏览器可以毫不费力地对数据进行解密，而在网关进行数据解密是很费力的。因此，浏览器可以实现更多安全审计功能，例如，对用户下载的文件进行检测、对用户访问的页面内容进行审计。

其他形式的客户端一般只能控制到URL、IP的粒度，而浏览器可以控制具体内容，而且不需要对业务系统进行改造。例如，用户搜索的关键词中如果包含密码、password、admin等，说明这个用户在尝试获取账号和密码，很可能在进行攻击，从而触发零信任系统的告警。图4-49表示安全浏览器在对搜索内容进行过滤。

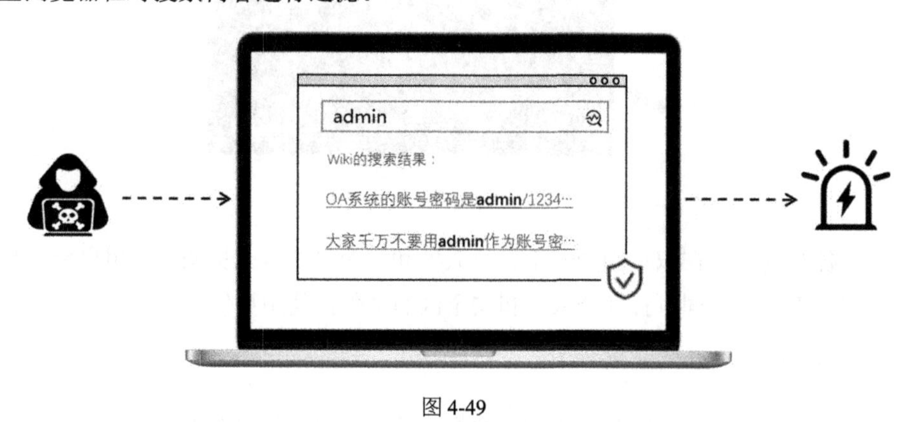

图4-49

为了监控用户的所有行为，需限制高敏应用只能用安全浏览器访问。即使在同一台计算机上，也只有安全浏览器能连接企业资源，其他浏览器和其他应用程序都无法连接企业资源。这样，就大大限制了黑客的攻击手段。

此外，安全浏览器还可以对浏览器特有的功能进行安全增强，例如，

（1）统一分发和统一管控浏览器插件。

（2）对浏览器网页数据和下载文件进行安全隔离。

（3）对缓存、cookie 和自动保存的账号和密码进行加密存储。

（4）拦截钓鱼网站、拦截网站木马、拦截恶意软件、拦截广告等。

安全浏览器的好处是对终端的管控能力更强，不足之处是只能支持 B/S 应用。浏览器是一种很复杂的程序，代码至少有几千万行，要维护这个体量的产品是很难的。而且，要兼容企业的遗留系统，对内核兼容性的要求很高。

3. RBI 技术

RBI 的全称是 Remote Browser Isolation，即远程浏览器隔离。简单来说，就是用户不直接在本地打开业务系统，而是连接到一个远程服务器上，用服务器上的“浏览器”打开业务系统，本地设备只与远程服务器同步影像。真正的业务数据全程只落在远程服务器上，不落在本地。

目前，很多国外零信任厂商都采用 RBI 技术来解决客户端的安全问题。其中，著名的 Zscaler 公司就通过收购 Appsolate 公司，在自己的零信任接入方案中融入了 RBI 技术。

1）RBI 的原理

RBI 有一个服务端，不需要安装客户端。具体的架构原理如图 4-50 所示。

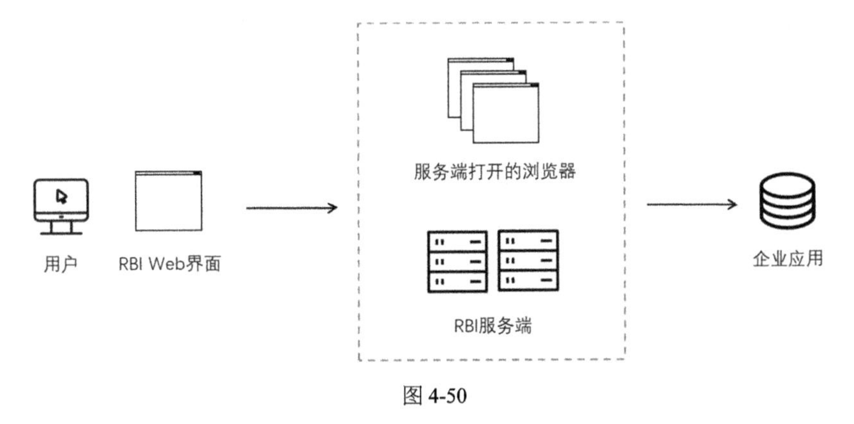

图 4-50

（1）当用户访问网页时，RBI 服务器上会创建一个服务端的浏览器会话（这里的服务端的浏览器可能是一个一次性的容器实例）。

（2）打开的网页代码在服务端的浏览器中加载，传给本地设备的只有“影像”，网页内容不会下载到本地。因此，企业的敏感数据也只能存在于远程浏览器上，无法下载到本地，从而实现数据泄密防护的效果。同时，在安全上网场景下，恶意代码也不会落到本地，攻击不到用户。

（3）用户在本地设备上的单击、滚动、按键操作，通过特定协议，同步到服务端浏览器进行处理，服务端的浏览器再将刷新的网页发回本地。

（4）此外，大多数 RBI 系统提供了远程文件查看器，无须下载文件，而且具有在下载前检测文件中是否存在恶意代码的功能。

2）RBI 的价值

总的来说，RBI 技术的价值就是不让好的内容“流出去”，不让坏的内容“流进来”。

（1）RBI 技术可以帮助企业满足数据泄密防护的合规要求。一些重要的业务系统，例如财务系统，适合使用 RBI 技术来保护，用户完全不能从系统里下载、复制机密信息，只能在线查看、编辑。

（2）RBI 可以设置一些安全策略，例如，把某个网站设为只读，这个网站中就完全禁用复制、剪切等操作了。还可以在某个网站页面上增加水印，防止用户拍照、截图泄密。

（3）如果企业强制用户使用 RBI，那么还可以通过 RBI 管控文件外发，例如，使用 RBI 技术可以限制文件的上传。当用户想通过邮箱或网盘上传文件时，系统就会进行拦截，并弹出报警信息。

3）风险措施

（1）RBI 技术的一个风险点是性能。由于网页是远程呈现的，因此操作效率受网络延迟影响。可以选择基于云来提供的 RBI 服务，在云端部署多个 POP 点，使服务尽可能地靠近用户，以此来减少延迟。

（2）RBI 的服务端可能成为用户访问互联网的单点故障，因此 RBI 服务必须具备高可用架构。

（3）在兼容性上，如果业务系统对浏览器插件有要求，那么需要提前在远程浏览器上部署相应的插件。如果 RBI 服务器是基于 Linux 的，那么可能无法兼容 IE 浏览器。如果企业的遗留系统必须用 IE 浏览器访问，那么这可能成为一个问题。

4. DLP 技术

传统 DLP 技术可以对数据内容进行过滤，根据数据分级要求，对终端文件的复制、打印、邮件发送、IM 分享、上传网盘、截屏等行为进行审计和管控。DLP 的愿景非常美好，不过在实际应用中的效果一般，通常只用于审计。业界普遍认为 DLP 的用户体验较差，这可能是由于 DLP 会对用户的行为进行限制。而在沙箱、RBI 等使用场景下，用户必须通过这些技术来获取资源，完成工作，所以在心理上会少一些抵触。另外，从安全角度来看，DLP 更多是在事后进行追溯，而非彻底隔离，所以难以让管理员完全放心。

5. 云桌面技术

云桌面是整体安全性最高的产品，数据只落在服务端，完全不会存储在用户设备上。但云桌面的成本比较高，可能要为每位用户配一台专用的瘦终端硬件，而且云桌面的体验受带宽影响较大。所以，像内部安全运维这种人数不多、很少涉及远程访问的场景，可以使用云桌面。

6. 数据泄密防护技术对比

云桌面安全性最高，终端沙箱、DLP、安全浏览器在安全性上稍弱一点儿，因为毕竟数据还是存在本地，有被破解的可能。

终端沙箱是综合看来适用场景最多的数据隔离技术，其优势是用户可以使用自己的设备安装沙箱，比云桌面体验更好、成本更低。相比于它的优势来说，在安全性上的一点儿牺牲可以忽略不计。对于远程办公、开发运维等场景，终端沙箱都可以胜任。

在用户体验方面，RBI 是所有方案中最好的，用户不用安装任何客户端，在 PC 或 iPad 上都可以随时使用 RBI。所以，对于轻度日常办公场景，例如，在网站系统里办理业务、在线编辑文档等更适合使用 RBI。对于兼职人员、外包人员、第三方人员这些流动性较强且控制力相对较弱的人来说，RBI 更灵活、更方便，是更好的选择。

安全浏览器适用于一些对 B/S 应用的安全要求较高，或者对浏览器有特殊要求的场景。例如，国产密码、信息技术应用创新等。

4.5.3 安全上网

安全上网是 RBI 技术特别适合的场景。因为 RBI 可以隔离网页内容，所以，即使网站中有木马病毒，也不会对用户设备造成影响。RBI 技术就像遥控的拆弹机器人，让机器人打开可疑包裹，即使包裹爆炸，也不会伤害到远处的真人。即使服务端的浏览器中了病毒，也传不到用户计算机上，如图 4-51 所示。

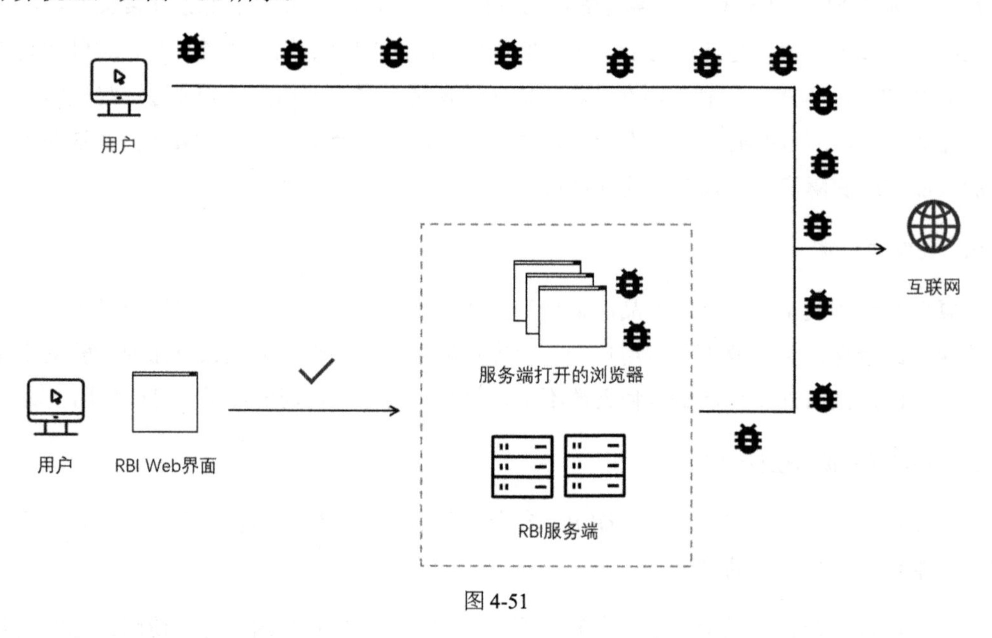

图 4-51

病毒会随着容器实例的关闭自然消失。当下一个用户登录 RBI 时，服务端会启动一个新的干净的实例。当然，当用户第二次登录时，也可以选择保留部分可信网站的 cookie 和用户收藏夹，以提升用户体验。

1. DOM 重建技术

前文所述的 RBI 技术，是基于像素传输的方式实现的，这种方式传输的数据较大，服务端的性能消耗也比较大。在安全上网场景下，还可以基于网页 DOM 重建的方式来实现 RBI。简单来说，DOM 重建的原理就是，RBI 服务端可以将页面的 HTML 和 CSS 重构，消除可疑的和动态的代码，将干净的代码发送到本地设备。这样，既可以消除安全隐患，也改善了延迟问题。不过，网站的还原程度可能受到影响。

2. CDR技术

有些厂商的RBI产品中会集成CDR（内容解除和重建）技术，保证下载的文件都是安全的。如果用户必须下载一些文件到本地，那么CDR技术会在下载文件时去除文件里的不安全因素。CDR先解构所有传入文件，删除与文件的类型结构规范不匹配的元素，再重建文件，保证源文件可正常使用。CDR方法仅对文档特别有效，对于其他文件，可以联动杀毒软件进行扫描，或者尝试在沙箱中引爆恶意软件。

3. 安全上网场景

有了RBI技术后，IT管理员可以采用更开放的互联网策略，让用户工作更便捷。例如，有些单位是不允许员工随便上网的，这些单位可以考虑采用RBI技术，在保证合规性的同时，允许员工在远程隔离环境下上网。即使用户访问了一些危险的网页，也不会影响本地设备和企业网络。这样，可以让员工获取资料更加便利，有助于提升工作质量。

除了让企业更安全地浏览互联网，RBI技术还可以保护用户免受网络钓鱼攻击。例如，当用户点击恶意链接时，链接会在服务端的浏览器中打开，使恶意软件远离本地设备和企业网络。

4.5.4 终端一体化

企业需要杀毒、补丁升级、网络准入、访问控制、数据泄密防护等多种能力，但提供能力的应该是一个完整的体系。在建设一体化终端时，不能只是简单地堆砌功能，而是应该让操作更加简便，举例如下。

（1）单点登录。只要登录了零信任客户端，就一步完成网络准入的验证、远程接入的验证、业务系统单点登录的验证。

（2）统一入口。零信任客户端可以提供统一门户，用户点击门户列表中需要远程访问的系统，就直接通过零信任通道访问；用户点击门户列表中包含敏感数据的系统，就自动调用沙箱，在沙箱内打开；用户点击门户列表中需要运维的网络资源，就自动连接堡垒机开始运维。

（3）功能联动。当用户看到自己的可信等级较低时，可以直接关联杀毒和补丁升级功能进行修复，恢复信任分。

4.6 微隔离

微隔离是零信任架构的重要组成部分。零信任安全网关主要负责用户到服务器之间的安全（南北向），微隔离技术负责保护服务器与服务器之间的安全（东西向）。假设一台服务器已经被入侵了，那么微隔离可以阻止威胁向生产环境中的其他服务器扩散。如图 4-52 所示，微隔离技术在服务器之间做了隔离，一个服务器在访问另一个服务器的资源之前，首先要进行身份验证并得到授权，验证通过后，才会被放行。

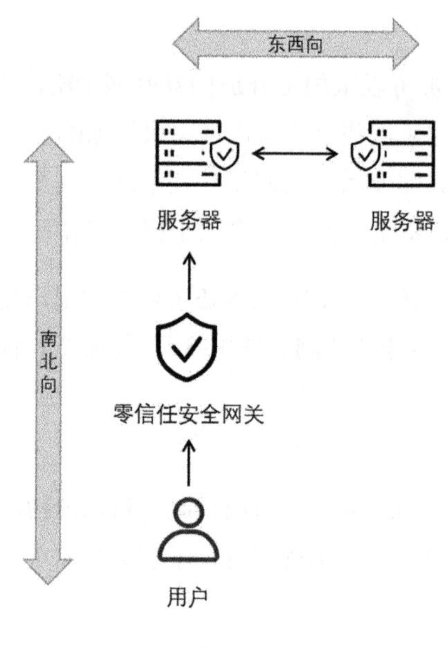

图 4-52

4.6.1 威胁的横向扩散

企业往往会在内外边界的防御上大量投入，而忽视了内部的访问控制。只要一台服务器沦陷了，与它在一个网络里的所有服务器都会面临巨大的威胁。

暴露在外网的业务系统安全防护通常做得比较好，攻击者只能通过 0 day 漏洞进行攻击。攻击者还可以针对企业的员工进行攻击，通过钓鱼、社工等手段进入内网，逐步攻击内部业务系统，如图 4-53 所示。

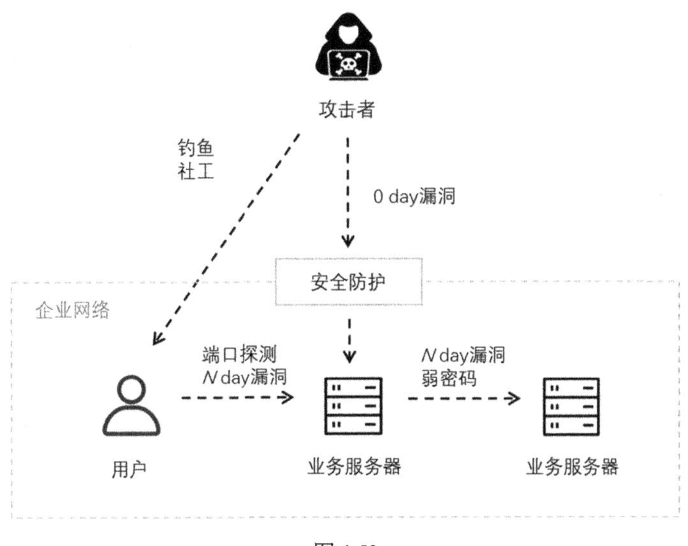

图 4-53

只要攻陷了一个服务器，就可以以此为跳板，大面积攻击网络中的其他资源。企业网络中的业务系统往往防护较弱，所以攻击者对其的攻击一般会更容易。在有些管理不严的企业，企业网络中的业务系统存在大量弱密码，几乎没有企业网络防护策略。

在传统模式下，通过防火墙也可以制定一些 IP 地址白名单规则。不过在复杂业务场景下，IP 地址规则会随着服务器数量增加呈指数级上升，非常难以维护。在云原生环境下，工作负载的 IP 地址频繁变化，使得防火墙策略更加难以管理。

4.6.2 微隔离如何防止威胁扩散

微隔离可以通过服务器间的访问控制降低黑客的攻击面，阻止安全威胁在内部网络中蔓延。下面举个例子，看看在“有”和“没有”微隔离的情况下，黑客的打击面分别是多大。假设一个网络中有 9 个服务器，其中 2 个 Web 服务是暴露在互联网上的。

（1）先看只有一个防火墙，服务器间完全没有隔离的情况，见表 4-1 与图 4-54。

表 4-1

场　　景	攻击路径	攻击面
黑客在外部	可攻击对外暴露的 2 个 Web 服务器，其他服务器在内网，攻击不到	22%
黑客在内网	内网没有防御，可以攻击所有服务器	100%
黑客已攻入一个服务器	服务器间没有隔离，可以攻击所有服务器	100%

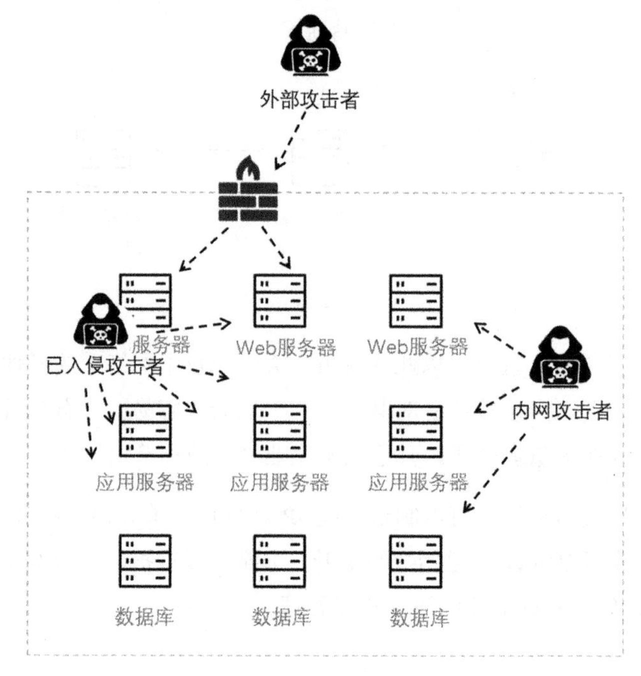

图 4-54

（2）再看看加上一层内网的防护情况。一般来说，这层防护可能是防火墙或者 ADC（ADC 可以理解为带有部分安全功能的负载），见表 4-2 与图 4-55。

表 4-2

场　　景	攻击路径	攻击面
黑客在外部	同表 4-1	22%
黑客在内网	内网有一层防御，对内网员工只暴露 Web 服务器	33%
黑客已攻入一个服务器	服务器间没有隔离，可以攻击所有服务器	100%

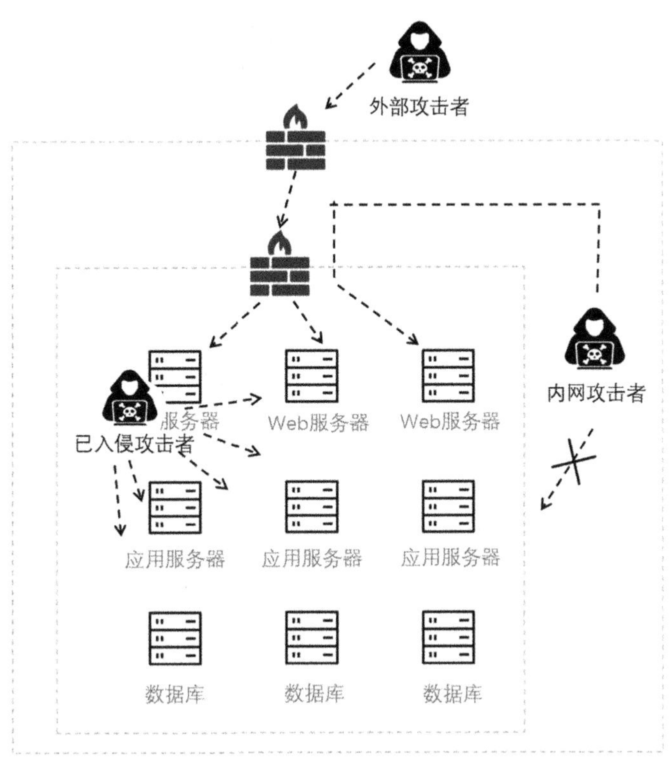

图 4-55

（3）最后来看一下微隔离的情况。服务器之间做了访问控制。例如，Web 服务器只能访问与其对应的应用服务器，应用服务器只能访问与其对应的数据库，见表 4-3 与图 4-56。

表 4-3

场　景	攻击路径	攻击面
黑客在外部	同表 4-1	22%
黑客在内网	同表 4-2	33%
黑客已攻入一个服务器	服务器间进行隔离，只能攻击下游服务器，不能攻击其他服务器	33%

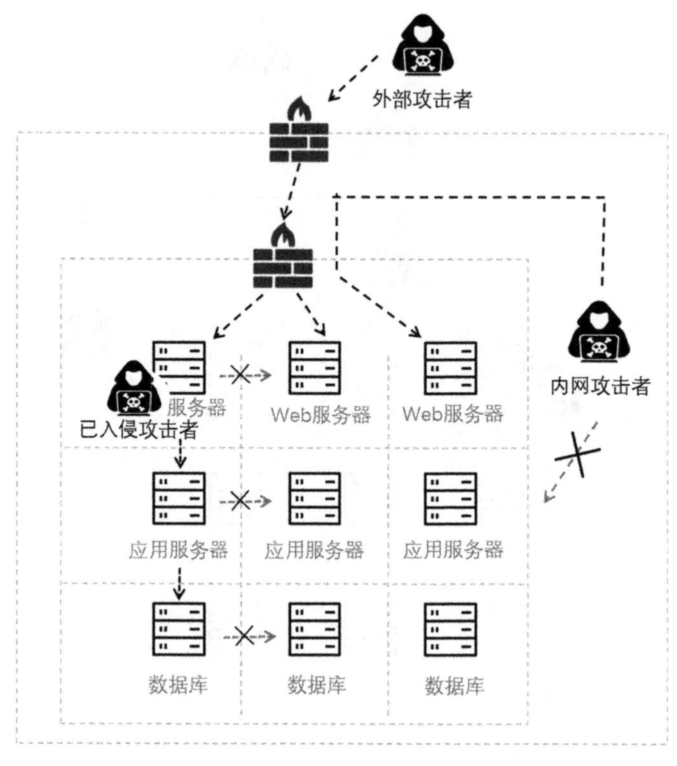

图 4-56

总结一下可以得到表 4-4。

表 4-4

场　　景	单层防御	双层防御	微隔离
黑客在外部	22%	22%	22%
黑客在内网	100%	33%	33%
黑客已攻入一个服务器	100%	100%	33%

从这个表格里可以看出几个问题。

（1）微隔离对攻击者从内部开始攻击的场景特别有效，能大幅降低攻击面。

（2）攻击面是不可能降低到 0 的，微隔离在所有场景下都能将攻击面降低到一个可接受的程度，但不是绝对防御。

微隔离有点儿像传染病暴发时期的口罩，单靠每栋大厦门口的体温检测是不够的，很容易让无症状的感染者混入大厦。面对这种情况，最有效的手段是每个人都戴上口罩，互相隔离。黑客攻击和勒索病毒很容易绕过防火墙的检测，但是只要每个服务器都做了微隔离，威胁就不会大规模扩散。

4.6.3 以前为什么没有微隔离

其实，微隔离的理念简单易懂，谁都能想到，但是管控太细，会增加复杂性，容易出差错，反而带来坏处。IT 部门如果要部署微隔离，就要了解数据流，要理解系统之间的沟通机制，要了解通信的端口、协议、方向。数据流梳理不清就贸然隔离，很容易导致正常业务的停摆。

所以，很多企业只是分隔了外网和内网，就像上面的单层防护模型。有些企业会做分区，在区域之间做隔离，但划分的区域往往很大。

微隔离理念很早就已经形成，只是缺乏基础技术进行更好的支撑。直到 SDN、容器等虚拟化、自动化技术出现，让过去只能靠防火墙路由规则解决的问题可以使用软件定义，通过自适应来轻松实现。有了这些基础技术，微隔离才得以进入实践阶段。

4.6.4 怎么实现微隔离

1. 微隔离的几种实现方式

微隔离有 3 种最常见的实现方式，企业可以根据自身需要进行选择。其中基于微隔离组件（Agent）的方式是目前的发展方向。后面的章节也将介绍基于这种实现方式的微隔离架构。

1）基于微隔离组件实现微隔离

这种模式需要每个服务器的操作系统上都装一个 Agent 客户端。Agent 客户端调用主机自身的防火墙或在内核自定义防火墙进行服务器间的访问控制。Agent 客户端统一由零信任管控平台管理，接受策略、上报日志，如图 4-57 所示。

优点：与底层无关，支持容器，支持多云。

缺点：必须在每个服务器上都安装 Agent 客户端。Agent 客户端与服务器可能存在兼容性问题，而且可能占用资源，影响现有业务。

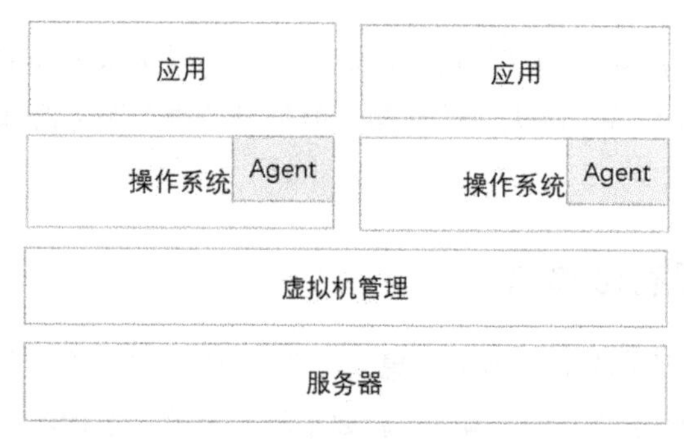

图 4-57

2）基于云原生能力实现微隔离

这种模式使用云平台基础架构中虚拟化设备自身的防火墙功能进行访问控制，如图 4-58 所示。

优点：隔离功能与基础架构都是云提供的，所以两者兼容性更好，操作界面也类似。

缺点：无法跨越多个云环境进行统一管控。

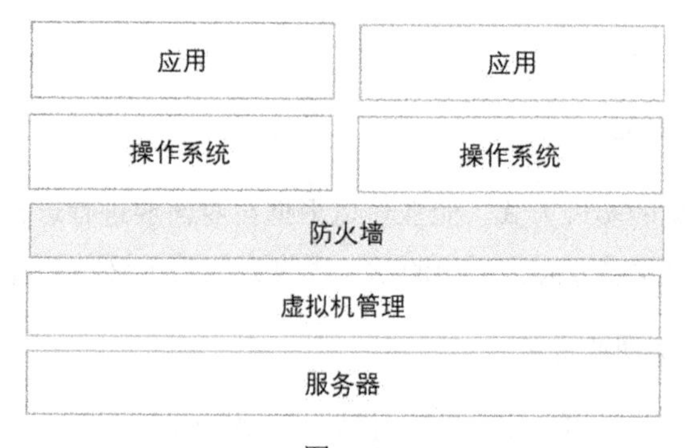

图 4-58

3）基于第三方防火墙实现微隔离

这种模式利用现有的防火墙进行访问控制，如图 4-59 所示。

优势：网络人员很熟悉，有入侵检测、防病毒等功能。

缺点：防火墙本身部署在服务器上，缺少对底层的控制。

图 4-59

2. 微隔离架构

基于微隔离组件实现微隔离技术的架构如图 4-60 所示。每个服务器上都部署了微隔离组件。服务器之间要通过微隔离组件进行加密通信。微隔离组件会对访问请求进行细粒度的校验。

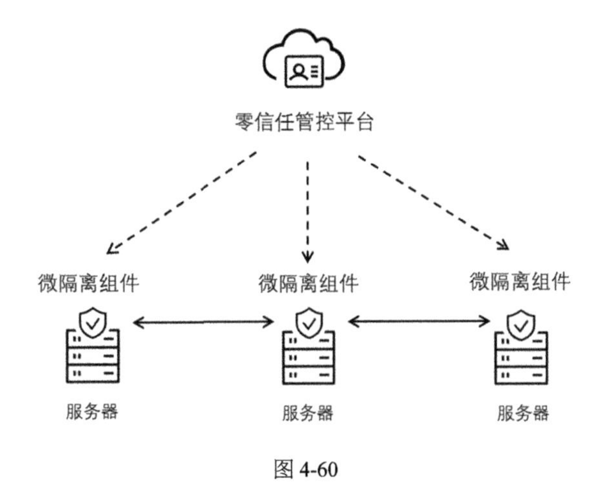

图 4-60

1）微隔离组件的集中管控

微隔离组件统一由零信任管控平台进行管理。管控平台负责下发策略、分发证书，并进行身份认证和访问控制的校验。微隔离组件支持自动批量调度。

2）身份认证

微隔离组件启动后，要先向控制台发起身份认证申请。服务端最常见的身份认证方式就是基于企业的 PKI 证书体系进行认证，在认证通过后，微隔离组件即可获取自己的权限列表，以及可访问的资源的地址列表。

3）服务端环境感知

微隔离组件可以对服务端的安全状态进行检测，后续根据安全策略，阻止有风险的服务器接入零信任网络。

4）端口暴露管理

微隔离组件可以管控服务器对外暴露的端口白名单，将不必要的端口进行隐身处理，避免攻击者利用漏洞进行攻击。

5）进程外连管理

微隔离组件可以管控服务器上每个进程的通信白名单。严格控制可以连接的 IP 地址。例如，虽然 bash 进程是合法的，但是如果 bash 进程对外部未知 IP 地址发起连接就非常可疑，这说明可能存在反弹 shell。应用服务 Java 进程一般只与数据库的 3306 端口通信，如果发现它与其他 IP 地址或端口进行连接，那么肯定是发生异常情况了，可能被植入了恶意程序。

6）通信和校验过程

微隔离组件在服务器本地运行，因此可以控制流入、流出的网络通信。服务器之间的通信是从一个组件发起到另一个组件的，所以微隔离组件既是客户端也是服务端。在容器环境中，通信的寻址是通过身份标识而非 IP 地址进行的。

在开始通信前，双方需要交换身份凭证，识别通信的来源和目标，相互验证身份和授权。在确认发起方的身份和权限都合法之后，才允许进行通信。

7）统一实施加密传输

传输过程的加密由微隔离组件统一在底层实现，业务开发人员无须关心细节。敏感数据可以通过 mTLS 进行加密传输，防止通信被篡改和窃听。

3. 微隔离的管控平台

1）基于身份的访问策略

零信任管控平台不能基于 IP 地址创建策略，而要基于身份创建策略。这样，当服务迁移导致 IP 地址发生变化时，就不会影响策略。微隔离组件可以自动将变化上传，管控平台自动计算 IP 地址变化导致的策略变化，从而自行调整。

微隔离可以与容器编排系统进行融合，在容器创建、复制、删除的同时，同步部署微隔离组件，并自动调整访问策略。在策略中使用业务名称而非 IP 地址，有助于管理员的理解和维护。

2）访问策略的构成

微隔离策略模型的主体和客体可以是服务器、微服务、进程等。微隔离策略模型可以从身份、组、标签、安全属性等维度设置访问条件。

3）自动学习业务策略

在稳定运行的业务上，主机的进程和通信其实是比较固定的。服务端不会进行随机的网络访问。理论上，管控平台只要根据网络日志进行一段时间的统计和学习，就可以知道主机的“行为习惯”。这样，就可以自动为管理员推荐一份合理的权限策略配置，在人工整理时只要查漏补缺就行了。

4）业务关系可视化

管控平台可以展示业务之间的连接策略、服务器上开放的端口和活跃的进程，构建整体的可视化拓扑图，便于管理员随时掌握网络安全态势。服务器之间的连接关系示意图如图 4-61 所示。

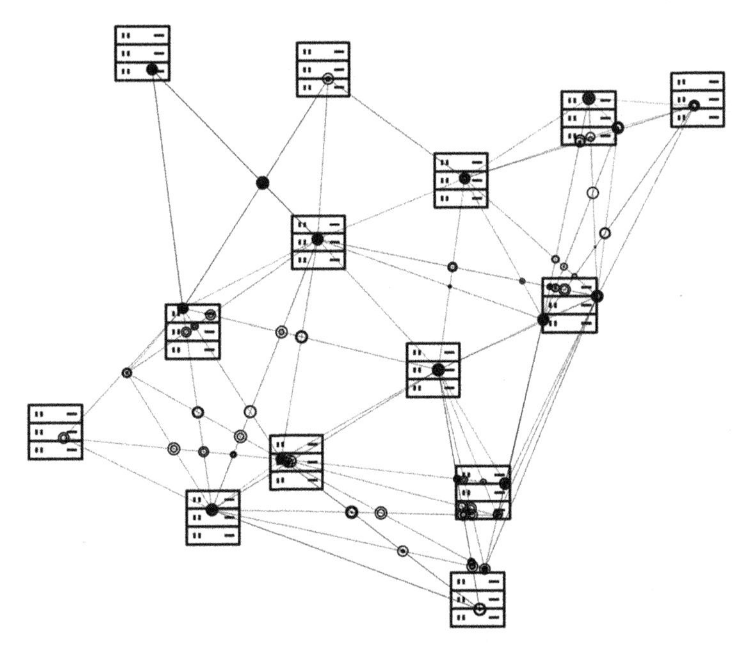

图 4-61

5）策略下发

微隔离策略对业务的影响很大，因此实施策略时应该格外谨慎。管控平台应该支持策略的试运行和灰度发布。

如果策略处于试运行状态，那么微隔离组件不应该拦截，仅通过日志记录策略的匹配情况。需要保证新策略不会导致生产环境中断，管理员可以在平台上安心研究策略匹配效果是否符合预期。

在试运行结束后，可以先对一小部分业务下发策略，控制策略的影响范围。同时，监控策略的效果，确定没有问题再逐渐扩大范围，直到百分之百覆盖。灰度发布的顺序可以参考业务的拓扑结构，先从连接和依赖较少的业务开始实施。

6）环境感知和风险监控

微隔离组件可以上报服务器端的安全状态，并将其作为访问控制策略的条件之一。管控平台可以基于访问日志快速发现内部的横向攻击。同时，管控平台可以对接企业现有的安全运营平台和主机安全产品，对风险事件进行联动响应（告警、拦截）。

7）分布式身份认证

为了支撑多云多中心的大规模的服务调用，管控平台应该支持分布式部署。零信任系统应提供跨异构环境的统一策略模型，以便对策略进行集中定义，同时提供身份认证和权限校验的分布式服务。

4. 容器和微服务的微隔离

在微服务架构中，基于 IP 地址的策略无法解决对 API 的细粒度访问控制的问题，IP 地址策略只能限制 IP 地址、端口和协议。也就是说，如果对某个端口的一个 API 放开了限制，那么同一个端口的其他 API 也都被放开了限制。过度的接口暴露会带来严重的安全隐患。

容器的宿主机是不确定的。服务可能在不断线的情况下，随时从一台宿主机迁移到另一台宿主机。在容器网络中，IP 地址级的访问控制已经失去了意义，只要有一个业务有通信需求，整个平台的地址都要打通。

因此，在容器和微服务场景下，微隔离需要做到基于服务的身份而非 IP 地址来定义策略。对微服务提供基于 7 层而非 4 层的隔离，这可以通过在容器内建立一个 7 层的访问代理来实现。管控平台定义 API 的端口、协议、路径、请求方式以及授权策略，下发给微隔离组件和 7 层代理。微隔离组件拦截所有的流量，转发给 7 层代理进行过滤校验。有些企业会基于开源的 Cilium 实现容器网络的微隔离效果。

4.6.5 微隔离价值总结

微隔离与传统的“资配漏补”理念不同。传统的理念是补漏洞，但漏洞永远补不完。而微隔离的理念是设置白名单，对白名单之外的统统不信任，对主机进行身份、权限等全方位的限制，不给黑客攻击的机会。现在的很多渗透测试就是挖洞，而微隔离让攻击者无洞可挖，这将为防御效率带来质的提升。

具体来说，微隔离可以实现零信任的几个关键理念。

（1）假设网络已经被攻破。微隔离的主要目标就是在被入侵后阻断威胁扩散。

（2）持续验证，永不信任。微隔离要对所有的流量进行身份和权限校验。

（3）只授予必要的最小权限。微隔离对主机进行白名单限制，而且粒度是到主机进程、API 级别的。

微隔离最直观的可量化的价值就是网络攻击面缩小。经过微隔离后，暴露的端口默认被隐藏，网络间的通信都变成了加密传输。内网的攻击行为可以被审计和拦截。

4.7 统一身份管理

零信任的身份管理和认证模块是访问控制的基础设施。有些企业会建立独立的身份中心、权限中心，以便更灵活地进行对接。零信任系统需要汇聚高质量的身份大数据，为细粒度的动态访问控制提供足够的信息支撑，并提供基于风险的自适应身份认证。

4.7.1 身份大数据

只有汇聚了身份大数据才能支撑基于身份属性的访问策略，访问策略可能基于用户的职级、设备状态、差旅状态、所属项目组等属性。零信任身份模块需要从企业的 HR 系统、安全分析平台、业务系统等处同步这些信息。汇聚身份大数据支撑基于身份属性的访问策略如图 4-62 所示。

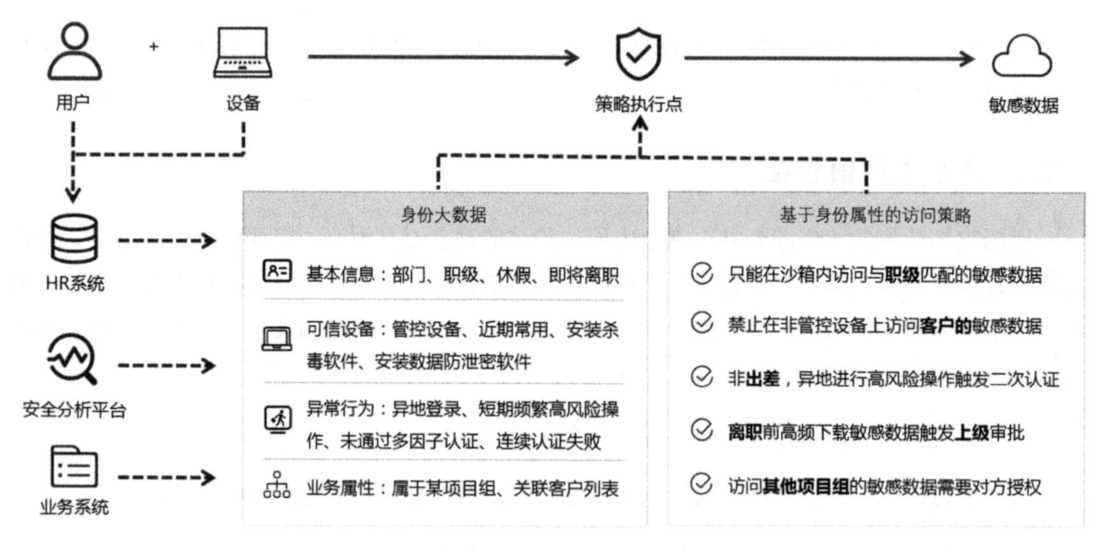

图 4-62

1．人和物全面身份化

随着物联网、云计算等新技术的应用范围越来越广，身份的概念也越来越广泛。为了构筑各类新兴场景的零信任访问控制体系，需要为人、设备、应用、API 等场景下的实体建立身份。

（1）人：包括企业的员工、外部合作伙伴、客户等。零信任系统需要管理每个人的组织机构信息、个人信息、标签、关联设备、业务系统账号等。

（2）设备：包括用户的计算机、手机，摄像头、传感器等。零信任系统需要建立合法设备的清单库，包括设备标识、设备的软件和硬件信息、设备的安全状态等。

（3）应用：零信任系统需要管理应用的身份标识、服务器地址、应用包含的功能菜单、应用中的用户账号、服务器的安全状态等。

（4）API：包括企业提供的 API 服务，以及企业希望调用的第三方 API。零信任系统需要管理 API 的身份标识、接口信息、参数信息、返回信息等。

这里创建的身份信息可以被零信任权限引擎和风险策略引擎引用，进行细粒度的访问决策。

2．身份生命周期

零信任系统需要根据身份生命周期的变化，自动调整其权限范围，否则将引入安全隐患。例如，当员工离职后，如果没有自动清除员工的账号和权限，离职员工就可以继续访问企业数据，并分享给他的新公司，给企业带来损失。

不止用户，零信任系统应该为各种实体分别制定身份生命周期管理流程。

（1）企业员工：入职、休假、调岗、离职、返聘等。

（2）合作伙伴：未认证、已认证、入场、离场等。

（3）用户设备：入库、分配、激活、闲置、维修、报废等。

（4）IoT 设备：生产、闲置、部署、改造、维修、丢失、报废等。

（5）应用：开发、测试、上线、维护、升级、下线等。

（6）API：开发、测试、发布、维护、下线等。

在这些实体生命周期的不同阶段，权限会随之变化。例如，用户调整部门后权限随之调整；设备分配给某个用户，则仅允许该用户登录；应用在维护状态时，让用户跳转到系统提示页面，不允许访问应用等。

除了身份生命周期的状态变化，用户、设备、应用等也有可能因为违反安全风险策略，被设置为锁定状态。在锁定状态下，访问权限将暂时失效。

3. 身份的多源汇聚

管理员可以通过多种方式创建用户身份。

（1）管控平台可以定期从企业原有的身份系统中同步数据，例如，从 AD 或 HR 系统中同步用户数据。

（2）管理员可以直接在管控平台上创建新的用户、设备、应用、API 等。例如，管理员在收集一批设备的信息后，通过表格直接导入平台。

（3）在有些场景下，可以自己注册或邀请用户注册账号。例如，让用户自己填写详细信息、验证手机号，由业务负责人或管理员审批后创建身份。

在同步用户身份时，需要考虑多个身份源合并的情况。例如，由于公司并购，或者多个独立项目没有打通，导致部分员工在 A 系统，部分员工在 B 系统。

（1）如果其中一个系统的信息比较全，那么可以以这个系统为主创建身份，另一个系统作为补充，完善用户记录和属性。

（2）如果两个系统中的用户大部分是不重叠的，那么可以通过数据合并工具，将多个身份源合并到零信任的身份平台中。合并工作通常需要付出很大的成本：梳理身份源的数据，进行关联、核对，处理信息冲突。例如，两个系统中的同一个用户的信息不同（可能由于手动修改了新系统的信息，但老系统没有同步修改），这时如果没有明确的自动处理规则（例如，以某个系统为主），就要联系相关部门进行确认，非常耗时。

（3）如果由于成本和技术限制无法合并，那么也可以让多个系统的数据并存。当用户登录时，自己选择使用哪个身份系统的账号登录。这种方式的缺点就是用户需要弄清自己属于哪个身份系统，才能正常使用。

此外，身份大数据可能包含了多个属性，如表 4-5 所示。零信任系统从 HR 系统中同步用户的岗位信息，从 CRM 系统中同步用户负责的客户，从零信任安全分析平台中同步用户的可信等级。三者通过用户 ID 或用户的工号、手机号进行关联。

表 4-5

属　性	来　源	属性映射
用户 ID	IAM 系统	ID（主键）
岗位	HR 系统	岗位
职级	HR 系统	职级
区域	HR 系统	区域
负责客户	CRM 系统	负责客户
可信等级	零信任平台	可信等级

属性源可以与零信任系统定期同步属性数据。如果不想把数据存在零信任系统，那么也可以由属性源提供 API，零信任系统在进行策略计算时，随用随取。

零信任管控平台应该支持数据建模，以便根据业务需求灵活调整。例如，支持在“用户”模型中新增、编辑属性，设定属性的来源等。身份汇聚流程如图 4-63 所示。

汇聚身份除了技术因素，还要考虑管理因素：后续身份在哪个平台上创建、在哪个平台上修改、身份和属性的标准、同步的周期等。例如，在零信任系统中汇聚了完整的数据后，还要在 HR 系统中创建新员工的信息，并自动同步到零信任系统中进行授权管理。

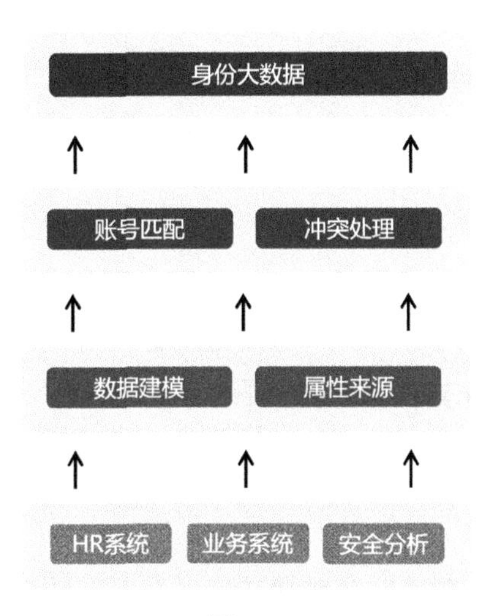

图 4-63

4. 身份和权限服务

零信任系统在汇聚了身份大数据后，可以充当企业的身份中心，向下游系统提供身份数据。例如，企业在 HR 系统上为新员工创建账号，账号会自动同步到零信任系统，零信任系统再将身份同步给各个业务系统。零信任系统应该能够根据需求对外提供不同范围和格式的身份数据，类似数据仓库的数据集市。在提供数据时，零信任系统可以按照个人信息保护要求，进行必要的脱敏和加密。

零信任系统也可以作为企业的权限中心，向下游系统提供权限数据。零信任系统可以提供用户与系统功能的对应关系，也可以提供动态的权限判定接口。下游业务系统可以不存储权限，当需要判定用户权限时，直接在零信任系统中进行查询。

建立统一的身份和权限中心可以避免产生由业务系统“各自为政”导致的身份不一致、权限不合理等安全隐患。

4.7.2 身份分析与治理

身份系统在运营一段时间后，难免出现错漏，如果放任不管，系统中的安全隐患就会越来越多，容易被攻击者发现、利用。因此，身份管理系统应该具备异常分析机制，定期检测违规账号和不合理的权限配置，进行自动调整或人工调整，通过这种机制可以尽量避免产生安全隐患，实现身份治理的闭环。

1．异常账号分析

下面介绍几种常见的异常账号的分析方法。

1）孤儿账号

零信任的用户账号是主账号，应用系统中的账号是从账号，两者一般是对应的，没有主账号与之匹配的从账号就是孤儿账号。例如，应用系统中临时开通但没有及时删除的账号。这些账号由于未与任何人绑定，因此被攻击者利用了也不知道。所以，当发现孤儿账号后，应当及时通知管理员进行确认，检查出现孤儿账号的原因，并进行清理。

2）重复账号

手机或邮箱信息重复的两个账号，可能属于同一个人。批量创建账号或两个系统合并时可能产生重复账号。一人多账号是没有必要的，而且会给审计造成困难，因此在发现重复账号后，应当及时通知管理员进行确认和清理。

3）无效账号

超过一个月没有分配任何权限的账号被称为无效账号。用户拿到这种账号什么也做不了，账号没有长期存在的必要。当发现长期存在的无效账号时，应当重新考虑如何配置权限，或者将其及时清理。

4）违建账号

在数据库中，违建账号只有账号，没有创建过程日志。例如，由于 SQL 注入攻击而创建的非法账号。零信任系统可以通过在应用系统上部署 Agent 进行监控，或通过对接 API 获取系统中的账号信息，再通过对比分析发现这类异常账号。发现这类账号后应当及时锁定，并通知安全人员追查账号的来源。

5）休眠账号

长时间未使用的账号被称为休眠账号。零信任系统可以通过检查上次登录时间来识别休眠账号。员工休假导致的不活跃状态应该通过身份生命周期机制识别出来。例如，身份状态为休假的账号，休假期间及休假后一段时间内都不应该算作休眠账号。如果应用系统是按用户许可收费的，那么系统出现了休眠账号后，应当及时通知业务部门，检查账号是否还有存在的必要，及时清理掉可以节省许可费用。

6）共享账号

被许多人共享的账号是攻击者最容易利用的账号，这些账号往往被随意保存，甚至记录在一些公开的文档中，攻击者很容易就能收集到。因此，一定要避免共享账号的存在。

零信任系统可以记录用户的登录日志中的账号和设备，进行对比分析，从而发现一个账号被多人或多个设备共用的现象。在发现共享账号后，应及时通知业务部门和安全人员共同确认。安全人员应当推动建立账号的安全管理制度，避免出现类似现象。

2. 异常权限分析

下面介绍几种常见的异常权限的分析方法。

1）无效权限

分配给了用户，但用户从未使用过的权限。零信任系统可以根据用户的访问日志，统计哪些用户三个月内从未访问过任何应用。业务部门和管理员应该重新考虑这些权限是否必要，若不必要则应及时撤销。

2）角色重复

如果两个角色对应了同一群人，并且角色权限是一样的，那么可以考虑将这两个角色合并，减少角色数量，避免角色数量过多造成后续维护困难。

除此之外，零信任系统还可以通过对全部角色的分析，计算角色的最小集合。现实中角色往往与业务相关，不一定能够完全按数学的最优方式设置，只能作为角色权限规划的参考。

3）冗余授权

多个权限策略重复给用户授予了相同的权限。重复授权是不必要的，但不一定必须清除。管理员可以定期重新梳理权限策略，检查是否可以简化。

4）权限互斥

根据业务需求，制定权限互斥规则。例如，一个人不应该同时负责授权、执行、审计；不能同时负责会计和出纳；不能同时负责供应商认证和采购等。在零信任的身份治理模块中可以根据业务需求制定检查规则，不能给用户添加与已有权限互斥的权限，不能将用户加入互斥的角色。

5）与众不同

如果一个用户比同组织同部门的其他用户的权限大很多，则说明这个用户可能存在权限过大的问题。这种方式判断的准确率不是很高，但可以给用户贴个标签，在进行权限问题梳理时，作为参考因素。

6）异常授权

如果用户的授权申请和审批都没有注明原因，那么授权流程是有问题的，授权不一定是合规的。管理员需定期对这类问题进行复核。

临时授权但长期未撤销的情况可能存在安全隐患，当系统发现后，应立即提醒管理员进行确认，撤销授权或重新考虑权限配置方式。

7）越权访问

越权访问指用户通过技术漏洞，绕过访问控制机制，访问没有授权的应用的行为。零信任系统可以通过对比用户的访问日志与安全策略规则之间是否存在不一致的情况，来发现越权访问行为。安全人员应当跟踪越权访问事件，确认是否存在违规行为，是否存在程序漏洞。

4.7.3 统一身份认证

传统的企业身份管理平台将身份存储在各个业务系统之中，如图 4-64 中的左图所示，当用户访问业务系统时，在各个业务系统上进行身份认证。在这种模式下，用户的身份是一座孤岛，没有统一的身份治理，各业务系统的身份认证强度参差不齐，有些可能没有多因子认证，有些可能存在安全漏洞。

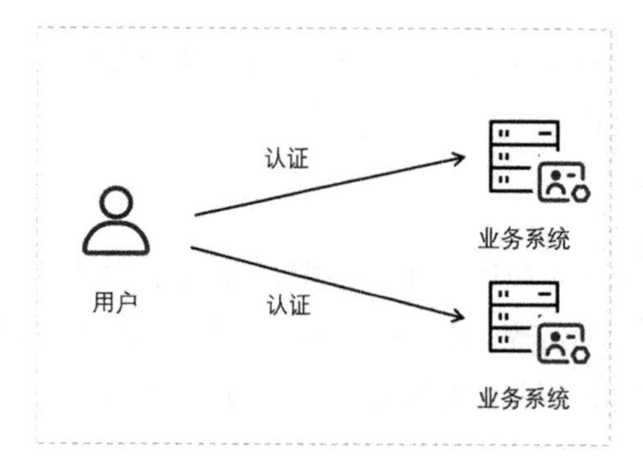

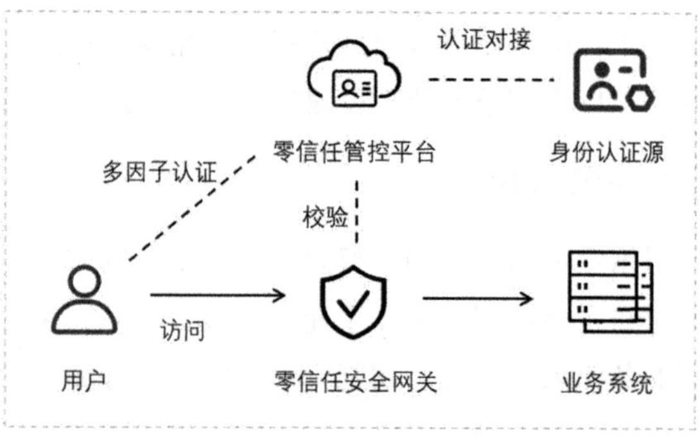

图 4-64

在实施零信任方案后，身份由零信任系统进行统一管理、统一认证，如图 4-64 中右侧所示。用户访问业务系统之前需要到零信任系统进行认证，这样做有如下好处。

（1）与传统企业身份管理平台区别最大的一点是，零信任系统将身份认证延伸到了网络层，未经过身份认证的用户无法建立网络连接。

（2）零信任系统可以汇聚各个系统的身份数据，进行统一的身份分析和治理。

（3）零信任系统提供了一层额外的身份认证，在统一实施多因子认证后，可以提高所有业务系统的身份认证强度（也可以进行统一的单点登录）。

（4）零信任系统可以设定基于风险的自适应认证策略，只在有风险时进行二次认证，兼顾安全与体验。

1. 增强老系统的认证强度

零信任统一认证的一个重要作用是可以给无法改造的老系统增加一层多因子认证。很多老系统很难进行改造，有些系统甚至连最初的供应商都找不到了。因此，只能通过前置零信任网关的方式，在用户连接系统之前，强制执行多因子身份认证，这种方式无须对老系统进行任何修改。

有些老系统采用 C/S 架构，如图 4-65 所示，这种系统可以通过零信任客户端与隧道网关建立安全的传输通道。在建立通道之前，进行一次用户身份认证。

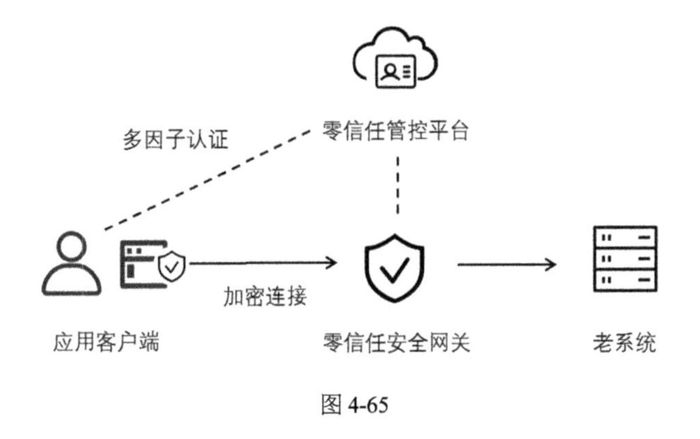

图 4-65

在用户访问过程中，如果发现了风险事件，那么可以暂停隧道会话，并要求用户进行二次认证。在认证成功后，才能恢复隧道通信。

2．基于风险的自适应认证

在填完账号和密码后，再进行一次动态码或短信等多因子认证，是更安全的做法。但是每次都通过短信验证很麻烦，而且浪费短信费用。如果只在有风险的情况下，才提示需要验证短信，就既安全又方便了。

如图 4-66 所示，如果在用户填完账号和密码之后，管控平台发现用户登录位置不是常用地址，则要求用户填写短信验证码。而平时，如果用户使用常用的设备，在常用的位置进行登录，则不会被要求其进行二次认证，用户可以自动登录。

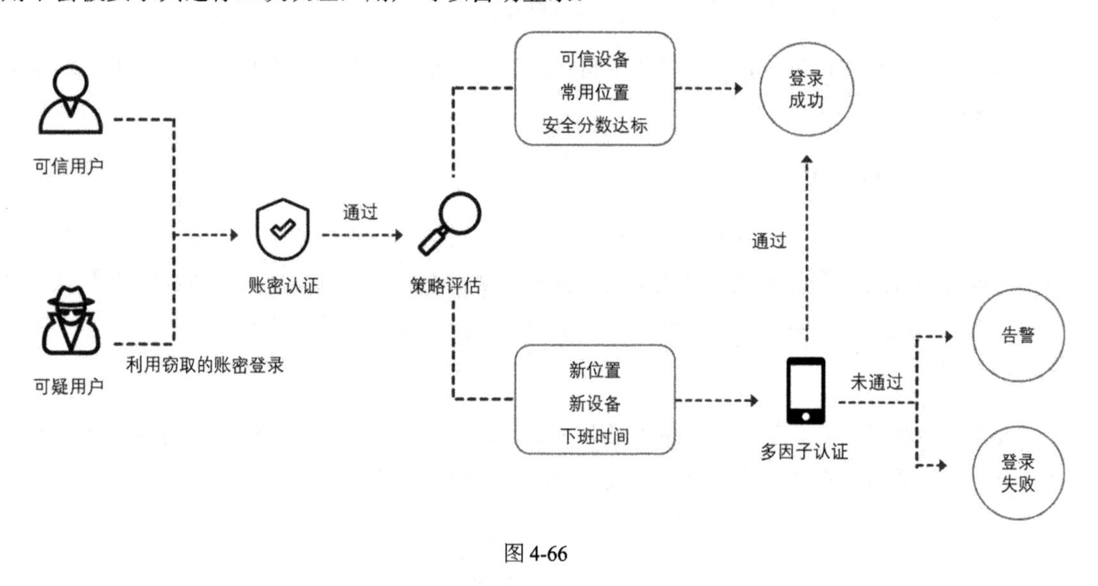

图 4-66

零信任管控平台应该可以自定义自适应认证的策略规则。例如，在什么条件下才要求进行二次认证，要求进行什么样的二次认证。

不同的风险应该对应不同的认证方式，如图 4-67 所示。例如，用户在新位置登录可能是因为用户出差了，所以可以进行比较便捷的短信认证。如果用户前一分钟在北京退出，后一分钟在济南登录，则可能是发生了账号窃取或违规借用，此时应该要求进行更严格的人脸识别或指纹识别认证。

自适应认证策略的条件可以很细，例如，指定某类用户必须进行某项认证，或者某些用户可以免认证，指定访问某个高敏应用时必须进行某项认证，指定某个访问时间、位置、IP 地址、设备、可信等级的登录行为必须进行二次认证等。

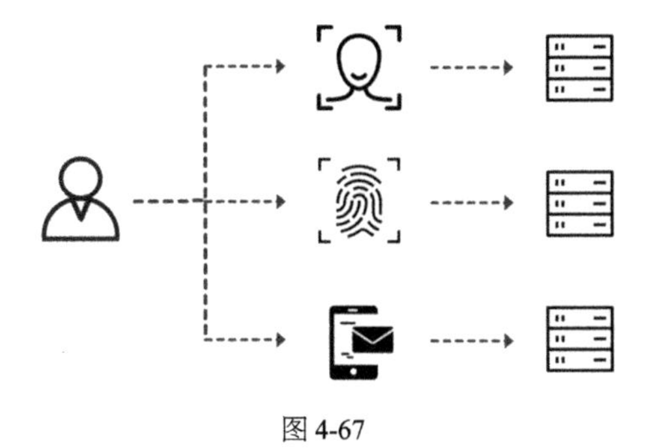

图 4-67

为了提升用户体验，可以为二次认证设定一个有效期。如果登录时已经进行二次认证，那么在一小时内再次访问应用可以免二次认证。如果访问应用要求进行人脸认证，而登录时只进行了短信认证，那么要再进行一次认证。如果登录时已经做了人脸认证，访问应用时就不用再麻烦了。

3. 常见的用户认证方式

（1）账户密码认证：最常见的认证方式，但非常不安全。密码泄露、弱密码、多个系统使用同一个密码等现象非常普遍，可以认为密码是一定会被攻击者获取的。密码认证越来越多地被无密码认证方式替代。

（2）邮件认证：安全级别也不够高，一旦用户的账号和密码被盗，邮箱的账号和密码也很可能被盗。

（3）短信认证：通常假定用户的手机不会轻易被窃取，因此短信认证的安全程度比账号和密码认证更高。短信认证非常常用，适用于激活、注册场景。不过，发送短信需要与短信渠道对接，在应用短信认证之前，企业要考虑缴费问题。

（4）动态口令（One Time Password，OTP）认证：用户可以在 App 或专门的硬件上查看动态口令，用于登录时的验证。口令每 60s 一变，用户必须在指定时间内输完。这种认证方式的体验与短信类似，但口令是客户端与服务端按同样的种子和算法生成的，无须短信费，更省钱。适用于用户愿意安装专门的 App，且认证频率较高的场景。

（5）扫码认证：通过 App 扫码、确认的动作，将手机的登录状态传到服务端，再推送到 PC 端，让 PC 端登录。

（6）U 盾认证：登录时调用接口检查设备上是否插着 U 盾，读取 U 盾中的 ID，或利用 U 盾中的加密证书进行用户身份验证。当用户首次使用时，需要进行绑定，后续计算机上只要插着U盾就可以直接登录业务系统。但如果用户忘记携带U盾，就无法登录了。另外，U盾硬件需要采购，因此需要花费一定成本。

（7）生物识别：指纹、人脸、虹膜、声纹等认证方式。实现生物识别需要专用的设备，有些计算机不支持这种认证方式。国内有公司制作了带指纹识别功能的鼠标，通过类似的外设实现 PC 端的生物识别。一些极端环境可能影响生物识别的准确度，另外，生物识别涉及个人隐私问题，这也限制了它的使用。

（8）数字证书：数字证书相当于用户的"身份证"，在用户进行身份认证时，先在客户端上导入证书，只有服务器上的配对证书可以解密证书上的加密信息，加密解密的过程可以证明双方的身份。

（9）设备认证：设备可以通过硬件型号、芯片标识、Mac 地址、IP 地址、密钥证书等进行认证。

上述的每种认证方式都是对用户的某一个因素进行验证，这些因素大致可以分为三类：所知（密码）、所有（U盾）、个人特征（人脸识别），每种认证方式都有优缺点。综合使用两种或两种以上因素进行身份认证的方式被称为多因子认证或多因素认证（Multi-Factor Authentication，MFA）。多因子认证是一种多层次的防御，在实施多因子认证后，攻击者伪造身份的难度将大大提高。

4．常见的第三方认证对接

如果企业已经有了权威的认证源，那么零信任系统即可与认证源对接。当用户登录时，零信任系统将用户的认证请求转发到认证源进行认证。认证源支持的常见认证协议如下。

（1）LDAP：LDAP 是一种身份目录协议，AD 是微软的 LDAP 身份目录产品，两者只有细微差别。通常也可以用 LDAP 代指使用了 LDAP 的服务器。AD/LDAP 是最常见的身份源、认证源。

（2）RADIUS：RADIUS 是一种早期的认证协议，目前常见于无线网络及 VPN 的接入认证。

（3）SAML：SAML 协议主要用于实现单点登录。当用户认证后，SAML 协议中的身份提供者会给服务提供者传递一个 XML 格式的 token，包含了用户的属性信息，便于服务提供者获取用户的上下文信息。

（4）OAuth2：OAuth2 是一种验证身份和授权的标准，允许用户授权第三方应用访问其在另一个服务器上的资源。它原本不是用来做单点登录的，但可以用来实现单点登录。

（5）OIDC：OIDC（OpenID Connect）是第三代 OpenID 技术，是 OAuth2 之外的一个身份验证层，与 OAuth2 相比多了用户身份标识的传递。OIDC 可以用于实现单点登录。

（6）CAS：CAS 是一种常见的单点登录协议。CAS 与 OAuth/OIDC 不同，CAS 只能用于身份验证，不能用于授权。

5. 提供单点登录服务

单点登录（Single Sign On，SSO）指用户登录一个系统后，便可在其他系统登录，无须重复认证。用户只需要记住一个账号信息就可以登录所有系统，使用体验更加便捷。

最可靠的实现 SSO 的方式是，零信任系统对外提供标准的单点登录服务，让业务系统进行对接。常用的 SSO 协议包括 SAML、OAuth2、OIDC、CAS 等。此处与上一小节的场景稍有不同，在零信任系统对外提供 SSO 服务时，相当于 SSO 协议中的服务端，在零信任系统与第三方认证源对接时，零信任系统相当于 SSO 协议的客户端，第三方认证源相当于 SSO 的服务端。

单点登录的架构如图 4-68 所示。业务系统与零信任管控平台进行 SSO 对接。当用户登录时，先跳转到零信任管控平台的认证页面进行认证，再跳转到业务系统的页面进行访问。

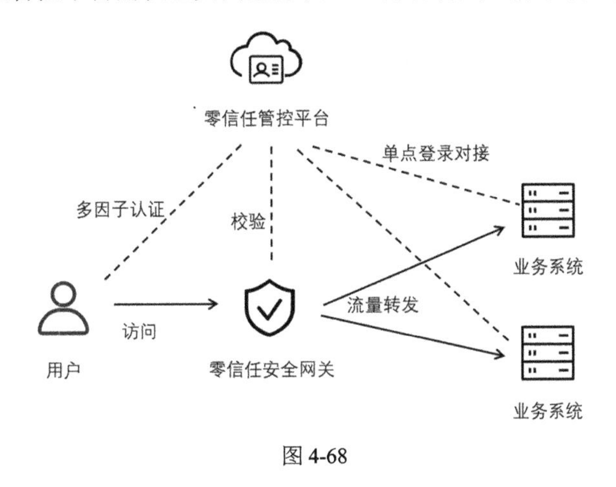

图 4-68

如果无法改造业务系统，就无法与零信任系统对接 SSO 协议。在这种情况下只能采用密码代填的方式实现单点登录。

密码代填的原理是，通过模拟用户填写账号和密码的方式，代替用户进行登录操作。用户不用自己填写和操作，体验与 SSO 很像。为了代替用户填写账号和密码，系统需要先存储所有用户的账号和密码，这会带来一定的安全风险，密码可能在存储和传输环节被窃取。但为了不进行系统改造就实现 SSO，有些场景也只能采用这种不安全的实现方式了。

具体来说，密码代填可以通过在前端页面中插入 JavaScript 脚本、在计算机上安装客户端或浏览器插件等方式实现。在业务系统的登录页面中找到填写账号和密码的输入框并插入用户的账号和密码信息，模拟用户单击按钮的操作，进行登录。当然，很多业务系统的安全机制认为这属于攻击，会屏蔽代填行为。因此，密码代填也不是万能的，在实际应用中可能遇到一些技术限制。

4.8 SASE 与 ZTE

Gartner 和 Forrester 先后提出了 SASE 和 ZTE 模型。两个模型都是基于零信任理念的云形式的安全模型。本章将对这两个模型的概念和价值进行介绍。

4.8.1 什么是 SASE

图 4-70 左侧的“安全过滤”部分是由企业的安全设备组成的。一般来说，企业会购买硬件盒子形式的安全设备，部署在企业网络中，自己负责运维。

想象一下，如果有一天企业不用运维这么一大堆安全设备了，有一家公司在云上提供具备同样能力的安全服务，如图 4-69 右侧所示，日常维护由云负责，没有现场部署调试这堆麻烦事，可以一键增加安全能力。那么是不是很美好？

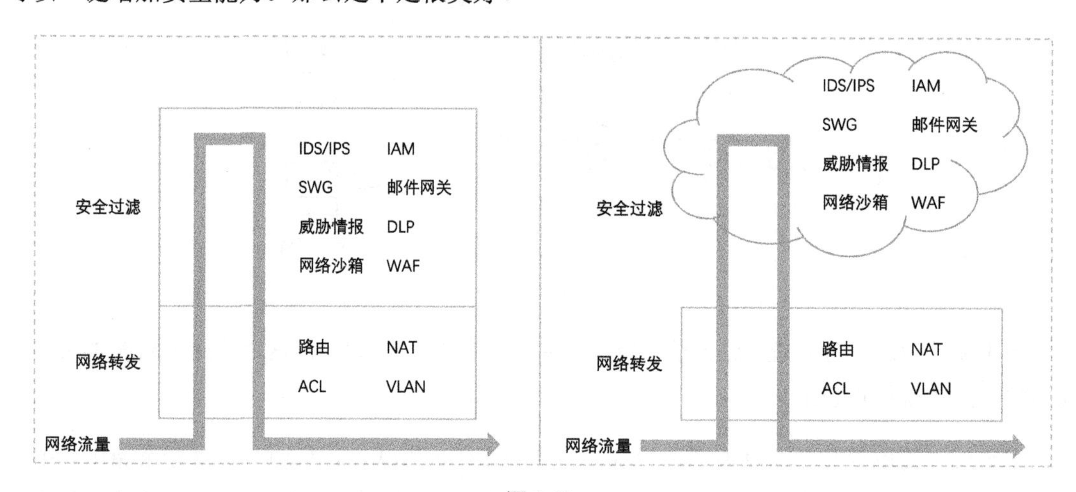

图 4-69

Gartner 在 2019 年的报告《网络安全的未来在云端》中提出了一种新的技术架构，可以实现这种美好的愿景。这就是安全访问服务边缘（Secure Access Service Edge，SASE）。

1. 共享云安全服务

SASE 最主要的思想就是基于云来提供安全服务，像共享单车一样“共享安全”。企业不必再采购各类硬件盒子，去 SASE 平台申请个账号就完事儿了。SASE 包括一个完整的安全资源池，提供全套的检测和防护能力。企业员工的访问请求，先通过 SASE 平台的检测和过滤，再被发到企业应用上。理论上，用了 SASE 的企业，不再需要防火墙、服务器等，全部由云来代替，如图 4-70 所示。

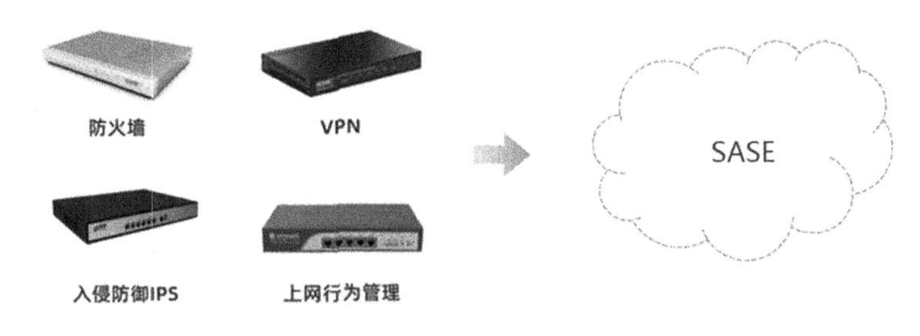

图 4-70

2. 边缘加速

有些企业会像图 4-71 左侧一样，在总部部署全套安全设备，不在分公司部署安全设备。分支机构员工在上网时，先连到总部做安全检测，再从总部出去访问互联网。

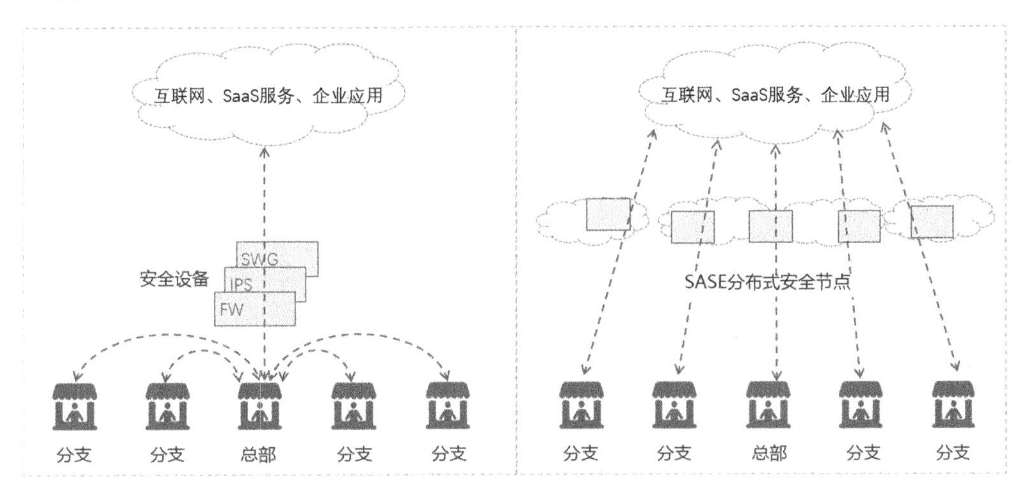

图 4-71

这么做会有一个问题：如果分公司在深圳，总部在北京，分公司的用户要访问一个在深圳的 SaaS 应用，那么流量要从深圳先到北京，通过检测后，再回到深圳，来了一个“全国游”。这显然是不合理的。

SASE 架构的做法聪明很多。SASE 的安全接入点不在中心而在“边缘”。就像图 4-71 右侧那样。北京、深圳都有 SASE 节点，节点间是加密隧道。如此一来，上文例子中的深圳用户接入离自己最近的深圳 SASE 节点即可，不用再去北京绕一圈，访问路径大大缩短。这样，企业员工、合作伙伴无论身处何地，都可以快速地接入企业网络了。

3．网络和安全的融合

综合以上两点看，SASE 不仅具备安全能力，还具备网络能力。SASE 是网络即服务（Network as a Service，NaaS）和网络安全即服务（Network Security as a Service，SECaaS）共同的进化方向，如图 4-72 所示。有了安全能力，企业才敢在互联网上传输流量；有了边缘加速，“安全不放本地放云上”才变成一种可行的方案。

图 4-72

从技术角度看，SASE 是一些新兴的网络和安全技术的集合。具体来说，SASE 的技术栈应该包括以下内容。

（1）云原生架构：自适应弹性扩容、自动恢复、随处可用。

（2）支持各类接入形式：SD-WAN 组网接入、移动端远程接入、无端模式远程接入等。

（3）全球负载：接入节点覆盖全球各地，降低服务延迟。

（4）安全加速：访问加速、路由优化、缓存、带宽分配优化。

（5）统一管理：在一个平台上统一集成、管理各类微服务。

（6）流量检测：SASE 需要支持深度包检测技术，在解密 HTTPS 流量后，提取流量内容，缓存数据流中的每个数据包并进行拼接，复原完整的文件内容，再执行安全检查。具体的安全检测包括：各个端口的协议入侵检测；威胁情报检测；恶意 IP 地址/域名检测；沙箱恶意软件检测；APT 攻击检测；数据泄密防护；基于 AI 的用户行为分析；持续安全评估等。

（7）零信任安全访问（替代 VPN）、SDP 网络隐身。

（8）基于 DNS 的保护服务。

（9）安全审计：审计用户的互联网访问行为，以及远程接入行为。

SASE 同时具备多种网络安全能力，但 SASE 不是一个大杂烩，要把安全技术栈融合到边缘服务网络中，在各个方面都要进行统一的管理。

（1）统一身份：SASE 与零信任体系一脉相承。所有安全组件都以身份作为访问决策的中心。用户和资源身份决定网络连接体验和访问权限级别。服务质量、路由选择、应用的风险安全控制则由身份驱动。

（2）统一策略：在网络中统一实施管理策略，消除管理跨地域、跨网络的复杂性。让管理员可以专注于安全策略，而不是常规网络配置。

（3）并行检测：用户访问流量在 SASE 节点中并行进行所有检测（例如，检测是否存在敏感数据泄露、恶意软件入侵等），而不是堆砌多个安全设备进行串行检测。

（4）持续评估：SASE 在整个访问过程中持续对用户的身份、设备环境评估风险。

（5）统一数据：SASE 的组件应统一收集日志，展示安全全景图。

4.8.2 ZTE 与 SASE 的关系

Gartner 认为 SASE 概念包括零信任网络访问（ZTNA）概念，但零信任理念的提出者 Forrester 并不这样认为。Forrester 在 Gartner 提出 SASE 之后，对零信任理念进行了丰富，提出了 ZTE（零信任边缘）概念，并强调 SASE 其实就是 ZTE。

在 Forrester 的理念中，零信任包括数据中心零信任和边缘零信任。其中，数据中心零信任是私有部署的零信任架构。边缘零信任就是 ZTE，就是 SASE。这样一来，零信任理念就扩大了，反过来把 SASE 包含在内。ZTE 强调分步骤实施，先用零信任架构解决远程访问问题，再追加其他安全控制措施（如 SWG、DLP 等），最后用 SD-WAN 解决网络重构问题。

所以，归根结底，ZTE 与 SASE 两个概念的诞生，只是两大咨询机构角力的结果而已。两者的内涵基本是一样的。SASE 和 ZTE 都是以零信任理念为基础进行访问控制的，都主张融合各类安全检测技术、组网和加速技术，在靠近用户的地方提供云形式的安全服务。

4.8.3 SASE 的主要应用场景

SASE 的主要应用场景分为两类，一类是用户访问互联网和 SaaS 应用的“安全上网”场景，一类是用户访问企业数据中心或私有云应用的“安全接入”场景，如图 4-73 所示。

图 4-73

1. 安全上网

在安全上网场景下，SASE 的主要作用是防止用户被互联网上的威胁攻击，检查用户有没有访问不安全的网站，有没有向外泄露企业的敏感数据，有没有在上班时间“开小差”等。

当用户访问互联网网站和 SaaS 应用时，流量先转发到离自己最近的 SASE 节点，经过安全过滤后，再通过 SASE 骨干网或直接通过互联网转发到目的地。

2. 安全接入

在安全接入场景下，SASE 的主要作用是保护企业的业务系统不被入侵，为用户提供安全的连接方式，对用户执行严格的零信任访问控制策略（前文介绍的零信任技术都适用于这个场景）。

企业数据中心通过连接器的方式与 SASE 上的安全网关打通，公司网络通过 SD-WAN 与 SASE 上的安全网关打通。因此，在公司网络中的用户不用安装客户端，流量也可以通过 SD-WAN

转发到 SASE，再转发到企业数据中心。移动办公用户需要安装客户端，直接通过互联网，接入离自己最近的 SASE 节点，然后转发到企业数据中心。

上述两个场景的网络架构图如图 4-74 所示。

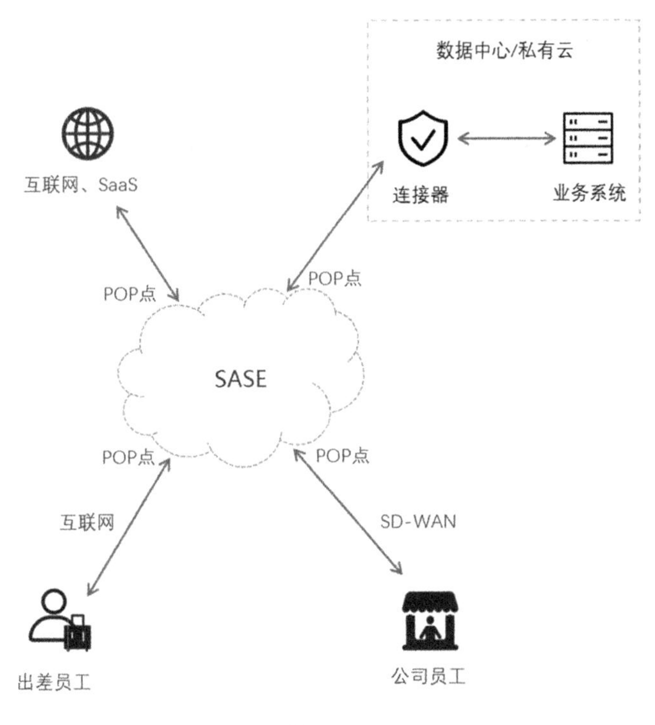

图 4-74

4.8.4 SASE 的价值

就像“云计算”颠覆了数据中心一样，SASE 模式必将颠覆目前的硬件盒子模式。SASE 在安全性、成本、体验等各方面都具有更大的价值。

1. 安全性强

云端可以积累更多用户和威胁数据，安全识别能力会提升到一个新的层次。当出现新的威胁时，云端的升级更新也更方便，可以更快地共享威胁解决方案。

2. 体验好

经过安全加速后，用户的网速会有提升。特别是对于跨国企业，如果 SASE 厂商可以为这些企业提供专用网络通道，那么上网速度和接入体验都会有很大提升。不少国外的 SASE 厂商已经在这方面做了大量尝试，以实现低延迟体验。

云端扩容更加方便。在企业遇到突发事件，短时间内新增了大量远程访问需求时，或者在某地新开了分支机构时，SASE 都可以做到分钟级快速扩展。

3. 维护简单

最直接的一点是，企业不用自己维护那么多物理设备了。云端产品的一部分运维职责是由平台承担的，对于企业来说更省心了，所有节点的安全策略都是集中管控的，效率很高。

4. 成本低

理论上，SASE 是一种标准化的产品，安全厂商可以通过规模化生产降低成本，企业采购也会便宜。而且，SASE 产品一般采用云平台的形式销售，没有中间商，可以按人按年订阅付费，企业采购也比较灵活。

SASE 可以带来平价的安全，很有可能拓宽整个安全市场的容量。很多小公司不买安全产品主要是因为价格昂贵，谁不知道自己的数据值钱呢？谁想被攻击呢？如果 SASE 可以把价格降低一半，那么这些从来不买安全产品的小公司可能真的会考虑采购。

4.8.5 SASE 可能存在的“坑”

说完了优点，再来说说 SASE 可能存在的“坑”。云安全是云原生、为云而生的，传统厂商习惯了卖硬件，转型到云原生可能有一定难度。未来一定会有厂商通过集成各家产品，串行部署很多装着安全产品的虚拟机，快速“攒”一个 SASE。一定要小心这类产品，如果没有整体架构设计，组件就不能兼容，运维起来难度更大，买这种产品相当于给自己“挖坑”。

4.8.6 SASE 如何落地

对于安全厂商来说，SASE 是一个令人兴奋的概念。特别是国外已经有不少成功案例了，大部分人都会认可 SASE 的价值。但是实际上，在打造 SASE 产品时会遇到不少需要解决的难题。

1. 企业为什么用

很多大型企业在安全方面已经建设得比较完善了，这部分企业短期内肯定不需要用到 SASE。

一些新兴企业可能在安全方面积累不足，甚至没有专门负责安全管理的人。这些企业的CIO/CTO通常比较擅长业务，而不愿意管安全，希望将安全托管出去，这类企业是非常适合使用 SASE 的。还有一些企业有很多分支机构，过去每个分支都要部署终端准入、防护墙（VPN）等硬件，有了 SASE 之后，这类企业也会方便很多，分支可以不再部署安全设备了。另外，外企或跨国企业需要 SASE 的网络资源提高员工上网速度，这类需求属于刚需，SASE 具有安全能力，能满足公司的合规审计要求，比单纯的 SD-WAN 用着更放心。

2. 成本问题

SASE 要求将用户的全部流量导到云上进行检测，高带宽需要的费用较高，这个问题最终可以依靠增加规模解决。在初期可以先不全部导流，主要靠终端和 DNS 提供服务。

3. 信任问题

企业的流量要经过安全厂商的云，企业可能担心第三方窃取数据。这就要求 SASE 厂商经营好自己的品牌，取得等保认证、第三方安全认证等资质背书。特别是在初期，应该从员工的安全上网场景开始，从一些不涉及企业敏感数据的场景开始。

有些大型企业会严格要求不能上云，如果设备都在云上，不在企业手里，那么企业会觉得自己丧失了掌控力。在这种情况下，还有一个“曲线救国”的办法，就是先为企业搭建私有SASE，服务企业员工，再慢慢转型到云平台。

4. 怎么让用户用起来

如果希望上线带客户端的 SASE，就需要解决“怎么让用户用起来”的问题。为了让用户“用起来”，可以对公司本地网络进行限制，只有装了客户端的用户才能上网。远程办公的用户只有登录了客户端，才能打开公司业务系统。如果用户普遍使用公司管控设备，那么可以强制安装客户端，并且不开放退出和卸载功能。

5 零信任攻防案例

本章首先介绍零信任能对抗哪些网络攻击，在攻防场景下零信任能解决什么问题，然后会对零信任的攻击防御手段进行总结。

5.1 从一个模拟案例看零信任的作用

下面举一个黑客攻击的模拟案例，从黑客视角看企业网络的常见问题，以及零信任的防御效果。

5.1.1 黑客攻击过程

小黑是一名“客龄”三年的职业黑客。某天，一个身穿西服、老板模样的人找到小黑，出价 500 万元，要 W 公司某著名管理软件下个版本的全部源代码。商业竞争的事情，小黑也不是很明白，但回报异常丰厚，小黑决定接受这个工作。

1. 侦察

开始攻击之前，小黑全方位搜集了 W 公司的信息，并用谷歌搜到了很多 W 公司员工的邮箱。小黑查看了所有邮箱的前缀，很快就猜出了 W 公司邮箱的命名规则——姓名的全拼，如图 5-1 所示。

在搜索员工信息时，小黑发现了不少 W 公司“大牛”分享的技术帖，里面包含了很多公司的网络架构信息。小黑还意外地在一家合作公司的网站上找到了 W 公司部分销售机构的通讯录。在收集了该公司大约 200 个邮箱地址后，小黑觉得信息搜集得差不多了。

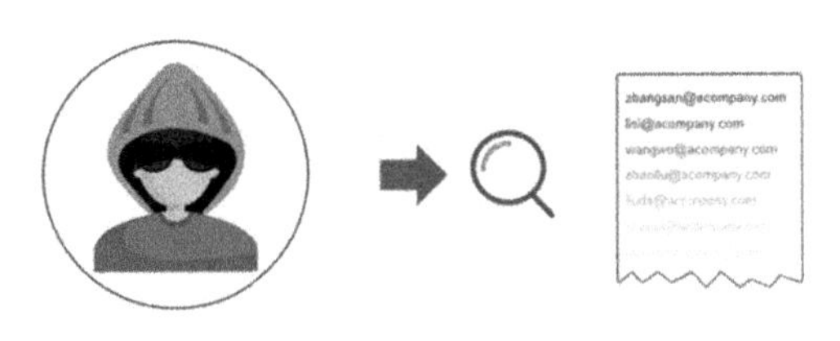

图 5-1

2. 钓鱼

为了配合下一步的钓鱼攻击，小黑先做了一个假的游戏网站。然后，小黑从之前搜集的邮箱中选出 10 个（控制数量避免被识别为垃圾邮件），分别向它们发送钓鱼邮件：“免费试玩最新游戏！我公司正在测试一款新的游戏，你是游戏高手吗？来试试！”邮件中有一个游戏文件的下载链接。当然，游戏文件是带木马的。

小乔是 W 公司一位年轻的程序员，每天除了写代码，就是玩游戏。一天早晨，小乔在浏览公司邮件时，发现了免费试玩游戏的邮件——酷啊！抑制不住内心的冲动，小乔决定试一试。

小乔知道不能让公司知道自己通过公司网络下载游戏，所以，他先关闭了公司的 VPN，然后点击邮件中的链接下载游戏。下载后小乔进行了病毒扫描，游戏是个“绿色”软件，无须安装，小乔感觉很不错，玩得很过瘾，还写了一封邮件，给“开发商”提了些建议。当然，他没有注意到，在游戏开始的同时，木马程序已经开始工作（小黑深知 W 公司终端管控软件的厉害，木马没有在本地留痕迹，而是注入了进程中），如图 5-2 所示。

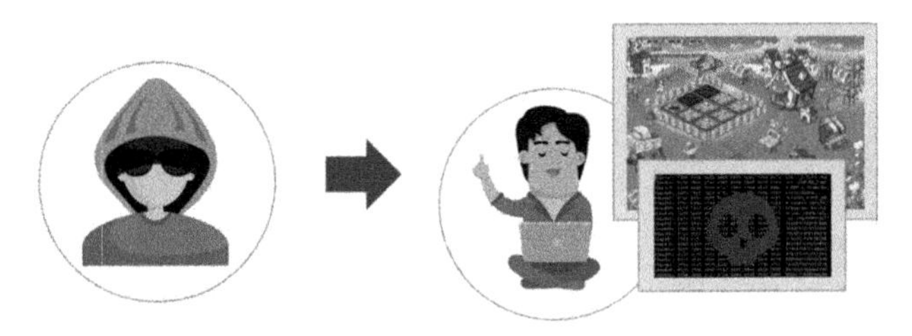

图 5-2

3. 传播

玩了一会儿之后，小乔准备关掉游戏继续工作，所以又打开了公司 VPN。此时小乔计算机上的木马进程开始通过 VPN 扫描 W 公司的整个网络。不一会儿，木马就扫描到了一个文件共享服务器，上面有很多员工常用的软件，包括 VPN 客户端。

这个服务器的安全管理很差，小黑没费什么力气就获得了管理员权限，替换了服务器上一个常用的文字编辑软件，并在软件中植入了窃听木马。在员工下载使用这个软件时，木马先复制自己，再正常运行，员工完全感觉不到。很快，小黑的窃听木马在 W 公司内部四处传播，如图 5-3 所示。

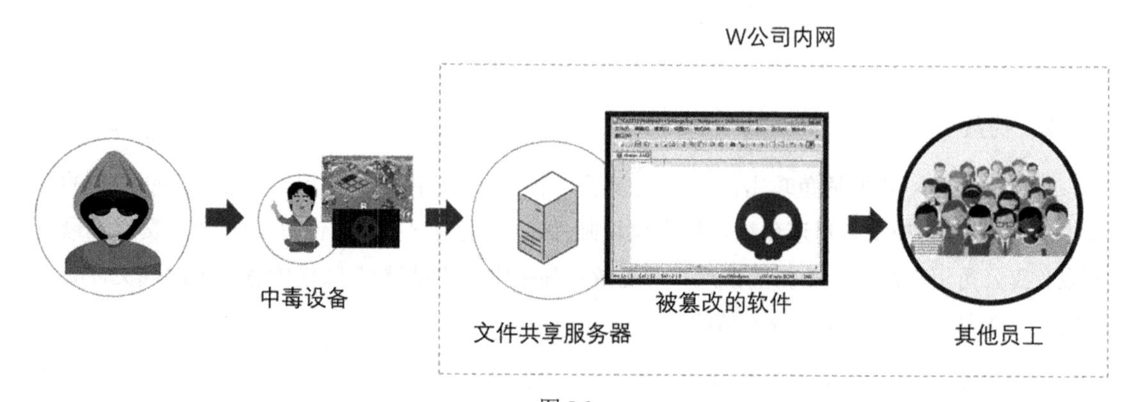

图 5-3

4. 盗号

小黑的窃听木马可以通过漏洞收集系统保存的密码文件，可以监听记录用户的键盘输入，还可以截获网络流量，获取用户登录各个网站时输入的账号和密码。

木马把收集到的所有密码都传给了小黑，不到 3 小时，小黑就获得了 50 多个密码，其中还包括研发副总裁和产品总监的账号和密码，如图 5-4 所示。

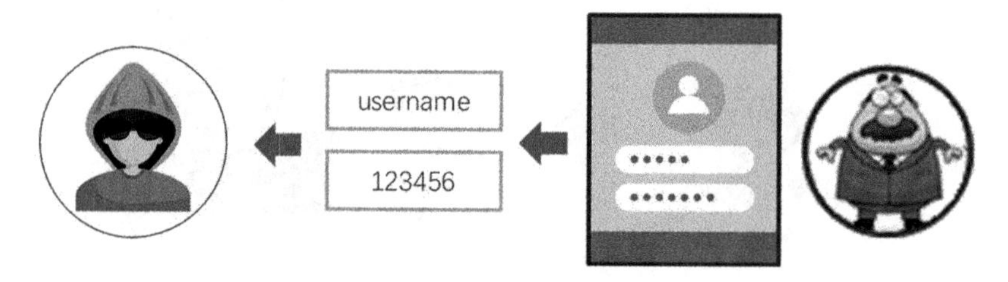

图 5-4

5. 窃取

利用这些密码，小黑以“合法身份”登录 W 公司的 VPN，进入了 W 公司的内部网络。然后，小黑开始慢慢地寻找软件源代码（减少扫描频率是为了避免被发现）。另外，为了不让安全人员注意到自己的扫描行为，小黑还对 W 公司的外部网站进行了间歇性的 DDoS 攻击，为自己打掩护。

经过一天的扫描，小黑找到了软件的源代码，利用此前盗取的账号，很快取得了代码仓库的下载权限。“宝藏”终于到手了，小黑高兴得手舞足蹈。

当然，到这儿还没完，窃取工作需要小心地、一步一步地进行。过了几天，小黑通过几台“肉鸡”把全部代码分割打包，逐步下载，如图 5-5 所示。

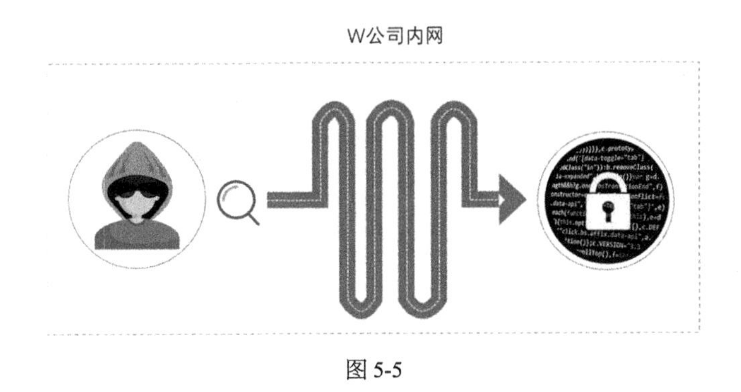

图 5-5

6. 收尾

在取走源码后，小黑没忘记清理自己的入侵痕迹，通过指令让木马自我毁灭，并利用 IT 运维权限删除了日志。

5.1.2 最大的漏洞是人的漏洞

在上面的例子中，小黑用的是一个非常典型的攻击套路，这种套路的特点是以“人”为中心，先寻找入侵设备或窃取身份，随后以入侵点为跳板，入侵整个网络，最后使用合法的身份干坏事，如图 5-6 所示。

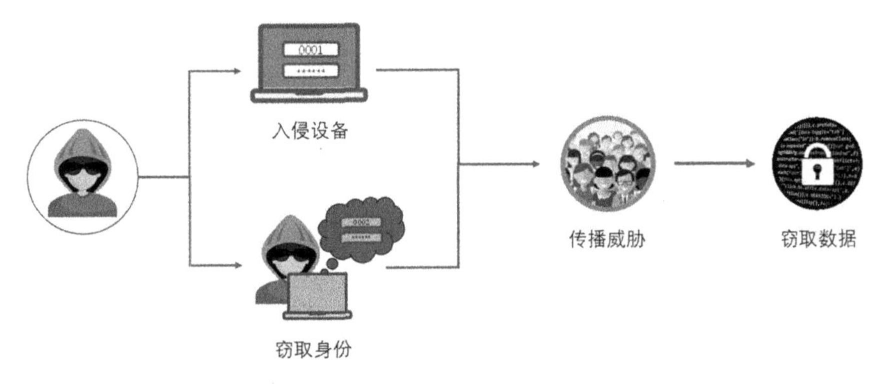

图 5-6

在小黑的攻击之下，W 公司暴露了三个值得注意的问题。

（1）**员工安全意识不足，导致设备的防护措施失效。**企业人员的安全意识参差不齐，容易做出各种违规操作。现实中很多企业已经安装了安全软件，但员工有时候为了自己方便，会关掉这些杀毒、终端管理软件，这时就很容易“中招”。案例中，小黑通过钓鱼，很容易就让小乔中了招，入侵了小乔的设备。

再举个例子，有的员工计算机经常不锁屏。一个典型的案例就是攻击方从地下车库混进公司大厦，跟着其他员工混过门禁。在办公区看到没锁屏的计算机，就插上带毒的 U 盘，直接植入木马。

（2）**内网权限疏于管理，威胁容易快速传播。**一般企业网络会与外部隔离，但是对已经接入内网的人限制很少。这就给攻击者提供了极大的便利。案例中，小黑入侵小乔的设备之后，可以随意扫描内网，并且很快就找到了有漏洞的系统。

系统漏洞无法避免，但是权限过度的问题可以避免。小乔可以使用文件共享服务，但是管理端口不应该对小乔暴露，凡是对小乔暴露的，就相当于对小黑暴露了。

（3）**身份泄露后，黑客以“合法身份”窃取数据，难以拦截。**除了黑客直接盗号，员工之间“借用”账号、“共享”账号，也会造成身份信息泄露，再加上弱密码的普遍存在，让社会上的密码泄露事件频发。对于安全人员来说，可以默认用户的账号和密码肯定会被泄露，企业必然会面对披着合法外衣的黑客。

那么怎么对付他们呢？有些安全系统可以通过检测网络数据发现恶意行为，但这些系统通常是“外挂式”的，很少能够做到贴合业务，及时发现并拦截异常行为。案例中的小黑是非常狡猾的，懂得利用合法的身份进行掩护，还精通绕过安全检测的技巧，如通过慢扫描、无文件攻击、切割文件后分批传走等方式躲避安全人员的监控。所以，小黑的非法行为更难被察觉。

5.1.3 通过安全框架弥补人的不可靠性

攻击的核心是“人”，所以防御的核心也必须是“人”。防御攻击的关键就是通过建立一套“安全框架”去弥补人的不可靠性。零信任架构就是聚合了很多实用的技术、针对人做全面防御的安全框架。

（1）**人的安全意识比较低，但是零信任架构可以采取强制措施。**举个例子，为了避免病毒传播，零信任客户端可以检测用户计算机上是否安装了杀毒软件和终端管理软件。零信任客户端还可以要求用户安装 EDR 产品，以便发现和防御一些高级威胁。

为了避免恶意软件自动探测内网漏洞，零信任客户端可以对进程通信进行限制。只允许合法的浏览器和业务客户端与内网连接，其他任何进程都不能与内网建立连接。零信任网关守护在内网入口，只允许来自合法进程的流量通过。

总而言之，零信任系统可以限定条件，如果终端设备和进程达不到要求，就不能访问内网，如图 5-7 所示。这样，不安全的设备就无法接入内网，避免了因为用户安全意识不足而引入风险。

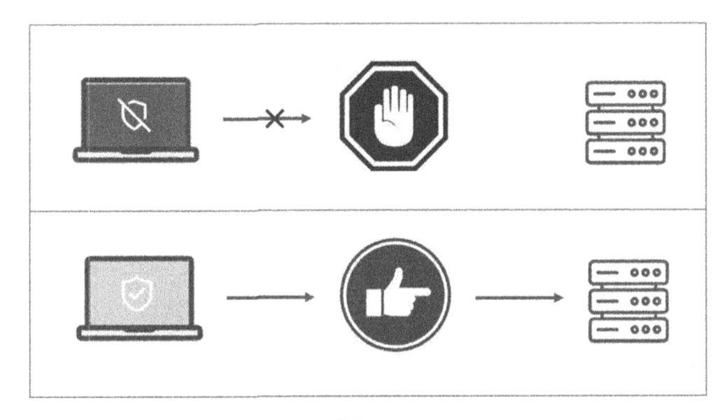

图 5-7

为了防止数据泄密，可以要求客户端检测用户是否正在使用云桌面，如果没有，则不允许该用户访问一些重要的资源，避免源代码、客户名单等敏感信息被泄露。

为了避免攻击者混入办公室传播风险，可以要求客户端检测用户是否设置了锁屏密码，如果没有，则不允许用户接入内网。

为了避免攻击者远程控制用户设备，可以要求客户端检测用户是否关闭了远程服务、远程共享，如果没有，则不允许其接入内网。

（2）**在零信任网络中，人和资源天然就是隔离的，威胁不会快速传播。**为什么说零信任网络天然隔离了人和资源呢？因为零信任网关处于整个内网的入口位置，人不能直接访问资源，只有通过了网关检测，才能被网关放行，连接资源。这样，攻击者即便窃取了账号和设备，能做的事情也非常有限。

首先，攻击者扫描不出几个端口。零信任的 SPA 隐身技术能拦截未授权的端口扫描。如果用户没有访问权限，相应的服务器端口就不会对其开放，攻击者发出的端口探测请求会被零信任网关中的防火墙直接丢弃。如果有零信任网关，案例中的小黑就只能扫描到小乔有权访问的服务器，不能在整个内网大范围扫描。

其次，攻击者无法直连服务器。零信任网关可以将用户权限限制在应用层的代理和准入层级。在案例中，小黑会发现与他直连的只有零信任网关，真实的业务服务器则在通过零信任网关验证后，才能进行 HTTPS 通信，攻击手段被限制了，如图 5-8 所示。

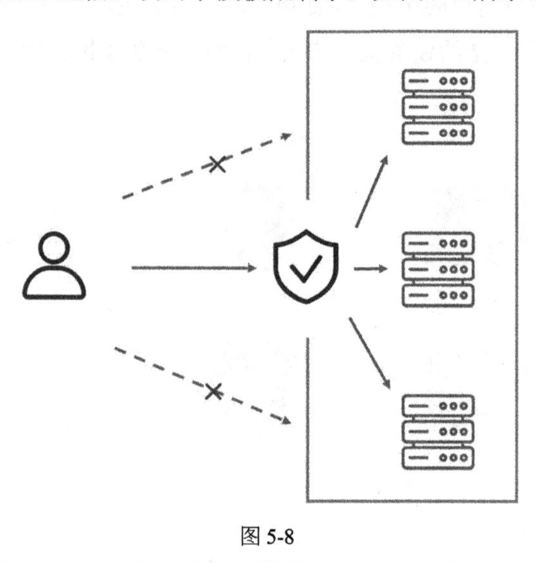

图 5-8

再次，零信任可以实现终端安全的闭环。敏感数据是被隔离的，只能在沙箱内访问，攻击者难以将高价值的数据拿走。

最后，即便攻击者入侵了一台服务器，也无法以此为跳板继续进行横向攻击。零信任的微隔离技术可以实现服务器之间的访问控制。攻击者在入侵了一个服务器后，扫描不到同一网段的其他服务器，因为其他服务器上的微隔离 Agent 会拦截掉探测流量，如图 5-9 所示。

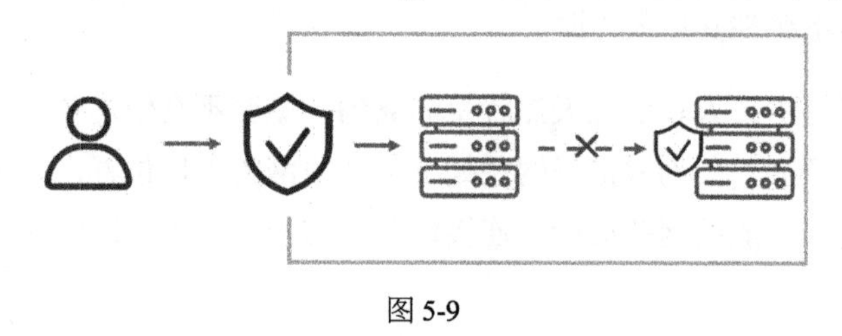

图 5-9

（3）**密码会泄露，但是零信任系统还会验证设备、人脸、行为。**首先，设备绑定和多因子认证是零信任必备的功能。在攻击者盗号后，零信任客户端会检测设备是否在可信名单中，用新设备登录会被视为可疑事件，触发一次多因子认证。在案例中，小黑没有 W 公司发给员工的可信设备，是无法直接登录 VPN 接入内网的。

对于一些特别重要的应用，零信任系统可以要求用户在首次登录时进行多因子认证，如人脸识别。有些特别重要的系统甚至可以要求客户端全程开启人脸识别，一旦用户离开座位或者有人在后面围观就自动断开连接。

其次，即使在身份验证环节蒙混过关，异常行为也会让他露馅儿。零信任系统可以识别异常行为，并且与业务层紧密结合，通过客户端和网关的配合，可以在发生异常情况时，触发二次认证，只有通过用户短信或人脸识别验证后才能继续通信。例如，用户 10 分钟前还在北京，10 分钟后登录位置突然变成了上海，这种异常的位置变化代表账号可能被盗了。这时，零信任系统会命令客户端和网关暂时中断通信，提示用户进行短信验证，通过之后，再恢复正常通信。在案例中，小黑的所有行为都会被持续监控，很多攻击行为都会被视为可疑事件，例如，入侵小乔的计算机后留下了可疑的进程，在扫描内网时访问行为具有强烈的规律性，短时间内大量下载源码文件等，这些行为都会触发二次认证，阻止小黑继续干坏事，同时引起小乔的警觉（图 5-10）。

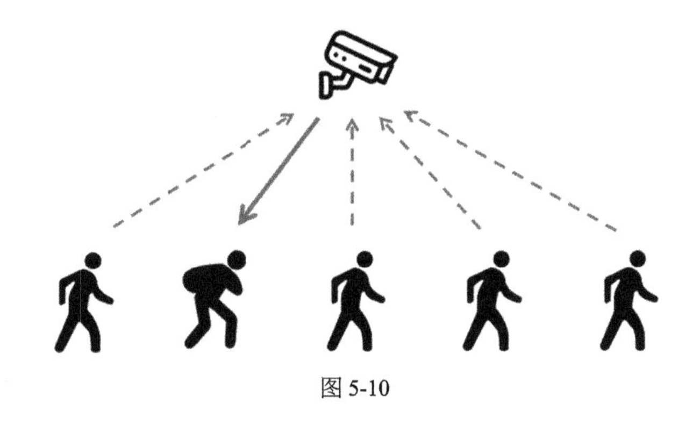

图 5-10

5.1.4 零信任防御效果

如果安装了零信任系统，那么小黑的进攻效果会大有不同。

（1）钓鱼阶段：爱玩的小乔还是会被钓鱼，下载木马。但是在小乔进入内网前，零信任客户端会主动检测设备的安全功能是否开启，设备是否处于安全状态，木马很快会被发现，继而被处理。

（2）传播阶段：零信任系统会通过隐身和隔离技术限制风险的传播，让小黑探测不到有价值的目标。零信任系统还会持续检测异常行为，触发多因子认证，封锁小黑的下一步行动。

（3）盗号阶段：小黑可以盗取账号和密码，但是无法通过设备认证和多因子认证，所以盗号也没用。

（4）窃取阶段：小黑在前几个阶段无法突破零信任系统对身份认证、设备认证、行为检测、网络授权等方面的限制，最终还是无法窃取到数据。

总之，零信任就是不相信任何人，通过安全框架弥补人的不可靠性，综合各类检测、认证和限制，让原本来去自如的攻击者寸步难行。

5.1.5 零信任的防御措施总结

案例中最有威胁性的两类攻击手段是设备入侵和账号窃取。

（1）设备入侵：通过植入木马，远程控制计算机，或者偷用未锁屏的计算机。

（2）账号窃取：暴力破解用户密码，或者通过钓鱼网站获取密码。

图 5-11 是零信任系统应对内部威胁手段的总结。

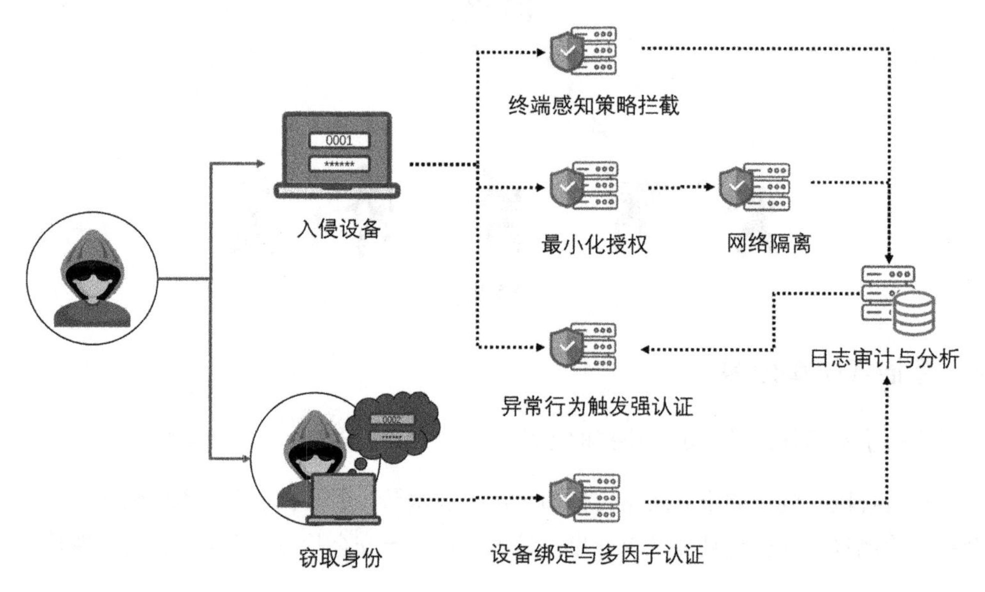

图 5-11

（1）账号窃取 VS 设备检测：对于被零信任系统保护的应用，在用户登录时不仅要验证账号和密码，还要检验设备是否可信，只有账号和密码无法登录。

（2）设备入侵 VS 设备检测：零信任客户端会检测计算机的安全状态，如果中了木马，或者开启了远程控制软件，或者未安装指定的安全软件，那么计算机会被评为低信任等级，无法接入零信任网络。

（3）设备入侵 VS 进程管控：零信任系统只允许合法的进程与零信任网关通信，未知的进程无法访问企业内部资源。

（4）设备入侵 VS 二次认证：用户在访问受零信任系统保护的高敏应用时会触发二次认证，通过人脸识别后才能进入。有些特别重要的系统甚至可以要求客户端全程开启人脸识别，人员离席或者有人围观就自动断开连接。

（5）设备入侵 VS 最小化授权：黑客只能访问攻陷的用户权限范围内的数据，越权行为会被网关拦截。

（6）设备入侵 VS 异常行为检测：从入侵点进行内网扫描、短时间内下载大量文件、半夜登录、活跃时间与平时不同等异常行为都会被检测到，并触发阻断或强认证。

（7）设备入侵 VS 网络隔离：黑客即使入侵了内网服务器，也无法横向攻击其他服务器。因为零信任网络是默认拒绝互连的，黑客扫描不到没有授权的服务器，服务器都藏在零信任网关后，若没有授权，则无法连接。

5.2 从 4 次黑客大赛看 SDP 的战斗力

前文在介绍零信任历史时，提到过 SDP 在诞生之初就经历过 4 次黑客大赛。国际云安全联盟（CSA）组织了上百个国家的黑客参与黑客大赛，每次都设置 10 万美元的奖金，就是为了给 SDP 架构挑毛病。结果令 CSA 失望的是，4 次比赛，没有一个人攻破防御，但这很好地证明了 SDP 架构的安全性。目前很多厂商都采用 SDP 架构来实现零信任产品。

下面分别介绍 4 次黑客大赛的具体比赛过程、每次比赛的专题，以及 SDP 是如何防御这些攻击的。

5.2.1 第一次大赛：模拟内部攻击

在 2014 年的 RSA 大会上，CSA 举办了第一次 SDP 黑客大赛。比赛规定，任何人只要能登录 SDP 网关保护的目标服务器，获取服务器上的一个指定文件，就算成功，可以赢得奖金。

在大赛开始前，CSA 向黑客们介绍了 SDP 的架构、SDP 三个组件的工作流程、比赛环境的网络结构等，向黑客们提供了 SDP 客户端软件安装包，这样，黑客们就拥有了企业的内部人员拥有的信息，所以这次大赛相当于在模拟来自内部的攻击。比赛中的 SDP 网络架构如图 5-12 所示。

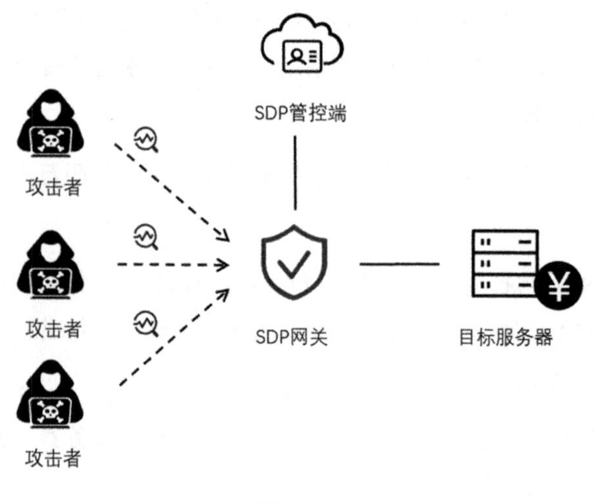

图 5-12

这次比赛是 SDP 的第一次亮相，黑客们对 SDP 还不熟悉。所以，对于攻击服务器，黑客们的第一个想法就是扫描漏洞。比赛持续了一周的时间，黑客们不断地发起端口扫描。比赛结束时，CSA 检查了目标服务器的监控日志，发现没有任何一个黑客成功连接到目标系统。

因为 SDP 网关只允许合法用户连接，其他任何探测都会被拦截。所以，黑客们的扫描估计都被网关拦截掉了。事后统计，在这次比赛中，黑客们共发起了超过 100 万次端口扫描，大多数攻击来自阿根廷。

5.2.2 第二次大赛：抗 DDoS 攻击

在第一次比赛结束后，CSA 明显意犹未尽。在同年的 IApp-CSA 大会上，CSA 组织了第二次黑客大赛。这次比赛规定，拿到目标文件或者让 SDP 瘫痪，都算成功，都可以赢得奖金。

因为上次黑客们都没找到攻击目标，即 SDP 多层防护的第一层都没有被攻破，所以这次 CSA 特意提供了 SDP 各个组件的 IP 地址作为攻击目标。另外，CSA 还提供了一个与攻击目标一模一样的参照环境，如图 5-13 所示。黑客们可以随意研究 SDP 的工作原理。

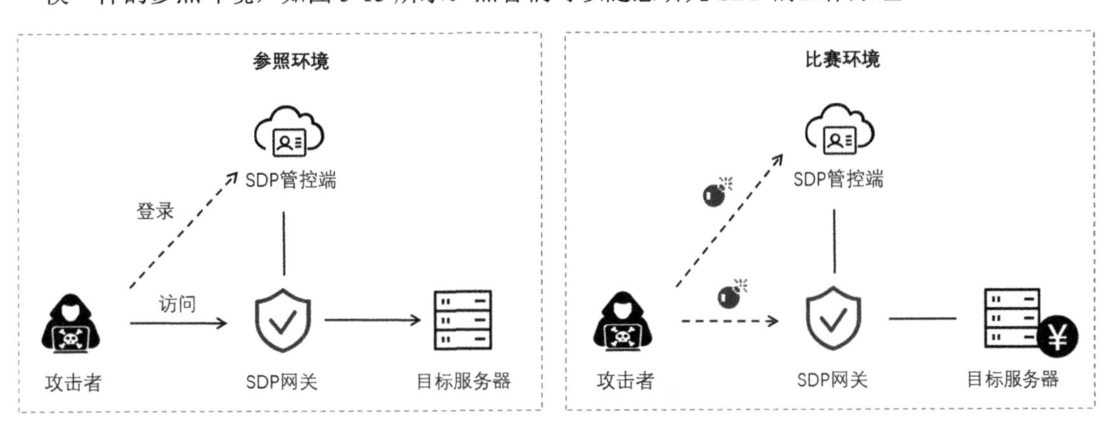

图 5-13

因为 CSA 给出了组件的 IP 地址，所以这次很多黑客采取了 DDoS 攻击，不过 SDP 网关还是扛住了全部攻击。被 SDP 保护的端口只会向合法用户的 IP 地址动态开放，对非法用户来说，端口始终是关闭的。这样，SDP 就屏蔽了所有来自攻击者 IP 地址的请求。

比赛持续了一个月，这次还是没人挑战成功。事后统计，本次共有来自 104 个国家的黑客发起了 1100 万次攻击，大多数是 DDoS 攻击，当然也有端口扫描和直接针对 443 端口的定向攻击，这些攻击大多数来自美国。

5.2.3 抗 DDoS 攻击的小实验

DDoS 攻击是一种经久不衰的攻击技术。攻击者通过调集众多“肉鸡”向目标发送大量数据包，造成目标的网络阻塞或服务器资源耗尽，从而导致合法用户被拒绝服务。常见的 DDoS 攻击有三种。

（1）HTTP 攻击：与服务器建立大量 HTTP 连接，让服务器耗尽精力，无力服务于正常用户。

（2）TCP SYN 攻击：通过向服务器发送大量 SYN 包，让服务器始终处于等待状态。

（3）UDP 反射攻击：伪造 UDP 请求并发送给第三方 DNS 或 NTP 服务器，把 UDP 包中的发起者改为攻击目标的 IP 地址，让第三方服务器反射并放大自己的攻击，对攻击目标造成大量冲击。

SDP 针对三种攻击的防护机制分别如下。

（1）HTTP 攻击：SDP 根本不与非法用户建立 HTTP 连接。

（2）TCP SYN 攻击：SDP 通过简单的计算就可以把所有非法 SYN 包直接丢掉，消耗的资源可以降低几个数量级，不会产生等待。

（3）UDP 反射攻击：SDP 可以对一些非公开的 DNS 或 NTP 进行保护，避免恶意 UDP 包触达这些服务。

在第二次比赛后，CSA 还特地做了如下两个回合，具体说明 SDP 是如何抵抗 DDoS 攻击的。

下面通过模拟的 SYN flood 攻击，看看 SDP 的真实防护效果。

实验环境是这样的：4 台虚拟机，一台是“好人”，一台是黑客，一台是 SDP 网关，一台是被保护的系统；一个流量监测工具，始终监测 SDP 网关和被保护系统上的流量。

1. 第一回合：关闭 SDP 网关

SDP 网关配置了转发逻辑，可以将流量转发到被保护的系统上。在不开启 SDP 拦截功能时，黑客和“好人”都可以通过 SDP 网关访问到被保护的系统，如图 5-14 所示。

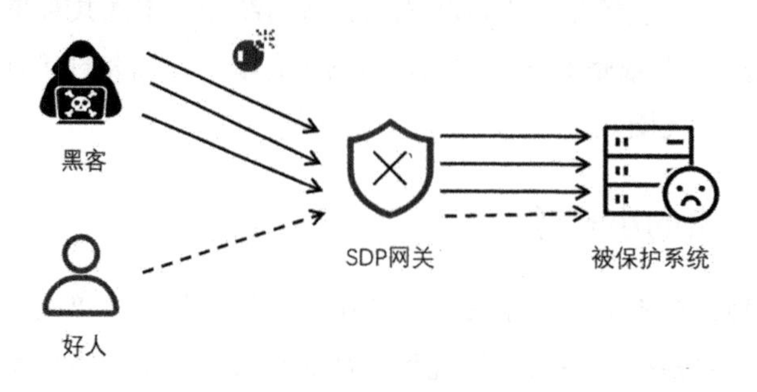

图 5-14

当黑客大量发起流量后，SDP 网关完全被黑客的流量占据，被保护的系统也被流量淹没。大量的服务器资源都被黑客占用，相当于服务器已经瘫痪了，根本无法与系统建立连接。

2. 第二回合：开启 SDP 网关

当开启 SDP 网关后，由于黑客没有合法的用户身份，没有 SDP 客户端，所以黑客发起的流量是无法通过 SDP 网关的。SDP 网关会检测流量包中是否存在合法的身份标识，将一切不合法的包都丢掉，不再转发。所以，当黑客开始攻击后，流量只能到达 SDP 网关，攻击完全接触不到被保护的系统。在 SDP 网关的保护下，被保护系统能正常工作，“好人”能正常连接服务器，如图 5-15 所示。

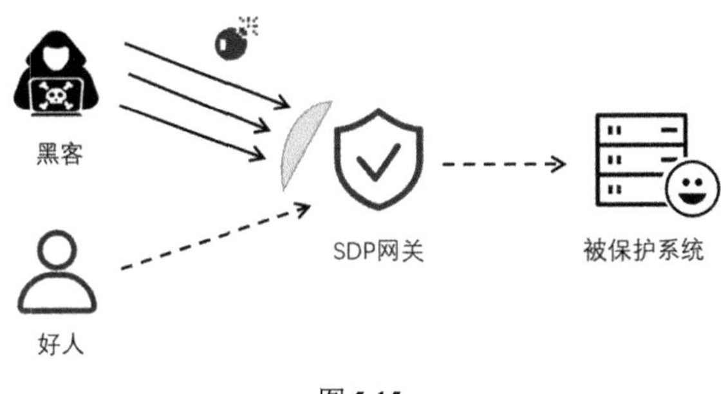

图 5-15

普通系统在收到 TCP SYN 后会一直等待，而 SDP 会判断 SYN 包不合法，然后直接扔掉不再管它，不会消耗过多的性能。

从上面的实验可以看出，SDP 网关确实具有一定的抗 DDoS 攻击效果，可以让合法用户不受黑客攻击的影响。

目前，SDP 在抗 DDoS 攻击行业已经有了一些落地应用。有一些做 CDN 的企业已经开始利用类似的技术增强抗 DDoS 攻击能力，在无法直接使用 SDP 客户端的场景下，通过在流量中增加身份标识的方式，达到类似的效果。

当然，如前文所说，SDP 只是提升抗 DDoS 攻击效率的手段之一。在对抗超大规模的 DDoS 攻击时，还需要配合流量清洗、动态扩容等常规手段。

5.2.4 第三次大赛：防伪造防篡改

在 2015 年的 RSA 大会上，第三次 SDP 黑客大赛开始了。难度再次降低，不但提供之前提供过的所有信息，还提供了一组账号和密码。当然，只有账号和密码是不能登录的，这次 SDP 还开启了设备验证。所以，这次相当于黑客只需要攻破 SDP 的设备验证机制就能挑战成功。

SDP 是通过 SPA 包中的设备信息来校验设备的。为了降低难度，CSA 还提供了一个合法的 SPA 数据包。这个 SPA 数据包是登录过程中在服务器端捕获的。也就是说，如果能破解这个数据包，把包里的设备信息替换成自己的，基本上就可以入侵目标服务器了。

比赛持续了一周，即便给出这么多信息，依旧没有人成功入侵目标服务器。比赛期间共探测到了数万次针对SDP管控端的网络攻击。在CSA给出的报告中，来自中国的攻击次数最多，部分国家的数据如图5-16所示。

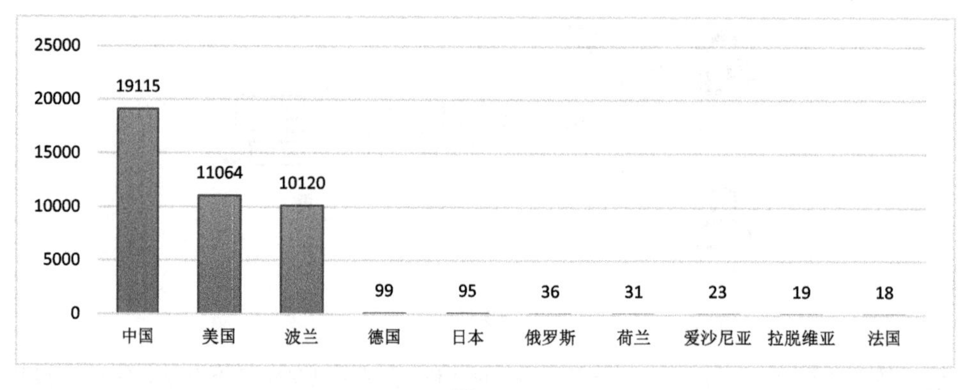

图5-16

其中，有3551次攻击，黑客们已经构造了正确的数据包格式，插入了自己的账号和设备ID，但是他们忽略了加密证书，还是没有攻击成功。服务端会对用户发出的SPA包进行加密签名校验。SDP用户只有使用自己专用的加密证书，才能通过校验。黑客们无法伪造设备上独特的加密证书，也就无法伪造数据包中的数字签名。签名检验未通过，还是无法建立TCP连接。

5.2.5 第四次大赛：高可用性测试

经过前三次大赛，CSA认为SDP的安全性已经得到很好的证明——SDP足以抵抗大部分黑客的攻击。所以，到了2016年，CSA改变了测试方向，在RSA大会上举办了第四次SDP黑客大赛，这次主要是测试SDP的高可用性。

如图5-17所示，本次SDP网关部署在两个云端环境上，共同守护一个环境。用户的访问流量可以通过任意一个云端转发至最终的业务系统。所以，SDP只要保证有一个网关存活，就可以保证整个业务系统的高可用性。黑客同时"打瘫"两个网关，才会导致业务系统中断。

在这次比赛中，191个攻击者发起了上百万次攻击，业务系统没有发生一次中断。事后统计，本次的攻击者大多来自美国。这次比赛证明了CSA的SDP高可用架构还是相当成功的。

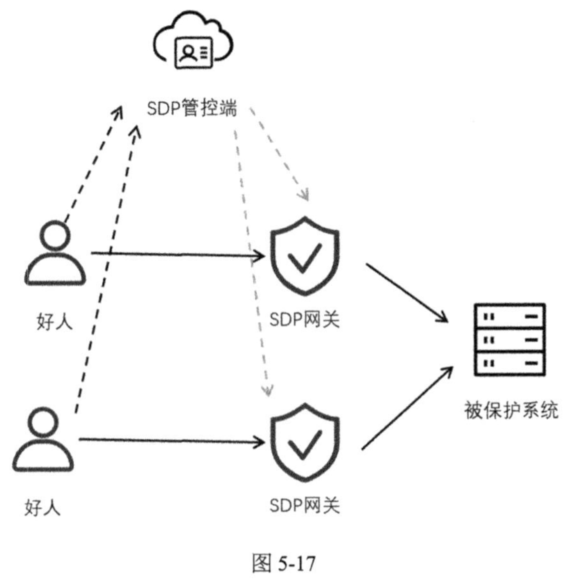

图 5-17

5.2.6 SDP 的五重防御体系

为什么 SDP 能抵抗这么多黑客的攻击？CSA 发过一份报告，总结了他们专门为黑客大赛准备的 SDP 五大防御机制（不过很可惜，经过四次比赛，连第一层都没被打破）。

1. SPA（单包授权认证）

SDP 网关只有在接收到客户端发出的 SPA 包并验证合法之后，才对该客户端的 IP 地址开放指定端口。具体原理在第 3 章已有介绍，此处不再赘述。SPA 技术可以屏蔽绝大多数非法用户的网络攻击，让漏洞扫描、DDoS 等攻击方式失效。

2. MTLS（双向认证）

SDP 网关与 SDP 客户端的通信是加密的，而且是双向认证的。网关和客户端都要安装加密证书，MTLS 要求网关和客户端互相检查对方的证书是否合法。双向认证可以有效对抗中间人攻击，由于黑客没有用户证书，即使监听、拦截了通信流量，也无法伪装成用户与服务器通信。

3. 动态防火墙

经过 SPA 认证后，网关会放行指定端口。但端口放行是暂时的，如果几秒内没有操作，端口就会自动关闭，最大限度提高防护强度。

4．设备验证

SDP 不止验证用户身份，还要验证用户设备。设备的验证包括设备健康状态的验证和设备证书的验证。SPA 包中会记录设备信息，当 SDP 网关验证 SPA 包时，会同时检查设备安全状态和设备证书是否合法，保证只有合法设备才能建立连接。

5．应用绑定

用户只能访问有授权的应用。SPA 包中会记录用户本次申请访问的应用，如果申请访问的是没有授权的应用，SDP 网关就会拦截这次访问，不开放端口，不允许该用户与未授权应用连接。这符合“最小化授权”原则，保证了威胁无法横向蔓延。

5.3 零信任 VS 勒索病毒

勒索病毒是近年来最流行、最恐怖的安全威胁。最早大规模流行的勒索病毒叫 WannaCry，翻译成中文就“想哭”，因为一旦“中招”，整个主机中的数据文件都会被加密，除非交付赎金，否则文件会一直被锁着，其中的敏感数据可能被公开。

勒索病毒之所以会流行，主要原因就是企业网络普遍缺少访问控制机制。零信任架构正是访问控制方面的神兵利器，可以缩小攻击面，降低勒索病毒带来的危害。下面将详细地从勒索病毒的原理开始剖析，介绍如何用零信任架构对抗勒索病毒。

5.3.1 勒索病毒介绍

最早的勒索病毒起源于美国国安局，原本是官方武器库的一个攻击工具。一个叫“Shadow Broker”的黑客组织在从美国国安局的下属单位窃取数据时，偶然发现其中竟然包含了一些黑客工具，就直接公开到了互联网上。

公开之后，有黑客发现了这些宝贝，开始基于这些工具开发勒索病毒，进行敲诈勒索。第一批人尝到甜头之后，越来越多的人开始效仿，开发变种病毒。从此，勒索病毒便一发不可收拾，开始席卷全球。

勒索病毒如图 5-18 所示。中了勒索病毒之后，服务器上的文件会被加密，无法打开。病毒在完成加密后，会在界面上弹出勒索信息：你的文件都被加密了，只有拿到私钥，才能解密，支付几个比特币的赎金，就给你解密的私钥。这种加密的破解难度很高，所以很多公司在无可奈何之下，只能选择支付赎金了事。

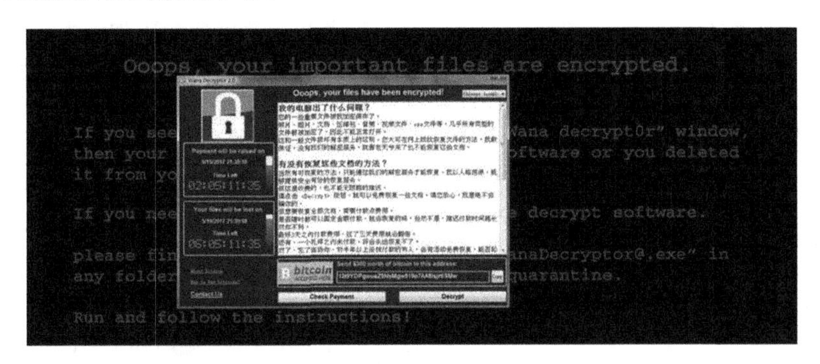

图 5-18

5.3.2 勒索病毒为什么能肆虐

1. 病毒变种多，难以查杀

勒索病毒的变种非常多，变化非常快。杀毒软件一般通过与已知病毒库进行特征对比来发现病毒。新开发的病毒的特征没那么快进入病毒库，所以对于很多新病毒，杀毒软件是识别不出来的。一般勒索病毒的开发者在发布病毒之前，会自己测试一下，确认常见的杀毒软件杀不了，才展开攻击。所以，面对勒索病毒，现有的防病毒手段难以奏效。

2. 传染性极强

勒索病毒可以通过漏洞传播，有用户使用盗版系统，补丁更新不及时，导致漏洞广泛存在。当用户中毒后，勒索病毒会自动扫描其他设备的漏洞，所以传播性极强。

3. 病毒开发者难以追踪

病毒勒索一般是用比特币结算的，比特币是去中心化的，没有一个总服务器可以查询账户对应的个人信息，所以基本追踪不到黑客本人。世界上有这么多勒索病毒，但是没有几个开发者落网。因其风险低但收益高，所以研究勒索病毒的人越来越多。

5.3.3 勒索病毒传播原理

勒索病毒可以通过漏洞、邮件、程序木马、网页代码等形式传播，其中，通过漏洞进行传播是勒索病毒最常见的传播方式。勒索病毒扫描网络中存在漏洞的设备，然后利用漏洞入侵设备，进行自我复制，在设备上站稳脚跟后，开始加密勒索，或者继续传播。

最早的勒索病毒只是一个软件，现在勒索病毒技术越来越强大，已经变成云服务了，如勒索软件即服务（Ransomware-as-a-Service，RaaS），云服务让勒索病毒更加强大。例如，加密所用的密钥是从云端获取的，勒索信息在后台可以实时编辑等。勒索病毒的入侵、传播流程如图5-19所示.

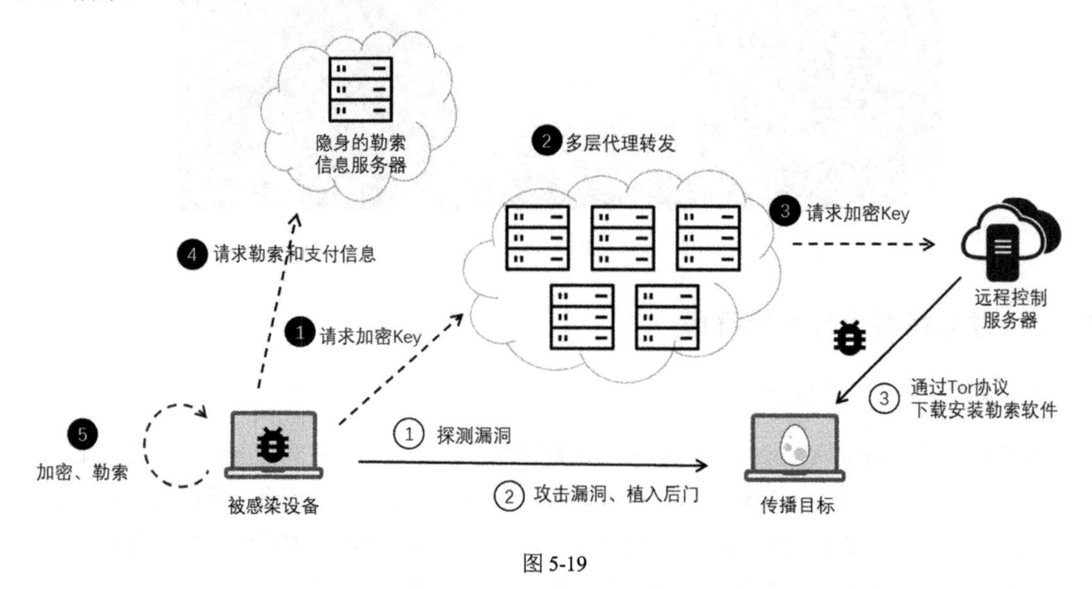

图 5-19

图中空心圆圈的序号代表对传播目标的入侵过程。被感染的设备通过探测漏洞找到传播目标；通过攻击漏洞的方式，植入后门，控制目标；最后从远端服务器下载病毒软件实施勒索。

图中实心圆圈的序号代表病毒与服务器端交互并实施勒索的过程。勒索病毒先通过多层代理连接远程服务器，获取加密用的密钥；然后从勒索信息服务器获取本次要展示的勒索信息；最后开始实施文件加密，展示勒索信息。

下面对重点内容进行详细介绍。

1．传播目标

从操作系统方面看，Windows 和 Linux 都是传播目标，重灾区是 Windows XP、Windows 7 等老旧操作系统。虽然微软官方已经不再维护这些老旧的系统了，但是仍有很多企业在使用它们。勒索病毒一旦进入企业网络，“一打一个准”。

个人计算机和企业服务器都是勒索病毒的目标，企业服务器多暴露在公网，所以比个人计算机更容易被攻击。

2. 入侵过程

勒索病毒攻击一般始于网络端口扫描。在找到网络内高价值服务器、数据库后，利用漏洞进入目标服务器。著名的勒索病毒 WannaCry 就是利用 Windows 的 SMB 协议（文件共享）的漏洞进行传播的。SMB 协议的端口是 445，勒索病毒最早在国内开始传播时，主要就是利用 445 端口进行攻击的。当时，国内已经出现过多次利用 445 端口传播的蠕虫病毒了，所以部分运营商已经对个人用户封掉了 445 端口，但是教育网并无此限制，存在大量暴露 445 端口的计算机，因此第一批受害者多为高校。

在扫描 445 端口、发现 SMB 漏洞之后，就能在计算机里执行任意代码，植入后门程序，然后继续扫描传播。WannaCry 使用 Doublepulsar 后门程序向目标计算机传输木马和其他工具，远程安装并运行。传输木马的过程是加密的，以避免被安全设备检测到。有些勒索病毒还带有暴力破解功能，以解决入侵过程中需要账号和密码的问题。

3. 其他入侵手段

除了 SMB 漏洞，僵尸网络、银行木马等与勒索病毒的合作也越来越多，例如，名为 MegaCortex 的勒索病毒会通过 Qakbot 银行木马传播，Ryuk 勒索病毒会通过 Trickbot 银行木马传播。甚至有人会在“暗网”招收不同地区的代理进行合作，利用 RDP 弱口令渗透、钓鱼邮件、软件捆绑、漏洞等多种手段传播木马。例如，STOP 勒索病毒会藏匿在激活工具、下载器、破解软件中，“微信支付”勒索病毒会伪装成“薅羊毛”软件等。

4. 获取密钥

勒索病毒在利用漏洞入侵目标后，要先从自己的服务器端获取密钥，才能加密受害设备上的数据。这是因为勒索病毒的加密算法一般比较复杂，需要获取密钥才能进行加密。而且为了保证一定的复杂度，需要对每个用户使用不同的密钥，否则一个受害者破解了密钥，其他人就都得救了。

为了隐藏自己，勒索病毒与服务器端通过 Tor 协议进行通信，或者经过多层代理服务器进行通信，这两种方式都可以防追踪，避免服务器被别人发现。所以，WannaCry 在利用后门进入目标计算机后，第一件事就是安装一个 Tor 客户端，再通过 Tor 客户端与自己的服务器通信。勒索病毒会上传当前设备的信息，如系统版本等，勒索病毒服务器根据设备信息来判断使用什么样的加密方式和密钥。

5．收集目标文件

在进行文件加密前，勒索病毒还会进行一些准备工作。例如，停掉数据库和服务器，释放其所占用的资源，以便对这些数据进行加密；使用工具破坏服务器内的安全软件，如关闭Windows Defender。

勒索病毒一般会对被攻击计算机上的文件进行遍历，对比文件的扩展名，找到最有价值的数据进行加密。不同的病毒会以不同的文件为目标，WannaCry 的目标包括 Office 文档、代码、视频、图片、程序、密钥、数据库文件、虚拟盘等。

6．文件加密

勒索病毒的加密过程很快，通常会同时篡改受害者的文件后缀。例如，Rapid 病毒在对文件进行加密后，会添加.rapid 扩展名，并在每个文件夹中创建“How Recovery Files.txt”提示文件，让受害者知道如何付款。

加密后的各类文件无法正常打开，只有用加密密钥对应的解密密钥才能让文件恢复正常。当然，解密密钥是黑客生成的，只有收到赎金，他们才会把解密密钥发给受害者。

7．勒索信息

勒索病毒的最后一项工作就是展示勒索信息。例如，WannaCry 会在加密文件之后，运行锁屏程序，并进行重启，用户再次进入计算机时就会看到弹出的勒索信息。

比较讽刺的是一般勒索病毒的“体验”会做得特别好。例如，勒索信息支持多语言切换。做勒索病毒的人里面还有很多营销大师。例如，48 小时内未支付，赎金翻倍；不交赎金，则会将数据公开拍卖。企业即使有备份文件，为了数据不被泄露，也不得不交付赎金。勒索信息的展示界面如图 5-20 所示。

图 5-20

5.3.4 零信任怎么防御勒索病毒

防御勒索病毒无法单纯依赖杀毒软件，因为刚被开发出来的病毒未被病毒库收录，这时的杀毒软件是无法识别勒索病毒的。

既然无法杀死病毒，那么面对勒索病毒，最好的办法是做好防控。零信任是目前最好的做访问控制的安全架构，如图 5-21 所示。

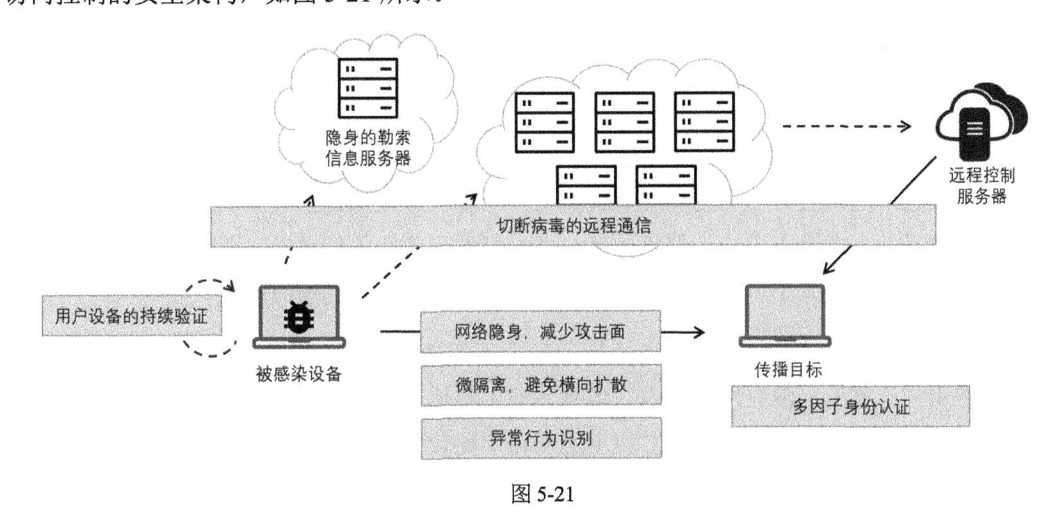

图 5-21

1. 网络隐身，减少攻击面

暴露在互联网上的端口，如 135、139、445、3389 等，非常容易成为勒索病毒攻击的目标。一旦运行在这些端口上的服务没有及时升级，就很容易被勒索病毒找到漏洞并进行攻击。

零信任架构的网关一般具备网络隐身能力，可以限制这些端口的暴露面，只对合法用户开放，对其他人关闭。勒索病毒发出的流量中没有合法的身份信息，所以勒索病毒的所有请求都会被拒绝。如果勒索病毒针对 445 端口发起攻击，那么会发现根本无法与 445 端口建立连接。对勒索病毒来说，零信任网关的所有端口都是关闭的，完全无法扫描到任何漏洞。

2. 切断病毒的远程通信

零信任系统可以对服务器的出口进行访问控制。服务器出口只开放真正需要访问的 IP 地址和端口，这样可以防止勒索病毒连接远端服务器下载密钥信息。勒索病毒无法获取密钥和其他工具，自然就无法进行后续的攻击了。

3．微隔离，避免横向扩散

零信任架构的微隔离技术可以实现服务器之间的访问控制。如果有一个服务器已经中毒了，那么我们应该做的是不让这个服务器传染其他服务器。

利用微隔离技术，可以为每个服务器建立访问规则，让服务器默认拒绝一切连接，只有少数身份合法且具备授权的服务器之间可以互相访问。特别是对于那些敏感端口，要清理服务器之间不必要的依赖关系，设置动态的、最小的权限策略。这样，就可以限制病毒的二次传播和横向蔓延。

4．用户设备的持续验证

零信任架构中通常会有一个客户端软件在用户计算机上定期扫描风险。勒索病毒通过钓鱼邮件、网页挂马等方式进入用户计算机，客户端一旦发现病毒入侵迹象，就立即通知管控平台和网关，将用户状态变为不可信。零信任网关立即阻断这个用户的所有连接，不再允许用户访问任何资源，直到用户清理完病毒为止。

如果在用户计算机上没有发现病毒，但是发现了其他安全漏洞，那么这个用户也会因为可信等级过低而被隔离。例如，用户计算机上的病毒库比较老旧，操作系统没有升级到最新版，开启了高危的服务端口，安装了没有签名的软件等。对于系统规定的安全选项，如果有一项没有满足，用户的信用分就会被扣 10 分，当用户的信用分低于 80 分时，就无法访问敏感数据；一旦信任分低于 30 分，用户就会被彻底隔离。

5．多因子身份认证

零信任架构包含身份认证系统，这相当于在业务系统外面又加了一层防护罩。用户必须先通过零信任的身份验证，才能获取权限连接到业务系统。

如果用户密码过于简单，勒索病毒就有可能通过破解密码直接获取系统权限，进一步传播。零信任的身份认证可以统一加强，例如，禁止用户使用弱口令，禁止不同端点使用相同或相似的密码。零信任系统可以增加多因子认证，例如，在用户登录时要求其插入 U 盾，在用户访问敏感数据前要求其输入短信验证码等。

6．异常行为识别

中了病毒的设备与普通设备在行为方式上有很大不同。例如，不停地探测身边的其他设备，寻找漏洞，传播病毒。当病毒入侵一个设备后，必然会创建新的管理员账号，并开始疯狂下载、复制各类攻击工具。

零信任架构中的用户行为识别系统可以检测到这种行为特征。当设备发生异常行为时，会立即触发一次强认证，病毒必然无法通过认证。此时，网关就可以对认证失败的设备进行隔离，阻断该设备的一切连接。整个事件会在后台记录，发出告警，安全运营团队可以及时找到异常设备，进行漏洞修复和数据恢复。

5.3.5 勒索病毒的其他补救方式

零信任系统的建设是一个逐步实现的过程，业务系统在全部接入零信任系统之前，怎样避免中招？

1. 重要数据定期备份

正所谓有“备”无患，对用户来说，有了备份，文件被勒索病毒加密了也可以快速恢复。但是对企业来说，单纯靠备份是不够的，如果勒索病毒攻进来了，业务办公就会受到严重影响，备份只能挽回数据损失，耽误的时间是无法弥补的。

在备份时，要注意最好采用远程异地备份，或者将备份文件存在一个单写多读的设备上，只能写入一次，可以多次读取，避免备份文件本身被感染。

最好定期进行应急演练，做足准备，才能保证在出现问题时快速恢复到正常状态。当然，如果你不希望有一天要靠备份文件重建系统，那么最好尽早建立零信任或类似架构。

2. 系统漏洞补丁自动升级

零信任网关可以有效地隐藏漏洞，但其实漏洞仍然存在，企业应该尽可能及时地安装补丁。

5.3.6 中毒后如何解除

对付勒索病毒的重点在于防，如果已经中招，而且是很老的病毒，那么可以尝试解除。

（1）在 MalwareHunterTeam 官网中上传病毒样本，确认病毒属于哪个家族。

（2）搜索相应的解密工具，例如，卡巴斯基等公司都推出过勒索病毒解密工具集。

如果是最新的病毒，那么可能是解除不了的。所以说，重点在于预防。

5.4 零信任 VS 黑客攻击链

典型的入侵行动需要一系列动作，包括前期准备、收集信息、利用漏洞入侵服务器、提升自己的权限、植入后门，以及进一步横向渗透。美国最大的军火商、顶级的“网络战”公司——洛克希德马丁公司对此做了总结，提出了“攻击链”模型。一次成功的黑客攻击一般会经历7个步骤。这7个步骤环环相扣，如图5-22所示。

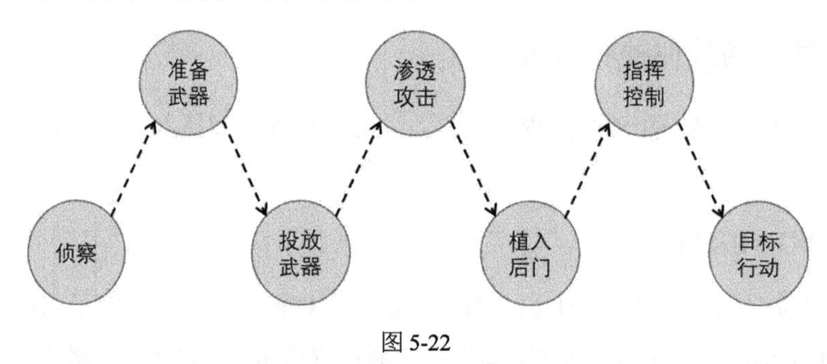

图 5-22

如果想阻止网络攻击，就必须打断攻击行动中的一步或几步。打断的步骤越多，攻击的成功率就越低。所以防守方一定要坚持纵深防御、层层设防。

最新一代的综合多层防御体系就是零信任体系。零信任体系可以从网络、用户、设备、行为等方面进行管控，在黑客攻击链的各个环节发挥作用。下面将按黑客攻击链的顺序，详细介绍黑客攻击的套路，每一步要如何防御，以及零信任体系在不同阶段如何发挥其独特的作用。

5.4.1 侦察

攻击行动的第一步是收集信息，了解目标的网络架构、暴露面，以及是否存在弱点。攻击者不一定从正面进攻，也可能找到防御薄弱的子公司、第三方等，从简单的攻击目标下手。

1. 收集信息

黑客可以从公开渠道收集信息，也可以直接去现场收集信息。收集信息的公开渠道如下。

（1）用 WHOIS 查询域名注册信息。

（2）在百度、谷歌和企业信息网站上搜索目标公司信息，查看公司官网及分公司信息。

（3）在 SHODAN 上搜索目标服务器信息。

（4）在知名的社区论坛搜索目标公司的信息。

现场收集一般通过内部人员协助、利用合作关系打听机密，或者直接混进现场，找那些没人看守的计算机，窃取信息。

2．踩点试探

收集完信息，下一步是打开公开的网站查看，或者直接扫描目标公司暴露的服务器。如果能进入现场，那么还可能从内部进行扫描。

（1）NMAP 扫描 IP 段和开放的端口。

（2）Banner 抓取信息。

（3）扫描目录。

（4）扫描漏洞（很多黑客都会缩小扫描范围、降低扫描速度，以防被发现）。

3．信息保密

针对攻击者的侦察行动，防御方应该做好保密工作，尽量不泄露公司的机密。公开渠道方面应该做的保密工作如下。

（1）不在招聘网站、微博上暴露公司机密。

（2）不在官网的错误提示中暴露服务器信息。

服务器的防探测措施如下。

（1）服务器上不必要的端口一定要关掉，端口开得越少，攻击者可以利用的入口就越少。

（2）采用蜜罐产品吸引黑客，转移攻击目标，让黑客暴露自己。

（3）带 IPS（入侵防御）的防火墙产品可以过滤一些威胁，监测黑客的扫描行为。

（4）一些黑客会通过 Tor 网络连接或多层代理跳转连接，可以结合威胁情报封锁一些已知的恶意 IP 地址。

4．零信任隐身

黑客之所以可以侦察到信息，是因为服务器对陌生人是默认信任的，只有发现异常才进行防御。而零信任的理念是默认不信任任何人，陌生人必须通过身份验证，才能看到服务器的信息。对没有合法身份的人来说，零信任网络是完全不暴露任何端口的。所以，在合适的场景下，零信任体系可以完美地对抗攻击者的侦察行动。

黑客一般会寻找有价值的目标下手。如果使用了零信任体系，那么正在寻找目标的攻击者会因为侦察不到信息转向其他目标。

5.4.2 准备武器

在知道目标的弱点后，黑客会针对目标的弱点准备攻击用的工具。如果想发动流量攻击，则还要准备“肉鸡”，如果要在现场进行入侵则还要准备假 Wi-Fi、窃听器等。

1. 攻击工具

下面是一些常见的制作攻击工具的方式。

（1）用 Metasploit 框架编写一些攻击脚本。

（2）在 Exploit-DB 上查询已知的漏洞。

（3）用 Veil 框架生成可以绕过杀毒软件的木马。

（4）用各类社会工程学工具制作钓鱼网站。

（5）其他如 CAIN AND ABEL、SQLMAP、AIRCRACK、MAL TEGOWEB App、WAPITI、BURPSUIT、FRATRAT 等不再一一说明了。

2. 防御工具

黑客可以准备攻击工具，我们可以准备防御工具。

（1）补丁管理：时至今日，大部分的攻击还是针对漏洞的。安装上补丁就没有漏洞了，没有漏洞就不会被攻击了。

（2）禁用 Office 宏、浏览器插件等工具。

（3）安装杀毒软件，部署防火墙。

（4）在 IPS 上设置检测规则，以便检测攻击行为。

（5）使用邮件安全产品，检测钓鱼邮件。

（6）敏感系统开启多因子认证。

（7）开启服务器的日志审计功能。

3. 零信任系统建设

建设零信任系统时需要部署客户端和网关，为后续防御攻击做好准备。

（1）建设零信任系统时需要部署网关，作为网络的统一入口。

（2）零信任系统一般会要求用户安装客户端，以便进行设备检测。

（3）提前收集数据，分析用户行为习惯，建立行为基线。

5.4.3 投放武器

投放武器指有针对性地将准备好的攻击工具、恶意代码输送至目标的网络环境内。

1. 投放方式

黑客常用的投放方式如下。

（1）网站：感染用户常用的网站，以便传播木马或病毒。

（2）邮件：在侦察阶段如果发现目标公司有合作伙伴，那么黑客可能伪装成合作伙伴发送邮件，邮件附带病毒。公司的“小白”员工很可能上当。

（3）USB：U 盘病毒越来越少见了。

2. 检测威胁

防守方可以部署各类安全设备检测和屏蔽黑客投放的攻击工具。

（1）邮件安全检测产品可以识别垃圾邮件，屏蔽来自恶意 IP 地址的邮件和没有合法数字签名的邮件，减少病毒的传播。

（2）上网行为管理产品可屏蔽恶意网站，避免员工随意下载。

（3）关闭 USB，或者不给用户管理员权限，可以避免大部分 USB 病毒传播。

（4）DNS 过滤。在 DNS 解析时过滤恶意域名，可以阻断病毒的外联通信。

3. 零信任感知

零信任系统可以通过检测和屏蔽等手段完善访问控制体系。零信任客户端持续对用户进行检测，检测合格才允许接入零信任网络。如果计算机上存在恶意代码或者可疑进程，零信任系统就会对用户的可信等级进行降级，信任等级低的用户不能连接敏感度高的业务系统，这样，就可以大大降低病毒、木马在企业内部传播的可能性。

5.4.4 渗透攻击

渗透攻击指黑客利用漏洞或缺陷触发已经投放的恶意代码，获得系统控制权限。

1. 入侵手段

黑客常用的入侵手段如下。

（1）缓存溢出攻击。

（2）SQL 注入攻击。

（3）运行木马、恶意软件。

（4）在客户端执行 JavaScript 恶意代码。

（5）供应链攻击，在上游产品中植入恶意代码，整合进目标企业的业务和产品。

2. 入侵防御

如果黑客已经进行到可以执行恶意代码这一步了，那么防守方剩下的防御手段也就不多了。

（1）DEP（数据执行保护）可以检测内存中是否有恶意代码正在执行。

（2）有些杀毒软件会监测内存，拦截恶意的利用漏洞行为。

（3）“检测沙箱”技术可以让软件在模拟环境里运行，通过分析软件的行为识别恶意软件。

3. 零信任管控

零信任系统可以通过对权限和流程的管控，实现对入侵行为的拦截。通过对接传统防御手段的告警拦截黑客入侵。

5.4.5 植入后门

植入后门指植入恶意程序或留下后门，即使漏洞被修复了或者系统重启了，黑客也可以利用后门来持续获得控制权限。

1. 后门程序

黑客常用的植入后门的方式如下。

（1）DLL 劫持，替换正常的 DLL，每次运行都会执行恶意操作。

（2）Meterpreter 或类似的攻击载荷可以在触发漏洞后返回一个控制通道。

（3）安装远程接入工具。

（4）修改注册表，让恶意程序自动启动。

（5）利用 PowerShell 运行恶意代码。

2. 防御方式

防守方应该采取下列措施，避免被植入后门。

（1）Linux 操作系统可以利用 chroot jail 隔离恶意程序，限制它的访问权限。

（2）Windows 操作系统可以关闭 PowerShell。

（3）建立应急响应机制，当发现威胁时，隔离设备，远程擦除设备上的信息。

（4）日常备份，在被入侵后可以恢复到正常状态。

3. 零信任防御

大部分零信任架构都会融入 UBA/EDR 方案，监控系统上是否有恶意程序、是否发生了异常行为、注册表是否发生改变。如果发现了入侵迹象，则记录日志并发出告警，严重时在零信任网关上执行相应的隔离策略。

零信任系统可以对用户设备和服务器上的进程进行管控。零信任系统只允许合法进程与合法 IP 地址通信，从而阻断恶意进程启动，或阻断伪装进程与远程控制服务器通信，打断攻击者的行动。

5.4.6　指挥控制

指挥控制（Command & Control，C & C）服务器是黑客的远端服务器，用于向已入侵的设备下发指令。

1. 建立通信

到了这一步，目标服务器已经完全被黑客控制了。黑客在目标服务器上建立与 C&C 服务器的加密通信连接，随时等待下一步指令。

2. 阻断通信

防守方可以通过限制异常通信的方式，阻断攻击链的“指挥控制”步骤。

（1）网络分段隔离可以限制设备的访问权限，阻断黑客的通信。

（2）通过异常行为日志及时发现攻击者和被入侵的设备。

（3）下一代防火墙可以拦截已知的 C&C 服务器的通信。

（4）有些 DNS 提供僵尸网络和 C&C 服务器的拦截功能，可以有效阻断利用 Fast-flux 技术躲避拦截的远程访问。

（5）利用下一代防火墙的应用层管控功能，阻断非必要的 Telnet、SSH、RDP、NetCat、PowerShell 的通信。如果确实需要，那么一定要给出 IP 地址白名单。

（6）黑客一般会对通信进行加密，使用 SSL 深度包检测（DPI）技术可以检测每个数据包的内容。

3. 零信任隔离

除了上述手段，零信任架构中的微隔离模块还可以对网络进行更细粒度的隔离。

（1）平时对设备和进程的访问权限通过白名单机制进行管控，默认不允许设备访问未知 IP 地址。即使服务器被黑客入侵了，恶意程序也无法与 C&C 服务器通信。

（2）被感染的设备被检测到后，会被完全隔离。只留一个端口用来确认设备是否恢复正常，正常后才能继续接入零信任网络。

5.4.7 目标行动

目标行动指黑客对目标开展直接的入侵攻击行为，窃取数据、破坏系统运行，或者在内网进一步横向移动。

1. 窃取、破坏

攻击者进攻的目的可能是获取金钱、窃取政治信息、从事间谍活动，或者进行内部恶意破坏等，大致步骤如下。

（1）拖库，窃取机密文件，窃取重点人员的邮件、聊天记录，窃取用户的账号和密码。

（2）篡改目标系统的关键信息。

（3）发展内部“肉鸡”。

（4）扫描整个内网，以受控主机为跳板，横向攻击更重要的系统。

（5）清理网络痕迹。

2. 防御手段

（1）DLP 数据泄密防护工具可以保护本地数据，禁止数据通过网络传输离开设备。

（2）UBA 可以分析用户试图窃取数据的行为。

3. 零信任检测

零信任的理念就是假设设备大概率会被入侵，所以任何设备都是不可信的，除非设备能证明自己是安全的。

用户的每一次访问请求都会被检测。当用户的访问请求到达零信任网关时，网关会对请求进行一系列检查。

（1）检查是否包含敏感数据，如果包含，则依据后台规则进行阻断或记录日志。

（2）检查此次行为与之前的用户行为习惯是否相符，如不相符，则立即触发强认证，用户需要输入短信验证码进行验证，才能继续访问其他资源。

零信任系统还会通过终端安全手段实现数据泄密防护。例如，敏感数据只能通过零信任的终端沙箱进行访问，不能离开终端的安全区域。

零信任系统还会对每个服务器做细粒度的访问控制，即使一个服务器被攻陷，也不会在内网大面积蔓延。

5.4.8 总结

攻击链不只是揭示黑客如何进攻的模型，还是安全规划的蓝图。对照攻击链模型，可以发现零信任架构是一个非常全面的防御体系，可以切断黑客攻击链上的多个关键节点。

（1）在侦察阶段，可以隐藏服务器信息，极大减少信息暴露。

（2）在准备武器阶段，可以针对对抗性进行准备，建立权限策略，学习用户习惯。

（3）在投放武器阶段，可以通过对设备可信等级的检测，及时隔离威胁，减少病毒和木马的传播。

（4）在渗透攻击阶段，可以通过对权限和流程的管控，实现对入侵行为的拦截。

（5）在植入后门阶段，可以通过对终端行为的检测，及时发现威胁并进行响应。

（6）在指挥控制阶段，可以通过白名单策略，默认阻断被入侵设备与远端服务器的通信。

（7）在目标行动阶段，可以通过微隔离手段限制黑客进一步的横向攻击。

5.5 攻防能力总结表

企业网络随时面临着各种各样的威胁，这些威胁可能来自漫无目的的脚本小子的探测，可能来自内鬼的泄密，可能来自攻击队的全面渗透。表 5-1 总结了常见的攻击手段，以及零信任防御体系的对抗策略。

表 5-1

攻击手段	零信任防御体系对抗策略
盗用账号	建立登录安全基线，当发现异地或新设备登录时触发多因子身份认证
窃取会话凭据	持续感知设备状态，单凭身份信息无法通过设备认证
窃取设备	通过最小化授权减少损失，当发现异常行为时触发人脸或指纹认证
暴力破解	监控用户登录行为，当发现连续多次发生认证异常时，锁定该用户的账号
社会工程学	持续进行身份认证和设备认证，在异常状态下触发带生物识别的二次认证
钓鱼木马	建立设备安全基线，持续进行终端安全检测，及时发现并隔离威胁 只有可信进程才能连接内网资源，木马无法接入零信任网络
勒索病毒	默认拒绝各个终端的互相访问，限制病毒的传播和扩散
越权访问	统一部署安全网关，集中管控访问的安全基线策略，拦截越权访问行为，统一审计分析访问日志

续表

攻击手段	零信任防御体系对抗策略
数据泄密	通过终端沙箱、RBI 等方式，配合屏幕水印、异常行为审计，减少数据泄露风险
违规操作	监控特权账号的一切行为，过滤与申请不符的高危命令。在进行可疑的高危操作前，要进行二次认证或得到上级审批
SQL 注入、跨站脚本攻击、目录遍历等	隐身之后不给非法用户进行 Web 攻击的机会，或与 WAF 结合进行防御
DDoS 攻击	SPA 技术快速丢弃非法的包，降低 DDoS 攻击危害，保证合法用户正常使用
中间人攻击	传输过程中使用双向证书认证，中间人无法假冒
重放攻击	传输过程使用随机数和时间戳抵抗重放攻击
漏洞探测	SPA 隐身技术默认不开放端口，避免攻击者随意进行漏洞扫描
内网扫描	只允许应用层接入，未授权的应用默认隐身。通过异常行为识别出高频、有规律的异常操作，并及时阻断
入侵后的横向攻击	实施微隔离策略，拒绝服务器与服务器之间的非法访问
服务器恶意代码	主机持续进行安全感知，设定安全基线、监控异常变化。只有合法进程能够运行，并且只能与授权的 IP 地址进行通信
挖矿病毒	监控设备安全状态和非法外部连接，及时隔离安全威胁
针对零信任系统的攻击	零信任系统自带的隐身防护，具备对常见网络攻击的防御能力
供应链攻击	零信任与安全开发流程结合，为代码和硬件赋予身份。只有可信代码才能接入零信任网络

6

零信任的应用场景

目前，远程访问是零信任落地最广泛的场景，但零信任能做的远不止于此。本章综合了国内外众多企业的经验，总结了 10 大类 24 小类零信任落地场景，按照用户和保护资源的不同，可以进行细分，如表 6-1 所示。读者可以根据企业自身的情况，探索更多可能。

表 6-1

场景名称	细分场景特点	用　户	资　源
安全远程办公	PC 远程办公（VPN 的替代或共存）	移动办公、出差员工	企业的业务系统
	多数据中心统一访问	内部员工	多云、多数据中心业务系统
	两地双中心部署	内部员工	多个中心的业务系统
	PC 远程访问敏感业务（数据泄密防护、与云桌面结合）	移动办公、出差员工	敏感业务系统
	内外网统一访问控制	移动办公、内网办公	内网业务系统
	手机/PAD 业务办理	内部员工	App 服务器
	钉钉/企业微信 H5 应用访问	内部员工	H5 应用办公系统
多租户统一接入平台	分支机构互联网统一收口	分公司、零售门店、服务网点员工	企业的业务系统
	二级单位的多租户管理平台	二级单位员工	二级单位及总部的业务系统
	并购企业加速整合	总部和并购企业员工	总部和并购企业的业务系统
	B2B2C 模式	中小企业	中小企业的业务系统
第三方人员的轻量级接入门户	第三方人员接入	供应商、外部审计人员、外包驻场人员	业务系统
零信任的旁路模式	旁路部署的安全访问控制	内部员工	业务系统
	2C 场景	C 端用户	C 端业务系统

续表

场景名称	细分场景特点	用　　户	资　　源
零信任数据安全	大数据平台的数据访问	内部员工、业务服务器	敏感数据
云上应用的防护	业务迁移到云端	内部员工	IaaS、PaaS 业务系统
	SaaS 应用的防护	内部员工	SaaS 业务系统
API 数据交换的安全防护	Open API 调用	第三方服务器	API 服务
	内部 API 调用	内部业务服务器	API 服务
物联网的安全防护	物联网网关的安全防护	物联网设备、物联网网关	物联网平台应用
	智能终端的安全访问	物联网设备	物联网平台应用
等保合规	等保整改和测评	内部或外部用户	业务系统
安全开发运维	安全运维访问（特权访问管理）	运维人员	服务器、数据库等
	DevOps	开发、运维、测试人员	业务系统

6.1 员工安全远程办公

零信任最典型的应用场景就是远程办公。传统的 VPN 接入方式已经不再适用于当今复杂、危险的网络环境。本节将介绍如何利用零信任架构实现更安全的远程办公。

6.1.1 常见的远程办公方式

当今，远程办公逐渐普及。企业为了让员工在家访问企业的业务系统，可能部署 VPN、云桌面，或者直接将业务系统开放在互联网上。

（1）直接开放在互联网上的方式比较危险，通常价值较高的业务系统是不会这么做的。业务系统直接暴露出来后，虽然可以使用 WAF、MFA 等进行安全防护，但始终还是树了一个靶子在外面。如果攻击者利用 0 Day 漏洞进行攻击，那么很可能造成严重的后果。如果只是公司内部人员有访问需求，则没必要开放出来。

（2）SSL VPN 是最主流的远程访问方式，员工可以通过 SSL VPN 接入公司内网。近两年，发生了不少 VPN 被攻击的事件，VPN 的安全性已经受到了广泛的质疑。当然，VPN 被诟病最多的还是连接速度和稳定性。

（3）如果企业有数据泄密防护需求，则会要求员工使用云桌面访问业务系统。员工在云桌面中可以编辑数据，但是无法带走数据。云桌面在数据的安全性方面是有保障的，但其自身可能存在安全漏洞。有些企业会将 VPN 与云桌面配合使用，员工先接通 VPN，才能连接云桌面。

6.1.2 VPN 的替代与共存

这里的 VPN 主要指企业员工接入内网的 VPN，不是 Site-to-Site VPN，也不是个人消费者的 VPN。

1. 对 VPN 安全性的担忧

VPN 本质上是网络设备，不是安全设备，因此远程接入成为很多企业网络安全体系的短板。近年来，也出现不少利用漏洞攻破 VPN 的案例。

为了方便用户连接，VPN 服务器必须在互联网上暴露一个开放的端口，持续监听用户请求。因此，全球的攻击者都可以不断尝试对 VPN 进行暴力破解、SQL 注入。攻击者可以利用漏洞入侵服务器，然后横向攻击内网的其他服务器。也可以在绕过用户认证后，直接窃取数据。

VPN 通常是一次性授权后不再校验，缺少对用户的异常行为分析，以及对设备的持续安全检测。一旦攻击者通过社工方式获取了用户身份，或者入侵了用户设备，就能直接进入企业内网窃取数据了。

2. VPN 的攻击套路

攻击 VPN 有很多种方法，图 6-1 列出了一些常见的攻击方法。

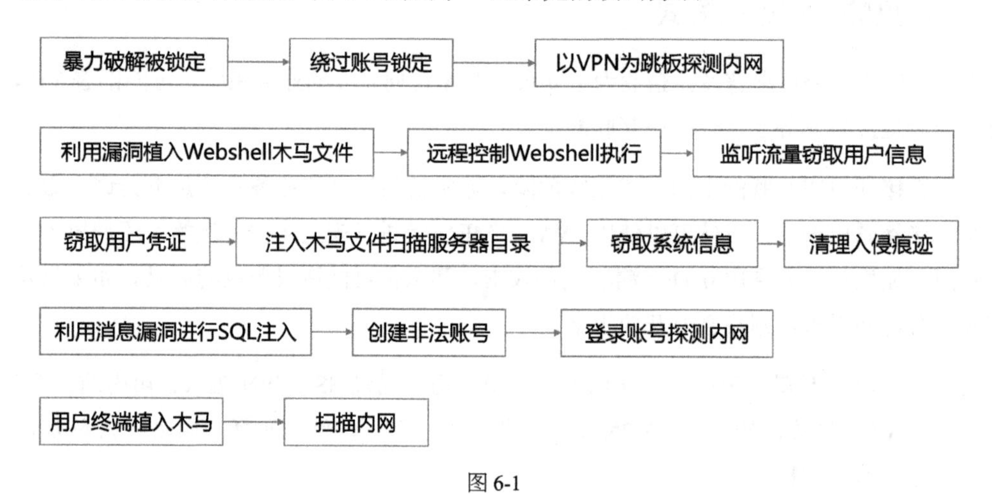

图 6-1

（1）SSL VPN 的登录页面是直接暴露出来的，如果没有多因子认证，只有账号和密码，那么可以直接进行暴力破解。当然，暴力破解是比较容易被发现的，管理员发现之后可以立即进行账号锁定。此时，攻击者还可以利用 VPN 的漏洞绕过账号锁定，继续利用窃取的账号探测企业内网。

（2）VPN 会对外暴露很多接口，攻击者可以利用漏洞，伪造请求包绕过会话和设备 IP 地址验证，在服务器上植入 Webshell，远程控制 Webshell 执行，在 VPN 服务器上监听往来流量，从中破解用户信息。

（3）攻击者可以利用漏洞窃取用户会话中的身份凭证，再利用窃取到的有效凭证直接与 VPN 建立连接。或者，利用身份凭证注入木马文件，探测服务器端的目录结构，探测是否存在弱密码，探测内部服务接口是否有漏洞。在找到有价值的系统信息后，直接拖库拿走。事后清理掉入侵的痕迹，让管理员难以查找。

（4）攻击者可以利用消息漏洞进行 SQL 注入，在 VPN 中给自己创建账号，利用非法创建的账号继续探测内网。

（5）攻击者可以在用户的计算机上植入木马病毒，当用户接入 VPN 时，木马自动开始扫描企业内网的资源。

总结上述入侵方法，可以发现入侵的关键步骤就是利用漏洞控制服务器端，再进行后续行动，如图 6-2 所示。

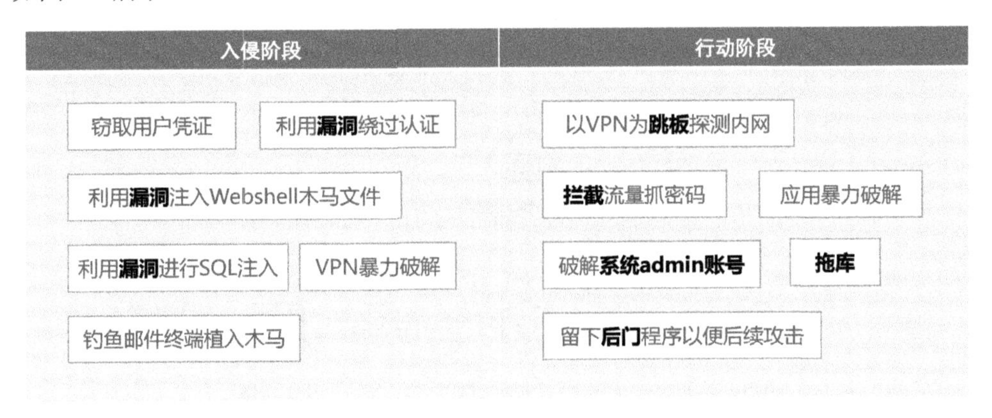

图 6-2

当发现漏洞后，可以修复漏洞，但谁也无法保证不会有新的漏洞。在修复漏洞后，攻击者再次成功入侵的可能性也很大。

3．零信任的安全性更强

从架构角度看，VPN 的安全性天生就有所欠缺，如图 6-3 所示。VPN 服务器端始终对外暴露 443 端口，而且数据面与控制面是在一起的。攻击者可以访问对外开放的端口（登录、验证、管理），随意研究对外开放的端口的漏洞（通过 SQL 注入、Webshell 注入、伪造请求包）。在入侵后，可以直接扫描目录、拖库和提权，如图 6-3 所示。

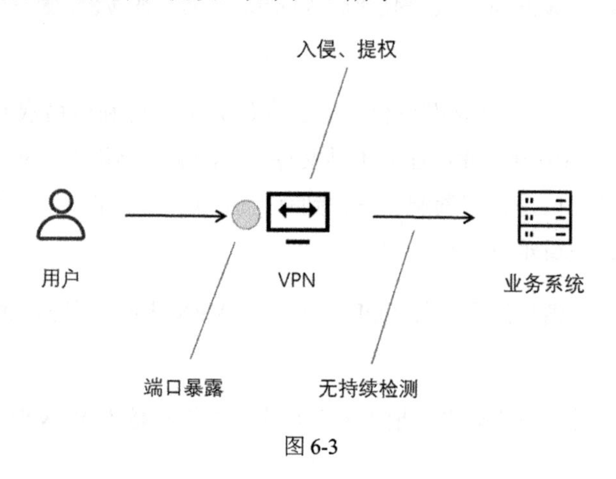

图 6-3

与 VPN 不同，零信任架构默认不开放任何端口，减少了被探测、漏洞被利用的可能性，如图 6-4 所示。管控平台与网关分开，可以减少入侵造成的损失，避免整体失陷。即使攻击者窃取了身份，在进行异常操作时，也会被发现。

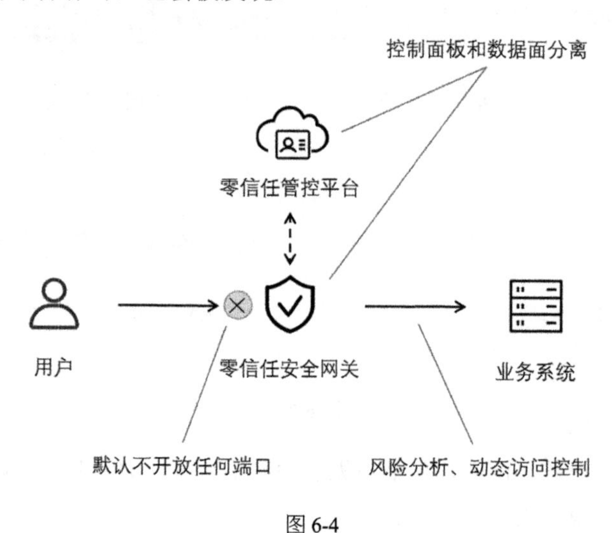

图 6-4

此外，零信任架构可以增强身份认证强度，持续检测终端环境是否安全，通过微隔离限制攻击者的横向移动，通过主机安全检测，及时发现并消除威胁。

4. 零信任能否解决 VPN 的性能问题

VPN 被用户诟病最多的就是性能和体验问题，很多企业都希望零信任系统能够彻底改变远程访问的体验。

零信任的安全网关包括 Web 代理和类似 VPN 的隧道网关。一般来说，Web 代理的处理能力比 VPN 强，可以支持更多并发。而且，Web 代理是短连接模式，不用建立隧道，在网络质量不高时不会导致会话全部中断，稳定性较好。Web 代理的集群和容器化方案也更加成熟，扩容更灵活方便。

如果将 UDP 作为隧道传输协议，那么理论上也会提升传输速度，可以在原本的 HTTP 之上封装一层 UDP 后，再发到网络上进行传输。由于 UDP 属于无状态的协议，所以理论上传输速度会比 TCP 更快。UDP 传输的可靠性可以通过底层的 HTTP 得到保障。

不过，VPN 经过多年的发展，本身也进行了很多优化，包括硬件的加速。除非采用 SASE 模式加入更多网络资源，进行全球负载，否则与零信任相比，VPN 目前还没有明显的性能优势。

5. 零信任支持多数据中心访问

用户需要切换 VPN 账号，才能切换连接的环境。如果用户需要访问企业的多个数据中心，用户体验就会比较差。而且，管理员要在不同环境之间同步策略，管理难度很高。

在这种场景下，零信任系统可以提供更好的体验。在每个环境都部署一个安全网关后，用户可以并行连接到多个环境。用户在登录后，会从管控平台收到每个应用与网关的对应关系，在访问应用时，可以直接将请求发送到相应的网关上，如图 6-5 所示。

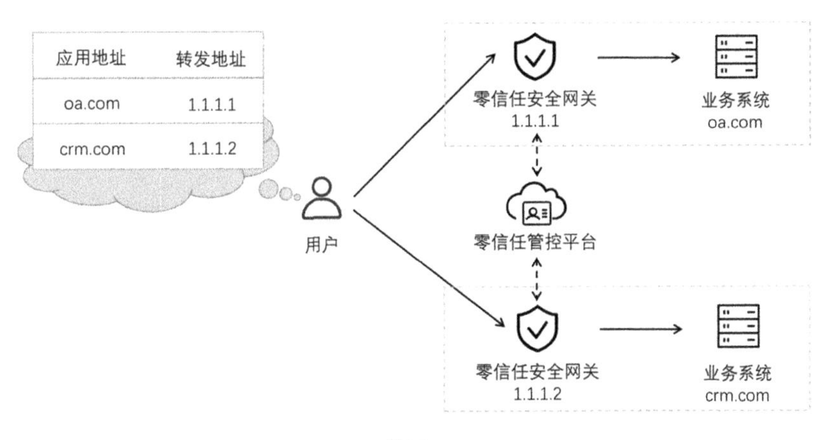

图 6-5

网关由统一的管控平台控制。管理员可以指定跨环境的访问控制策略，应用信息和安全策略统一下发到安全网关上执行。

6. 两地三中心的部署模式

很多企业都采用了两地三中心的部署模式，建立生产中心、同城容灾中心和异地容灾中心。在这个场景下，需分别在不同的数据中心各部署一个管控平台和安全网关，管控平台之间通过共用分布式存储完成数据同步，如图 6-6 所示。一个数据中心的互联网出口网络或零信任管控平台发生故障，用户可以在其他数据中心登录。根据需求不同，网关之间可以是双活或主备关系。在双活模式下，两个网关前部署负载均衡，两个网关之间做实时数据同步。在主备模式下，网关之间可以定期同步数据。

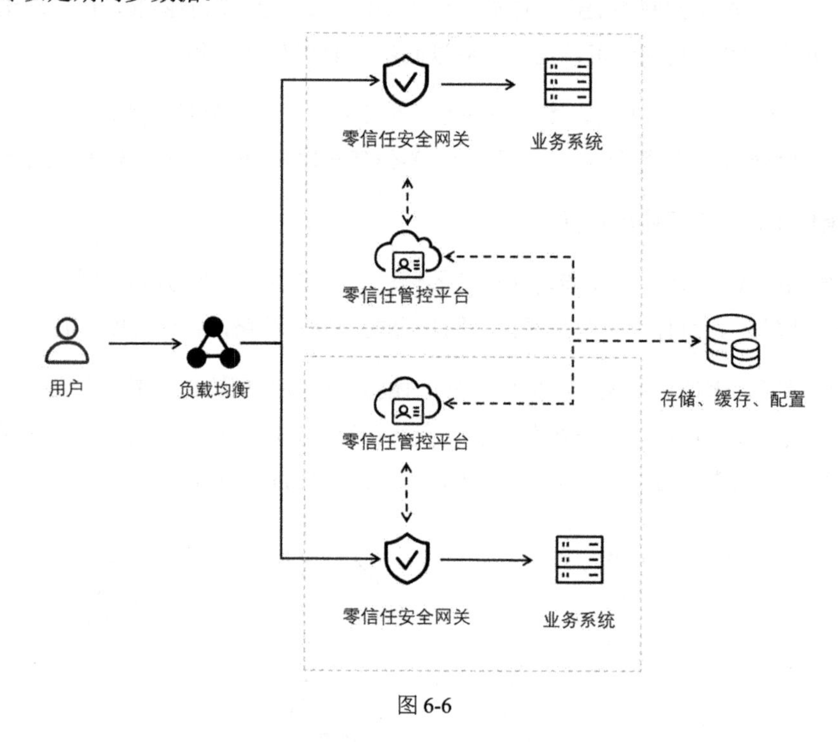

图 6-6

7. 替代前要考虑

零信任比 VPN 更安全、更灵活。但实际上，VPN 可能已经在企业中存在了多年，与整个网络安全体系的联系千丝万缕。在替换 VPN 之前，必须了解清楚现有的运行机制，了解与 VPN 相关的各类因素，了解替换后会造成什么影响。

（1）身份从哪来？零信任需要与权威身份系统对接，同步用户。

（2）要对接哪些安全分析平台？有些企业会依赖 VPN 日志进行风险分析。

（3）已有的 VPN 权限规则怎么导入零信任系统？

（4）有多少应用要兼容？

（5）要支撑多少人并发，零信任系统的处理能力和稳定性够不够?

（6）用户体验会不会变?

8．零信任和 VPN 共存

零信任在能力上足以替代 VPN，但不少企业已经在 VPN 上花了不少力气做测试、做优化、做联动，轻易放弃 VPN 是不合理的。有的企业受政策限制必须保留 VPN。因此，很多企业会选择先让两者共存一段时间。而且在 VPN 的授权过期之前，留备用方案是更加稳妥的做法。

如果用户同时安装了零信任客户端与 VPN 客户端，那么两者可能发生冲突。一种解决方法是让两者分别在不同的层工作，例如，VPN 通过虚拟网卡在网络层工作，零信任客户端使用代理机制在应用层工作。

如果保留两个端，那么用户会不知道什么时候用零信任，什么时候用 VPN。因此，最好先让一部分用户可以完全依赖零信任系统工作，即使卸掉 VPN 也不影响工作，再逐步让更多人和应用接入。

也有些企业选择利用零信任增强 VPN 的远程访问能力。用户先接通 VPN 进入企业网络，再通过无客户端的 Web 形式的零信任系统访问企业应用，整体形成双层防护，如图 6-7 所示。这里的零信任系统起风险分析与动态访问控制的作用。

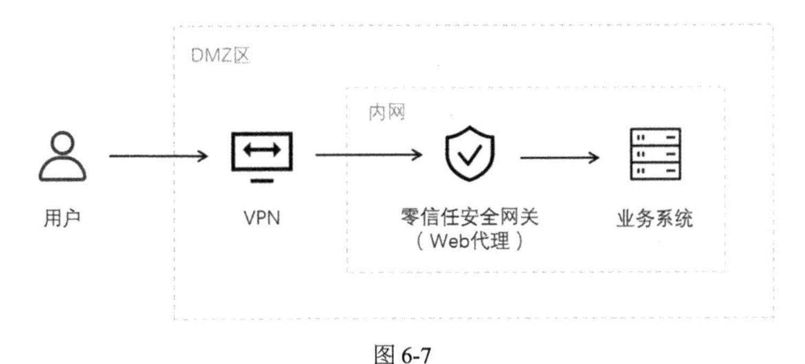

图 6-7

9. 遗留 VPN 的增强建议

如果企业选择让零信任与 VPN 共存，那么一定要对 VPN 进行必要的增强。同时连接互联网和公司网络时可能引入安全风险，如图 6-8 所示。

（1）及时安装补丁，修复已知的安全漏洞。

（2）选择安全的传输协议，不要选择 DES 加密算法和 TLS1.1 以下的协议。

（3）启用多因子认证。

（4）启用证书实现双向认证，防止中间人攻击。

（5）为 VPN 用户分配单独的 IP 段，便于限制其权限，也便于审计。

（6）开启登录位置检测。

（7）禁止用户之间互连（会导致运维变复杂）。

（8）不允许同时连接互联网和公司网络，避免黑客远程入侵。

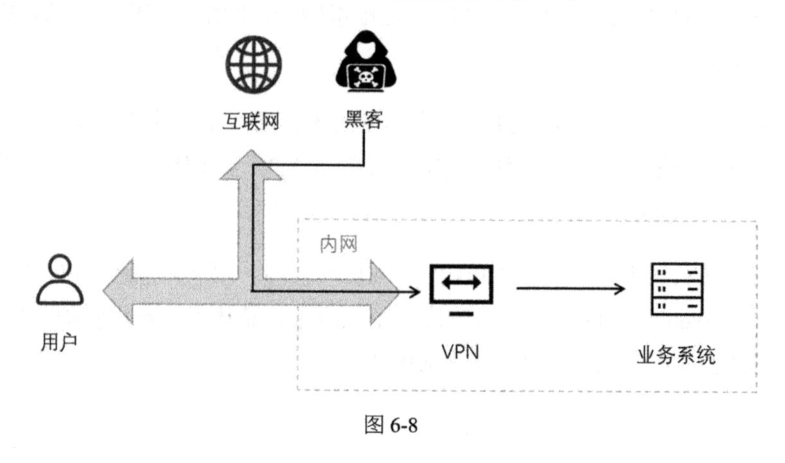

图 6-8

6.1.3 远程访问敏感业务数据

在程序员写代码、销售查看客户数据、第三方进行审计等场景下，用户需要远程访问企业的敏感数据。企业希望用户能看、能编辑，但不希望用户把数据带走，有的信息甚至连拍照都不行。

在这种场景下，除了零信任的远程访问能力，还应该引入零信任的终端安全能力，以保障企业的数据安全。

（1）终端沙箱。为用户安装带有终端沙箱的零信任客户端。当用户激活后，在设备中创建一个沙箱安全区。用户可以把企业的数据下载到安全区中进行编辑，但不能以任何形式复制数据。在沙箱中也不能连接互联网，只能访问有授权的企业资源。用户编辑好文件之后，可以通过沙箱把文件上传回业务系统，完成业务闭环。

（2）终端管控。为了进一步保护数据的安全，还可以在客户端启用外设管理（蓝牙、U 盘等）、桌面水印（防止用户拿手机拍照，起到震慑和泄密溯源的作用）。

（3）远程擦除。当设备丢失时，可以远程擦除沙箱安全空间中的数据。

（4）行为审计。监控用户的本地操作，当发现试图从沙箱中复制数据等非法行为时，进行告警。

6.1.4 零信任与云桌面结合

零信任系统可以与企业的云桌面结合，在身份、设备及网络方面对云桌面进行增强。虽然云桌面本身也有多因子认证和权限管控功能，但缺少网络隐身、设备安全检测、异常行为分析等能力。

在数据安全方面，云桌面已经可以提供足够的保护。用户在自己的计算机上安装云桌面客户端后，办公过程中的数据不会在计算机上留存。

具体来说，零信任与云桌面的结合有三种形式。

1. 先通过云桌面再通过零信任

用户先连接云桌面，在云桌面中启动零信任客户端与业务系统建立连接。这种方式可以保证云桌面和业务系统之间的网络安全，减少业务系统的暴露面，增加用户行为审计，增加细粒度访问控制，如图 6-9 所示。

2. 先通过零信任再通过云桌面

用户先登录零信任客户端，再通过零信任隧道登录云桌面，与业务系统连接。这种方式可以有效地保护云桌面服务器、隐藏端口，而且可以在用户设备上进行持续的安全检测，避免被入侵、被远程控制的设备接入，如图 6-10 所示。

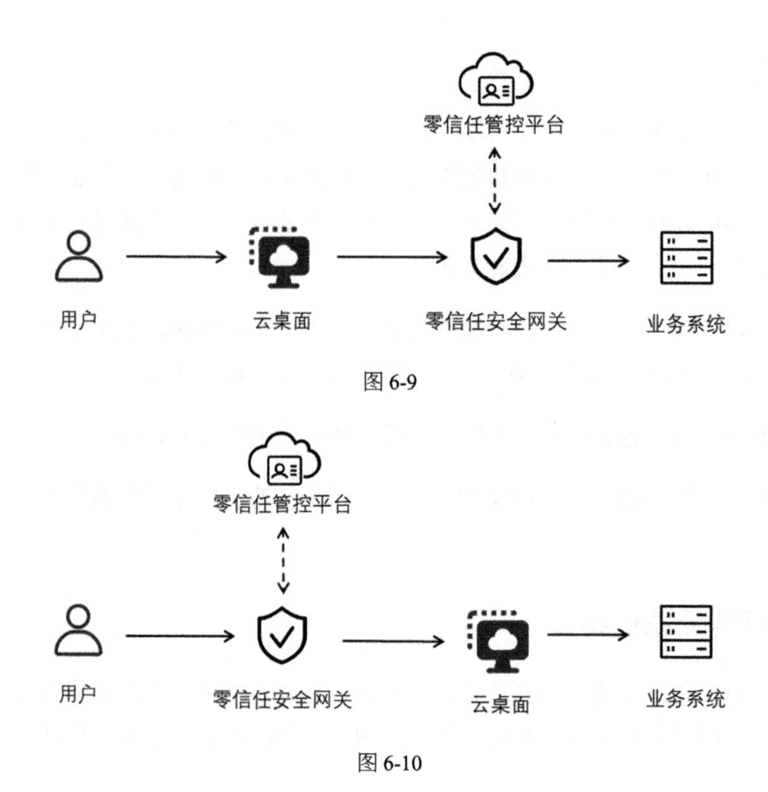

图 6-9

图 6-10

3. 云桌面内外都结合零信任

这种方式兼具以上两种方式的优点，不过存在一定难度。难点在于用户在自己设备上的设备身份和云桌面中的设备身份如何打通。部分厂商的云桌面可以提供接口，将身份带过去。打通之后，无论是在用户设备上发现了风险，还是用户在云桌面中进行了异常操作，都会关联到用户身份，进行有效的拦截，如图 6-11 所示。

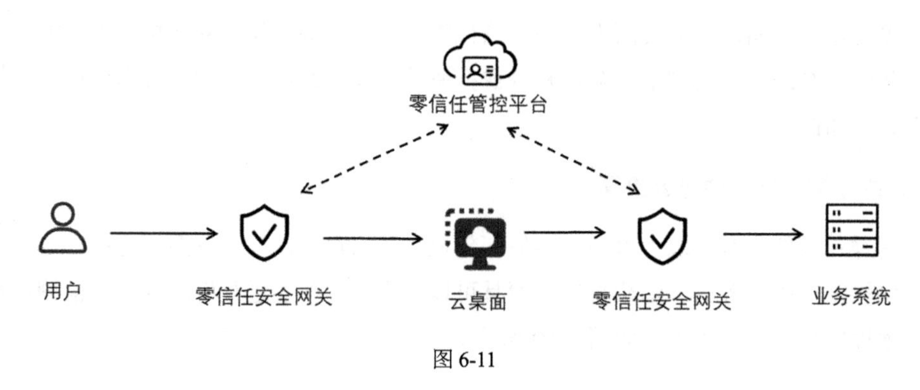

图 6-11

6.1.5 移动零信任

随着移动办公的发展，越来越多的重要业务迁移到了移动端，移动安全越来越受重视。而且随着自带设备（Bring Your Own Device，BYOD）的增加，移动安全的重点逐步从“移动设备管控”方案转向了基于身份和数据的零信任方案。

1. 移动化带来的安全挑战

移动办公允许员工在自己的手机上随时访问企业的业务系统，这既带来了便利，也带来了安全挑战。

（1）原有的网络边界被打破，暴露面增加。App 的服务器要么直接暴露在互联网的攻击之下，要么通过 VPN 接入，而 VPN 同样面临漏洞攻击问题。

（2）BYOD 设备的多样性让管控难度增加。不同机型、不同操作系统和版本需要不同兼容方式。

（3）BYOD 增加了数据泄露风险。员工的个人设备中存在个人隐私数据，不适合做重度的终端管控，因此企业数据更容易被泄露了。

2. 移动零信任需求分类

不同规模的企业对移动安全的需求是不同的。

1）安全接入

中小型公司没有很强的终端管控需求，仅需解决安全接入的问题，让 App 能用起来就好。这种场景需要的是零信任的远程访问方案，包括网络隐身、加密传输、设备安全检测、身份和权限校验等。

用户需要在手机上安装零信任 App，或以 SDK 的形式嵌入企业 App。零信任安全网关负责隐藏业务系统的端口，零信任 App/SDK 负责进行 SPA 敲门及建立安全隧道，企业 App 通过零信任的安全隧道与服务器连接，如图 6-12 所示。

零信任系统可以与企业 App 的认证打通。用户在企业 App 上进行身份认证后，认证信息由零信任 App/SDK 转发给零信任网关，再转发给零信任管控平台。管控平台会校验用户身份和设备安全状态是否合法，判断认证是否成功。零信任 App 和企业 App 可以做单点登录，让用户只需登录一次。

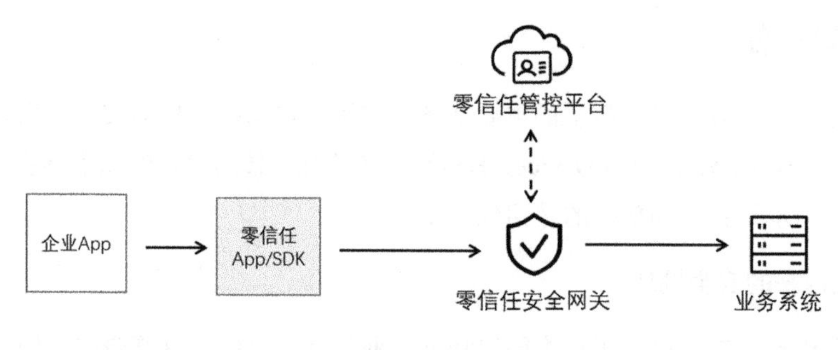

图 6-12

如果企业有网络准入需求，那么零信任系统还可以与准入系统打通。零信任 App 可以支持 802.1x 认证，启用 App 后自动接入企业 Wi-Fi。

零信任系统需要对用户设备进行安全检测，确保企业 App 运行在一个安全可信的环境中。具体来说，设备安全检测包括系统是否存在高危漏洞，是否 Root 或越狱，是否存在危险的配置（无锁屏密码、USB 调试模式、自动填充密码等），是否存在恶意 App（广告、木马等），是否连接了钓鱼 Wi-Fi 等。零信任系统应该根据设备的检测结果，对设备进行可信等级评分，将设备信任分作为后续动态管控的依据之一，如图 6-13 所示。

图 6-13

2）数据泄密防护

如果企业 App 中包含了企业的敏感数据，那么可以用零信任系统的终端沙箱、终端水印等功能来保证数据的安全。

用户需要在手机上安装零信任客户端。当用户安装后，客户端即在手机上创建一个安全空间（沙箱），如图 6-14 所示。企业 App 的数据存储在沙箱内，用户不能把数据复制到个人空间，不能随意分享，不能随意截屏，导出文件要经过审批。另外，还可以在用户查看安全空间内的文件时，打上水印，以防用户拍照泄密。

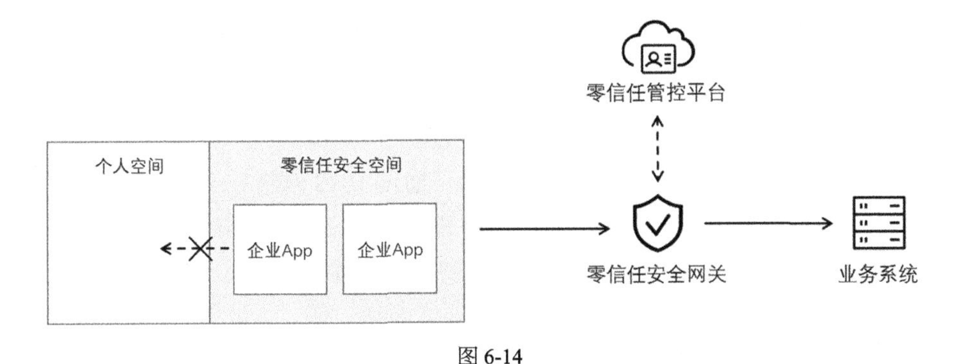

图 6-14

除了安全空间形式的客户端，有些零信任厂商还提供“封装”的方式，在不修改企业 App 代码的情况下，把沙箱、水印等功能嵌入企业 App。如果企业只有一个统一的办公 App，那么用封装的方式更好，用户无须额外安装零信任客户端。

如果企业有很多 App，那么用安全桌面形式的客户端更好，用户只需安装一个零信任客户端即可。零信任客户端具有 App 分发的能力，在安装好零信任客户端后，安全桌面会自动下载安装企业 App。企业如果开发了新的 App，那么也可以通过安全桌面推送给用户。在这种场景下，零信任客户端就相当于企业的统一移动办公门户。

有些厂商还会在安全桌面中提供受控的相机相册 App、文档阅读 App、视频 App 等，并提供企业文件分发、预览功能。目的是让用户尽量在安全空间内查看、处理数据，避免数据外泄。

3）终端管控

在某些场景下，企业会要求员工使用管控设备进行操作。这类场景需要更严格的终端设备管理能力。这些设备往往是属于企业的，并且有严格的网络限制，只能连接企业内网，不能连接互联网。在这类场景下，零信任系统可以与 EMM 或 MDM 产品结合，零信任系统提供动态访问控制和风险分析能力，EMM 作为策略的执行点，进行终端管控。例如，禁用 App，禁止读取位置信息，禁止开启蓝牙，禁止设置 Wi-Fi，禁止录音、拍照、录像，禁止打印等。

3．钉钉/企业微信 H5 应用访问

越来越多的企业利用钉钉或企业微信快速开展移动办公。企业的业务系统可以以移动端 H5 页面的形式，在钉钉或企业微信中直接打开。这些 H5 应用同样面临暴露面增加、数据容易泄露等安全问题。

企业如果使用钉钉或企业微信作为办公入口，就无法通过嵌入 SDK 的方式来实现零信任。在这种场景下，可以对钉钉和企业微信进行封装，把零信任安全能力融合进去。

如果数据泄密防护需求不强，那么也可以采用更轻量的方式，针对企业的 H5 应用进行无端模式的零信任访问控制，如图 6-15 所示。零信任安全网关相当于一个 Web 代理，当用户访问 H5 应用时，先将流量转发到零信任安全网关上（通过 DNS 解析导流），通过校验后，再转发到真实服务器上。这种方式不用封装，也不用安装客户端，只需要修改 DNS 解析。但是相应地，这种方式的能力也弱一些，没有设备检测、终端沙箱等能力。

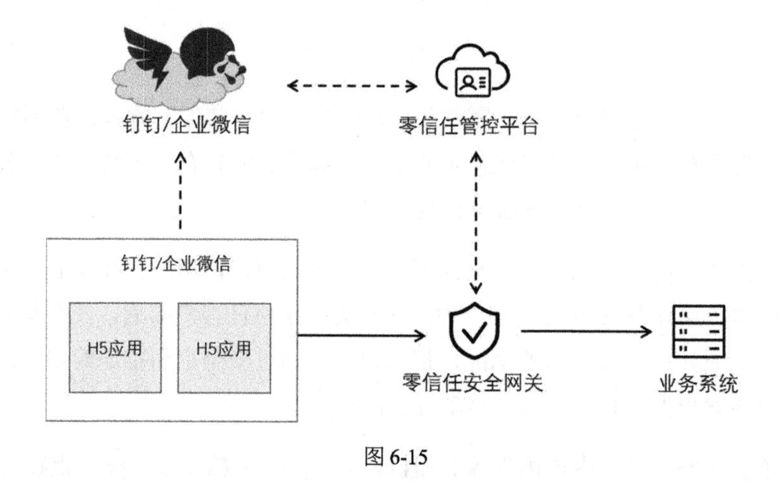

图 6-15

通过 Web 代理的方式可以实现钉钉/企业微信的单点登录。如果零信任系统与钉钉/企业微信平台进行了认证对接，那么用户在登录钉钉/企业微信后，访问 H5 应用时，就不用再次登录零信任账号了。如果 H5 应用也对接了认证，用户就可以直接打开应用了。当零信任系统发现用户有异常行为时，会在用户访问时进行阻断，或要求用户进行二次认证。

6.1.6 内外网统一访问控制

很多企业的零信任建设会从远程访问开始，逐渐过渡到内外网统一接入。无论用户在公司还是在家，都通过零信任统一接入内网。

1. 内网未必是可信的

过去，内网通常被认为是相对安全的，毕竟只有公司内部的人才能进入公司，物理上的距离给人们带来了安全感。不过正因如此，企业对内网的限制也相对较松，对于终端可能有安全措施，但对于业务访问过程一般很少做专门的控制。过度的网络授权、弱密码等安全隐患广泛存在。“钓鱼之后，长期潜伏，一击得手”的新闻屡见不鲜。

2. 用零信任做内网的精细化管控

传统的方式是在防火墙上配置 ACL 规则，这种方式很难细化到个人，通常通过划分几个大网段进行管控。而零信任系统可以根据每个人的身份、部门、权限来判断其能不能连接某个资源的 IP 地址，还可以结合用户的生命周期自动授予、收回权限，不但将网络权限管理得更细，维护工作也很简单。在建立了以身份为中心的零信任系统后，管理员就可以逐步摆脱烦琐的 IP 地址分段规则了。

此时的网络架构如图 6-16 所示。用户无论是在公司还是在家都要先接入零信任安全网关，才能继续访问业务系统。内网用户不能直接访问业务系统，零信任网关对用户身份进行校验，只允许用户访问有授权的 IP 地址。

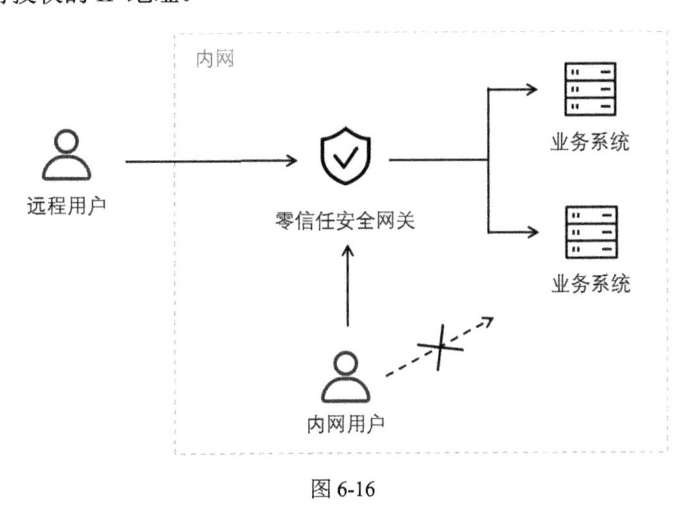

图 6-16

另外，有的企业会选择部署两个零信任安全网关，将外部用户和内部用户的访问隔离开。在这种方式下，内外部用户分别从不同的网关接入。二者的策略管理和安全审计工作可以集中管理，也可以完全分开。企业可以采用这种方式减少外部用户和内部用户之间的影响。

3. 内外网访问体验一致

如果使用域名作为零信任网关的地址，那么用户无论是在内网还是在外网都可以通过同一个域名登录。如图 6-17 所示，当用户在互联网上访问 zt.com 进行登录时，公网 DNS 会将域名解析为网关的公网 IP 地址（网关会将登录请求转发给管控平台）。用户在内网访问时，企业的私有 DNS 可以将域名解析为网关的内网 IP 地址。

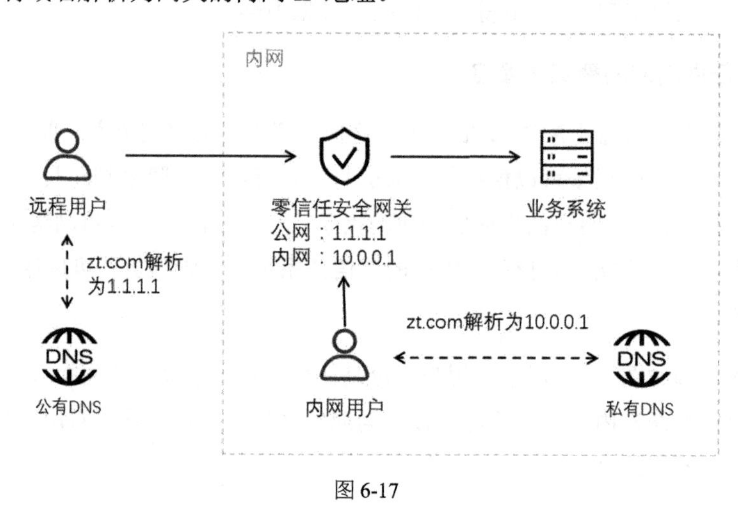

图 6-17

对用户来说，在家和在公司的体验是一样的。零信任客户端保持后台持续在线，在公司怎么用，出差或在家就怎么用，无须进行额外操作。

6.2 多租户统一接入平台

大中型企业一般还会在国内外各大城市建立分支机构，例如分公司、办事处、营业网点、连锁零售店和维修点等。企业可以利用零信任架构建设一个统一的接入平台，让分支机构可以安全、快速、灵活地接入，访问总部、分支及云端资源。

本节将介绍分支机构的 4 个细分场景，分别为分支机构的互联网统一收口、二级单位的多租户统一管理、加速并购企业的整合、B2B2C 模式。

6.2.1 分支机构组网的安全挑战

为了让分支机构能访问总部资源，很多企业选择将总部和分支的网络打通。不过这种模式遇到了越来越多的安全挑战。

1. 组网方式

最常见的组网方式是通过 MPLS 专线或者 IPSec VPN，把分公司员工与总部数据中心的业务系统连接在一起，变成一个逻辑局域网，如图 6-18 所示。这种方式最大的好处是用户无感知，不用安装 VPN 软件，感觉像在同一个网络环境里。

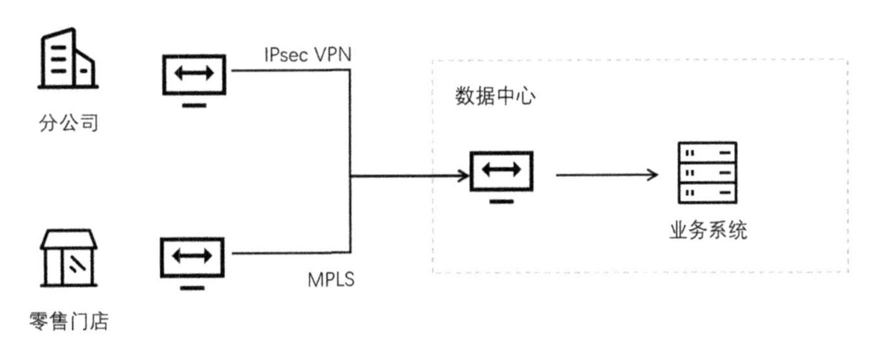

图 6-18

在这种方式下，默认内网是安全的。这在过去行得通，但在今天的环境下不行。随着 APT 攻击、勒索病毒的泛滥，来自企业内部的威胁日益增加，员工可能把互联网上的病毒带到内网，传统的依赖于内外边界的安全理论已经不再适用于今天的环境。

2. 黑客专挑防守薄弱的分支下手

企业的数据中心出口往往会严防死守，很难被攻破。分支机构一般很难达到同样的安全水平，而且分支机构和总部之间的隔离规则往往比较粗放。所以，很多黑客喜欢挑防守薄弱的分支机构下手，然后横向攻击总部数据中心，如图 6-19 所示。

3. 绕路访问体验差

前文曾提到过，有些企业会在总部布置大量的安全设备和安全策略。分支员工需要先把流量转发到总部，经过安全检测和安全审计后，再转发到互联网，在连接过程中会产生很多不必要的开销，如图 6-20 所示。例如，大连的员工访问互联网的出口可能在上海，这必然导致用户体验的降低。

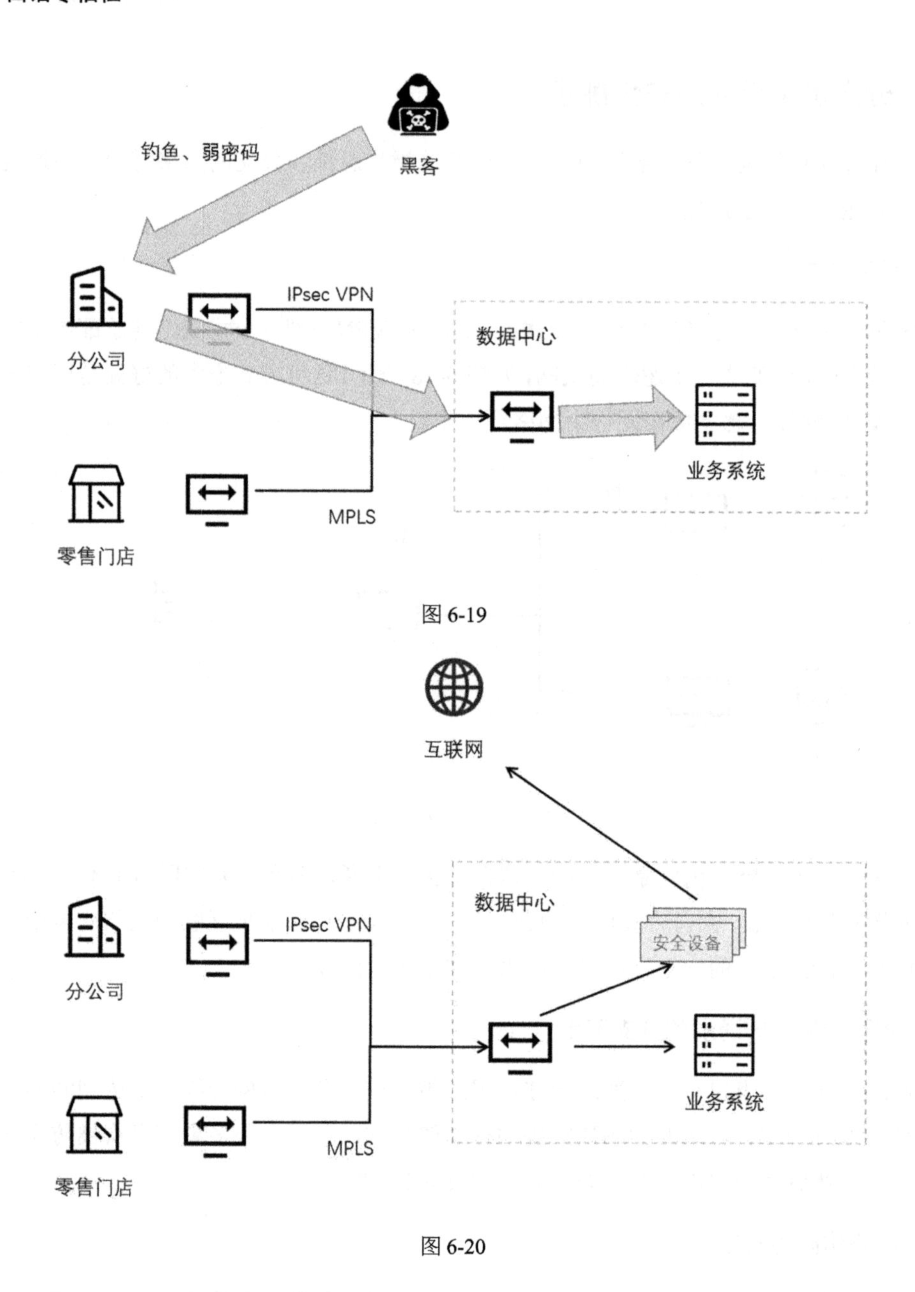

图 6-19

图 6-20

6.2.2 多分支机构的互联网统一收口

分支机构场景非常适合零信任架构的落地。下面将介绍一种更灵活的网络安全架构，如图 6-21 所示。业务系统以零信任网关集群为统一入口，网络结构变得非常简单。无论是分公司还是总部的用户，都通过零信任网关访问业务系统。

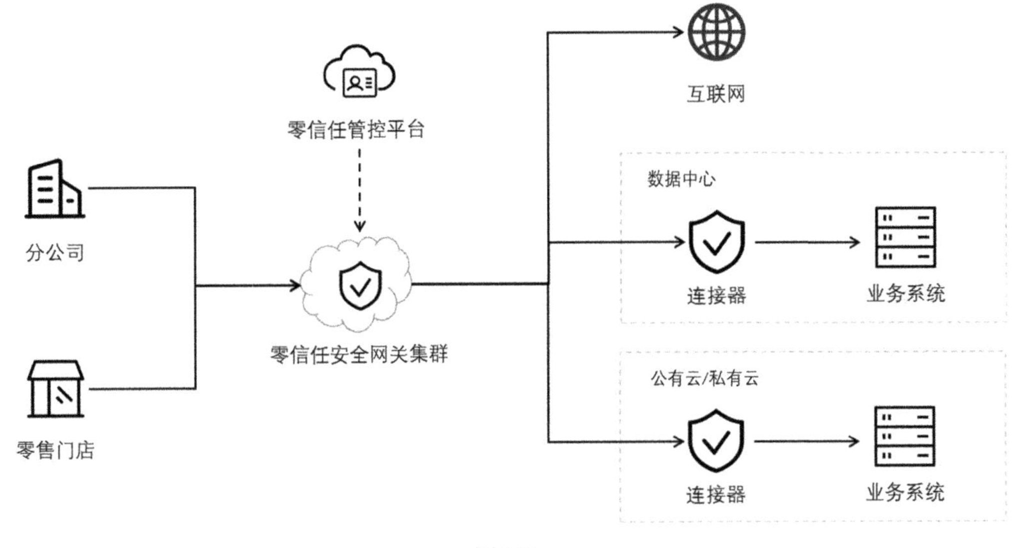

图 6-21

在这种场景下，分支机构可以不与数据中心组网，不再被授予默认的信任。任何访问请求都要经过严格的安全校验才能被转发到下一环节，避免引入安全威胁。例如，某市建设政务云的项目就将各委办局的应用集中起来，进行统一管理。这样，不但缩小了对外的暴露面，还实现了身份和权限的统一管控。

零信任架构的运行过程如下。

（1）用户在管控平台登录，访问业务系统的流量会被转发到网关集群。

（2）零信任网关集群可以是一个分布式的集群，让用户就近接入。网关对用户流量进行安全校验之后，将流量分别转发到互联网、数据中心和云端。

（3）连接器的作用是与网关集群连接，建立安全通信隧道。

零信任架构与传统的组网方式相比，有很多优势。

1）用户与资源的网络隔离

企业不再直接将用户置于内网，而是通过零信任系统实施统一访问控制。用户不能直接连接网络资源，以避免企业资源在办公网络中过度暴露。即使用户身处分支机构的内网中，如果没有经过零信任系统的身份认证，那么也无法连接业务系统。即使黑客入侵了分支机构的内网，也看不到任何网络资源，这样就大大减少了内部资源的非授权访问。

2）权限的精细化管理

在零信任的体系下，网络围绕用户构建，而不是围绕办公楼构建，管理员可以设置基于用户的细粒度授权策略。在零信任架构中，用户如果没有得到某个系统的授权，那么连业务系统的登录页面都打不开，TCP 的三次握手都建立不起来。

3）让威胁离得更远

零信任的安全网关集群可以不部署在数据中心，而是放在云端。当用户访问时，流量先被转发到云端，再被转到数据中心内的连接器上，最后与业务系统连接。

在这个场景下，数据中心是隐身的。连接器与云端建立的是逆向隧道，连接器不需要对外开放端口，只要能与云端的安全网关建立连接即可，黑客无法直接攻击连接器。这样，黑客从分支机构开始，要先打穿云端节点，再入侵连接器，才能连接业务系统，整个战线拉长了，战略纵深增加了。

4）与传统安全设备的集成

零信任的安全网关可以集成很多传统安全设备。例如，入侵检测、防病毒等设备依然可以放在零信任架构里发挥作用。这些设备可以放在安全网关之后，在用户访问业务系统时，拦截恶意攻击。

零信任系统不仅可以保证安全接入，还可以保障用户安全上网。分支机构的用户在访问互联网时，流量先被转发到安全网关集群，经过校验后，再被转发到互联网。通过集成上网行为管理、防病毒、网络沙箱等功能，屏蔽恶意网站、恶意程序，保护用户不被互联网上的木马病毒和钓鱼网站攻击。

5）分布式提升效率

企业如果有云端应用，那么可以考虑将零信任的安全网关集群搭建在云上，这样，用户在访问云和互联网服务时，流量不必绕路。同时，可以考虑在云端搭建一个分布式网络，在全国各地部署节点，让各地的分支机构可以选择离自己最近、接入速度最快的节点，如图 6-22 所示。这样就能让安全服务离分支机构更近，让威胁离总部更远，让安全服务的效率更高，让用户访问速度更快。

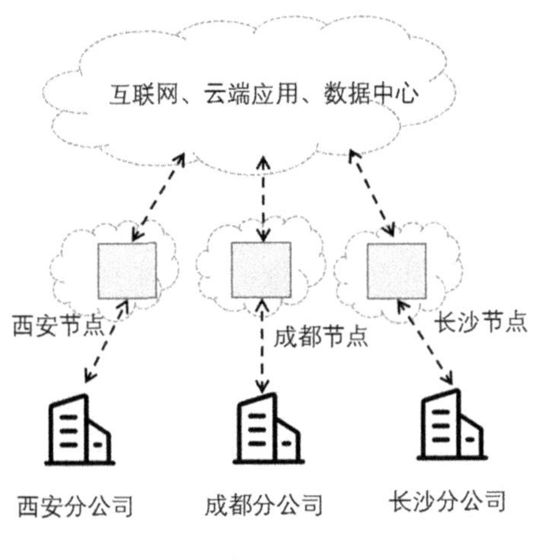

图 6-22

如果在分布式网络中，各个节点之间有专线资源，那么可以让流量转发到距离目的地最近的点再离开分布式网络。让流量尽量走“高速”，这样能最大限度地利用云端的网络资源。

6）高可用

集群应支持高可用。如果西安的一个节点坏了，那么集群应当自动创建一个节点替换掉有问题的节点。如果某地的所有节点都有问题了，那么用户可以连接其他地方的节点继续访问。

7）灵活扩展

由于安全网关做成了集群，所以可以动态地添加、删除节点。如果开了新的门店、分公司，那么可以直接在集群中添加节点，将全套安全服务直接镜像过去，分支机构不用部署安全设备，不用考虑如何组网，不用来回调试，运维管理方便很多。

管控平台也可以用类似的方式，做成集群、灵活扩展。如果零信任系统中使用了私有 DNS，那么 DNS 也要考虑集群。

6.2.3 二级单位的多租户统一管理

如果企业下属的二级单位比较独立，那么可以考虑将上述零信任系统变成一个多租户的平台。

总部平台负责整个平台的运营，但不负责管理分支机构的用户和安全策略。二级单位在这个平台上以租户身份入驻，管理自己的用户和安全策略，如图 6-23 所示。

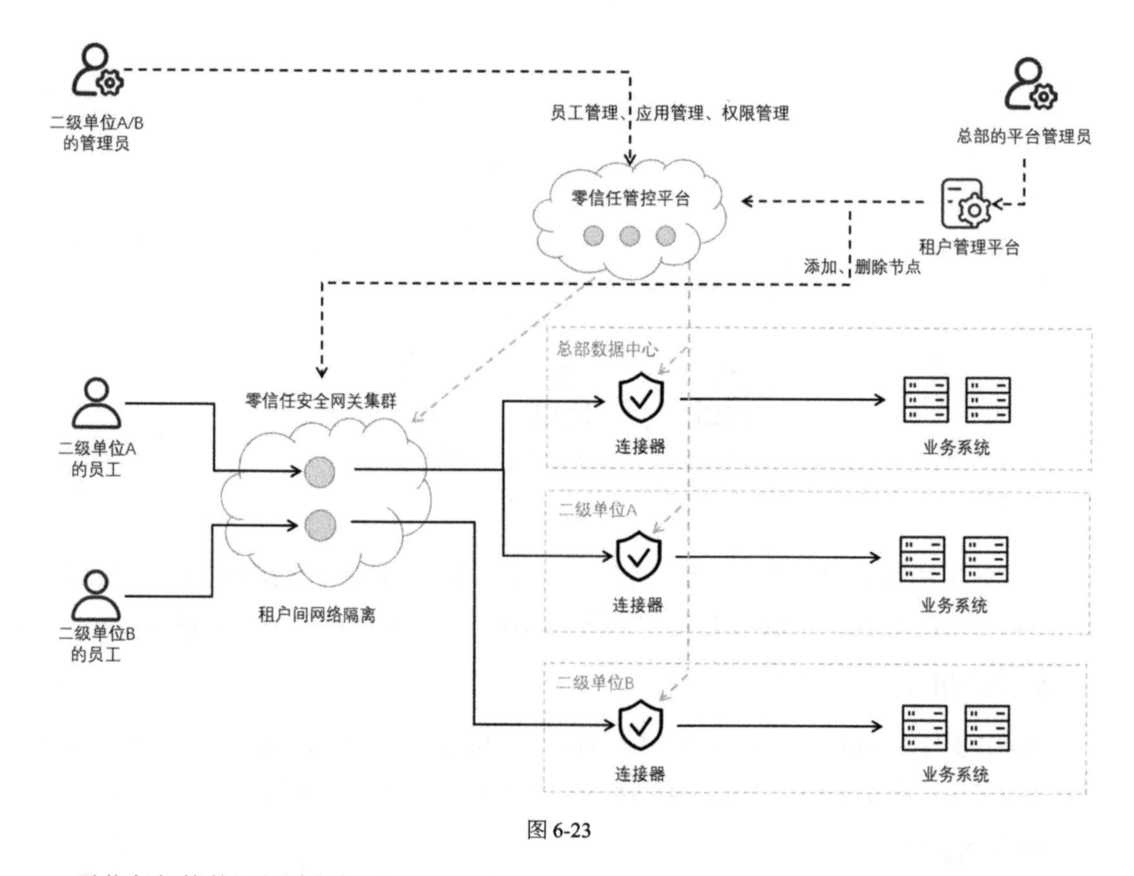

图 6-23

零信任架构的运行过程如下。

（1）租户管理平台由总部管理员操作，负责管理管控平台中的租户。管理员可以创建新的二级单位租户，可以为每个租户分配网关节点。

（2）二级单位的管理员负责操作管控平台，可以在管控平台中进行查看自己单位的员工信息、添加删除用户、编辑权限、设置安全策略等操作。用户的访问权限由管控平台统一管控。

（3）如果二级单位有自己的数据中心，那么只要将连接器与分配给自己的零信任网关连接上，用户就能访问自己的业务系统。

（4）二级单位的用户先到管控平台进行认证，当用户访问业务系统时，流量会先经过网关，再经过连接器，最后连接到业务系统。

下面将对架构中的重点问题进行详细的介绍。

1. 为什么要多租户

为了对抗日益加剧的网络攻击风险，企业需要收缩互联网的暴露面，建立统一的远程访问入口。但同时，企业可能有几十个、甚至上百个下属二级单位，无法统一管理。这时最好的选择就是建立一个多租户平台，总部将部分管理权下发给二级单位，从而既能统一管理网络入口，又不会增加过多的运营成本。

2. 安全策略叠加

二级单位的用户权限由自己管理，总部可以设定一些基础的网络安全规则，例如，必须安装杀毒软件才能登录。每个二级单位都继承总部的策略，在总部的安全策略上叠加自己单位的特殊要求。

同时，总部可以对二级单位进行安全审计，查看二级单位员工的访问日志、权限等是否合规，汇聚所有用户的行为日志，形成安全大数据，统一建模分析。

3. 租户管理平台

租户管理平台是管理二级单位的企业信息的，例如，租户名称、租户的管理员信息、租户的许可信息等。平台管理员在这里创建新的二级单位，每个二级单位都是一个租户。

（1）租户管理平台与管控平台（集群）对接。每当租户管理平台创建了一个租户，管控平台就新增一套企业信息。二级单位的管理员登录管控平台对本单位的用户、组织机构、权限、安全策略等进行管理。不同单位之间互不干扰，每个单位都只能看到本单位的用户。

（2）租户管理平台与安全网关集群对接。每当租户管理平台创建了一个租户，网关集群就自动划分一个节点，分配给该租户。企业可以预先准备十台服务器部署一个容器集群，当创建租户时，就在容器集群中划分一个新的容器，分配给租户。租户平台将容器的ID、地址信息发送给零信任管控平台，管控平台与容器中的安全网关建立连接，下发安全策略。

因此，租户管理平台也可以充当安全网关集群的管理平台。租户管理平台负责集群节点的创建、删除，管理每个租户与哪个节点对应。当集群节点发生故障时，也可以由租户平台进行统一调度和管理，如图6-24所示。

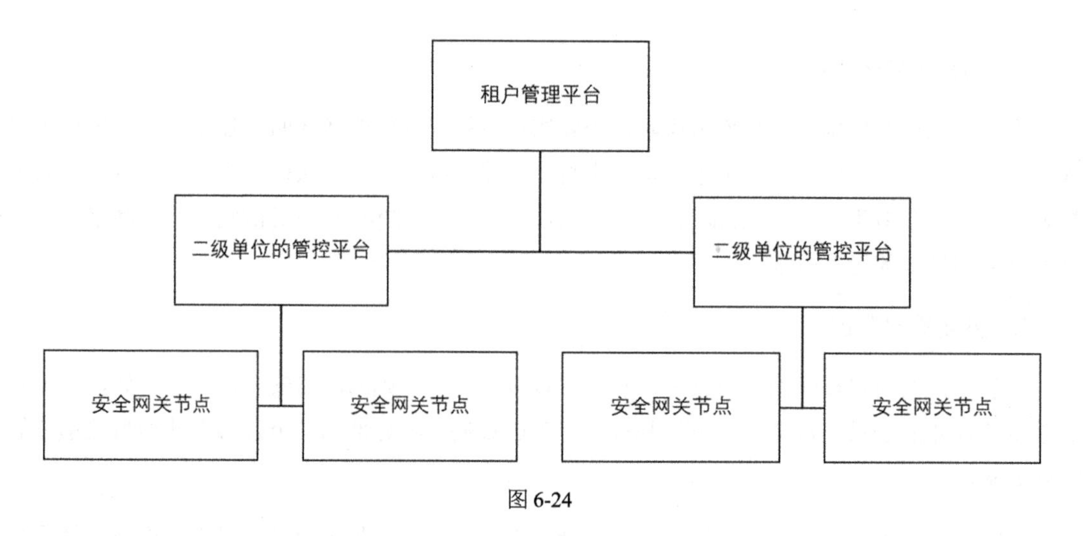

图 6-24

5. 租户间的隔离

攻击者可能入侵零信任安全网关集群，为了避免攻击者横向移动，应当为不同二级单位分配不同的网关节点，而且网关节点之间应该相互隔离、互不影响。两家单位的员工不能互相访问对方的业务系统。

权限校验的过程不止发生在网关节点上，也发生在连接器上。连接器在转发用户流量时，也要对用户的身份、权限、所属单位、来自哪个网关等信息进行校验，确保访问路径是可信的。

如果某个单位的网关节点发生了异常情况，那么租户管理平台应重新创建一个节点分配给该单位，并替换掉故障节点，新的节点与其他单位的节点仍然是隔离的。

6.2.4 加速并购企业的整合

总部与并购企业之间的 IT 整合是一个挑战，两者会在许多领域拥有重复的解决方案，并且可能有重叠的网络 IP 范围。

零信任架构可以简化、加速总部与并购企业之间的整合过程。使用零信任架构，总部不必考虑与并购企业的组网合并，只需将新并购的企业作为一个租户，授予其必要的访问权限，即可快速实现员工的统一访问控制。其架构图与上一节类似，此处不再赘述。

两个企业的服务器之间的访问，也可以通过类似的架构实现，零信任安全网关包括 API 网关模块。零信任管控平台为服务器创建身份，服务器之间通过零信任网关集群进行连接，网络架构如图 6-25 所示。

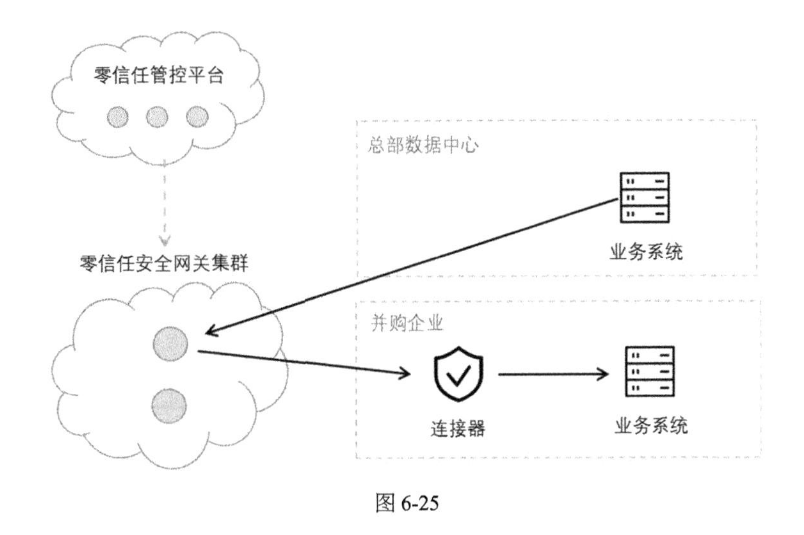

图 6-25

零信任系统相当于在两个异构的网络之上，提供了一个统一的标准层。除了访问，零信任的统一身份管理模块还可以汇聚多源身份，将两个企业的身份系统进行整合。

6.2.5 B2B2C 模式

除了自己使用，有一些企业还会建立一套零信任架构的多租户平台，提供给其他企业使用。在这个场景下，平台方是公有云的提供商或行业 SaaS 应用的供应商，他们在卖出云服务的同时卖出零信任接入服务。

整个平台是 B2B2C 的模式，平台的服务对象通常是一些中小企业，平台方负责平台的管理和运营，中小企业以租户身份入驻。租户的员工通过零信任网关访问企业内部资源。

由于平台方原本就是提供云服务的，因此零信任平台通常建立在平台方的云平台上，如图 6-26 所示。当租户采购了零信任接入服务后，云平台会自动为其分配网关节点，并在该企业的云环境中自动创建连接器。租户管理平台会被集成到云平台的“服务商店”中，租户的管理员在这里下单，采购服务。

B2B2C 模式与 SASE 的商业模式非常类似。租户不用自己维护零信任架构，通过云服务享受零信任接入服务。这种模式更适合那些已经被大量企业认可的云服务提供商，或者行业内声望较高的 SaaS 应用供应商。这些厂商可以依靠以往积累的客户信任，售卖云安全服务。

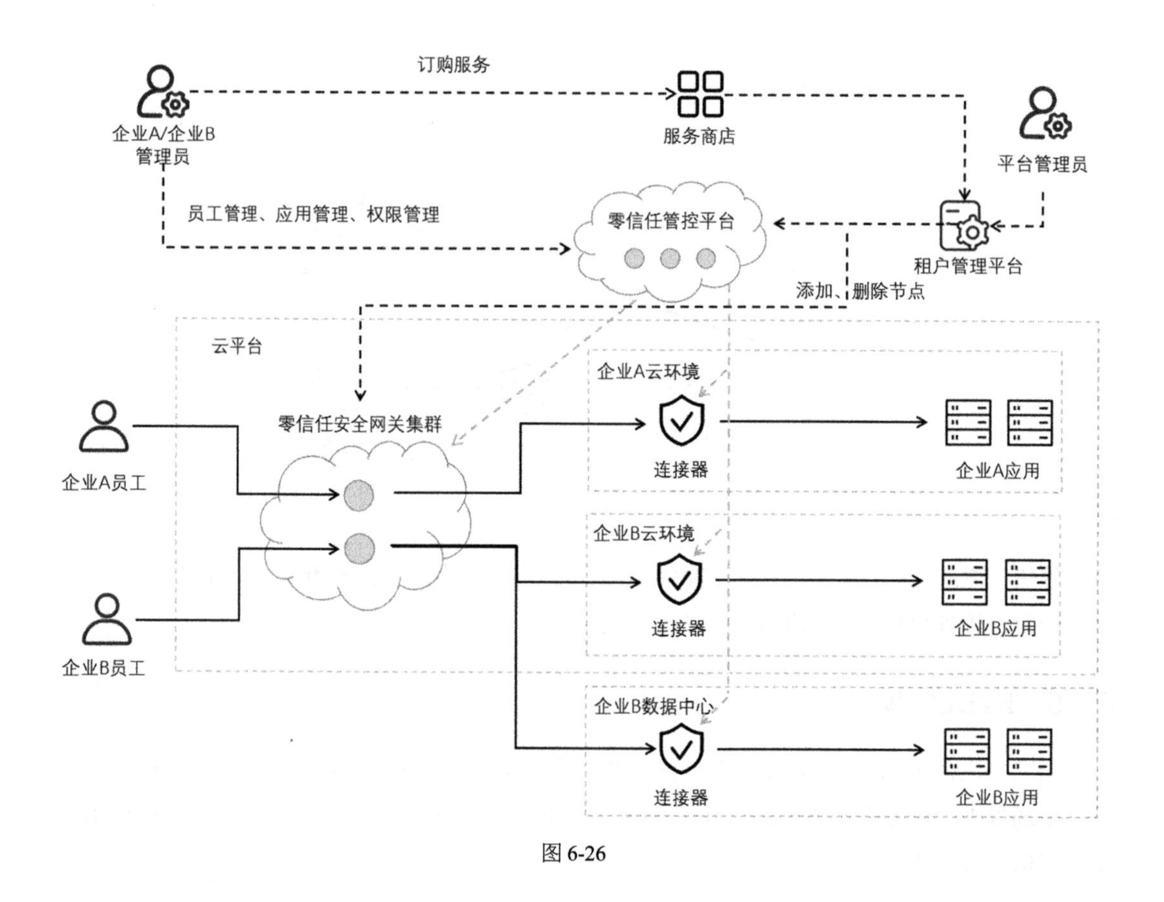

图 6-26

6.3 第三方人员的轻量级接入门户

与内部员工不同，第三方人员往往更难以管控，允许第三方人员接入企业内网很容易引入安全威胁，这个场景的特点和风险都非常明确。本节将介绍针对第三方人员的轻量级零信任接入门户。

6.3.1 第三方接入场景分析

供应商、外包驻场人员、合作伙伴等都可以被称为第三方人员。但这些人的接入需求各不相同，面临的安全挑战也不同。

例如，制造业企业经常要与上下游的合作伙伴进行协作，企业需要向第三方开放供应商管理平台，以便供应商查看公告、操作订单。在这个场景下，负责对接的供应商人员随时可能变化，供应商的员工之间也可能共享账号，供应商数据与企业的生产系统直接相关，是比较敏感的。

在有些人力外包的场景下，外包公司会约定好提供多少位服务人员。外包人员可能提供远程服务，也可能进入企业现场，提供驻场服务。在这个场景下，第三方的人员比较固定，但人员的设备不是由企业管控的。如果外包的是财务运营、系统运维等工作，那么对于企业来说，开放这些敏感的系统，安全挑战会变得很大。

再例如，有些企业会邀请第三方的审计人员定期接入企业的系统，进行合规审查，在这个场景下，第三方人员比较固定，接入时间也比较固定。设备维修公司会定期接入客户公司的网络，检查某个系统的运行状态，或对设备进行维护，这个场景中的第三方人员是临时派出的。银行的资金托管平台会向相关第三方企业开放，方便企业登录平台进行资金操作，这个场景中的第三方人员相对固定，第三方人员可能长期、频繁地接入平台进行各类操作。

从各种例子中可以发现，虽然第三方企业是固定的，但接入的用户和设备往往不是可控的。有的企业人员比较固定，有的企业人员流动非常频繁；有的需要长期接入，有的只要短期接入。第三方接入的系统一般是几个特定的系统，如果这些系统并不敏感，那么可以在互联网上发布，但如果系统与企业自身的业务相关，敏感性很高，那么通常会部署在内网中，第三方人员必须使用 VPN、云桌面等，才能远程接入。

6.3.2 第三方接入的安全挑战

企业的业务系统一旦对外开放，就不得不面临严峻的安全挑战。

（1）账号借用：账号在给到第三方之后，不知道对方会如何保管、如何使用。因此，存在账号共享、账号借用等身份安全问题。

（2）设备安全：无法判断用户设备的安全性，存在引入病毒、木马的问题。攻击者可能以第三方设备为跳板，攻击企业内网。

（3）数据窃取：由于无法严格管控第三方人员的设备，无法要求第三方安装终端管控、数据防泄漏等软件，因此企业的数据安全难以保障。

（4）横向攻击：如果攻击者通过 VPN 进入了企业网络，入侵了供应商管理系统，并通过系统服务器攻击网络中的其他服务器，那么将造成更大损失。

（5）体验问题：要求合作伙伴安装 VPN 客户端会给对方带来不好的体验，第三方人员往往会排斥在自己的设备上安装过多软件。

6.3.3 零信任的第三方接入门户

如果想给合作伙伴提供更好的体验，那么应该尽量提供纯 Web 的接入方式，客户端太麻烦了。当然，安全方面也不能放松。前文介绍过零信任的无端模式及 RBI 技术，在第三方接入门户中综合使用这两种技术，可以提供一种既安全又方便的解决方案，如图 6-27 所示。

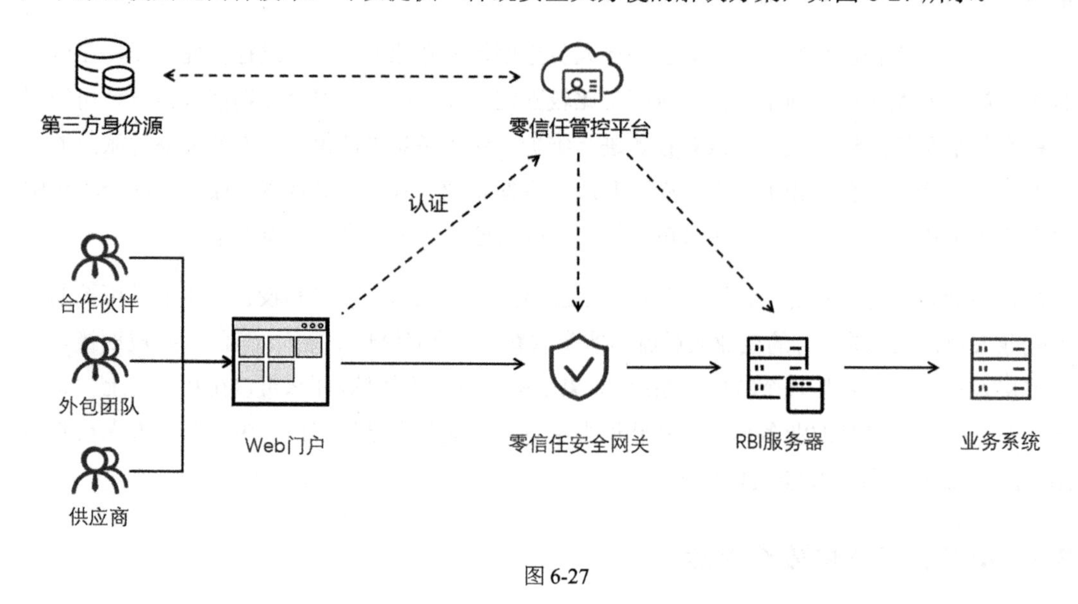

图 6-27

（1）管控平台可以集成可信的第三方身份源。当第三方用户访问 Web 门户进行登录认证时，管控平台可以转发认证请求，由第三方身份源进行认证。

（2）在默认情况下，零信任安全网关是隐身的。在用户登录认证之后，安全网关才对用户开放端口。端口敲门过程对用户来说是无感知的。

（3）用户需要通过 RBI 访问敏感度较高的业务系统。用户在 Web 门户中点击业务系统，打开的是 RBI 服务器传回来的影像，业务数据只留在 RBI 服务器上，不会落到用户设备上。

（4）零信任管控平台向安全网关和 RBI 服务下发安全策略。管控平台根据访问日志分析用户是否存在异常行为，指挥安全网关和 RBI 进行拦截。

为了避免第三方人员在入侵业务系统后进行横向攻击，企业还可以在业务系统上部署零信任的微隔离组件，将第三方访问的系统与网络中的其他资源隔离开。

1. 用户体验与隐身能力的平衡

采用无端模式的优势是第三方人员可以直接打开 Web 门户，不用安装客户端，但会牺牲管控平台的隐身能力。

在默认情况下，管控平台始终对外暴露端口，用户可以直接打开 Web 门户进行登录认证，但安全网关是默认隐身的。在用户登录后，由管控平台通知安全网关对用户开放端口，但对其他人还是隐身的。业务系统隐藏在安全网关之后，所有未授权用户都不可见。

默认只有管控平台对外暴露，因此管控平台自身的安全防护能力就变得非常重要。企业应该增强零信任管控平台自身的安全监控能力，及时升级补丁，并部署必要的威胁检测设施。

2. 对接可信的第三方身份系统

企业可以在零信任系统中单独为第三方人员创建账号，但是这么做会很难管理。零信任系统可以集成双方的身份系统，让不同的用户群体到不同的身份系统中进行身份认证。这样，企业就不必管理第三方的人员身份了，只要控制第三方人员的访问权限即可。

在对接第三方身份系统后，可以带来安全上的好处。例如，零信任系统可以对接第三方人员的身份生命周期事件，及时调整本地的账号权限，这样可以避免在第三方人员离职后，因为账号未及时清理导致的账号滥用问题。

如果零信任系统与第三方身份系统进行了单点登录的对接，那么第三方用户将获得更好的体验。用户在登录自己的系统之后，再登录零信任系统和业务系统就不用重新进行身份验证了。

注意，对接第三方身份系统可能是非常危险的，只有在对方的身份管理系统比较成熟、比较可信的情况下才能这么做。如果对方不可信，那么很可能引入安全风险，还不如自己管理所有账号更放心。如果现实条件不允许对接第三方身份系统，那么还可以通过开放账号注册、审批流程，在一定程度上减少自身的运营工作。

3. 降低来自未知设备的风险

零信任客户端可以对设备进行安全检测，但如果没有客户端，零信任系统就只能从访问请求中分析出很有限的信息。这会在一定程度上降低系统的安全性。

反过来说，如果只有 Web 应用，零信任系统就可以只对外放开应用层的准入，这会大大提升系统的安全性。只给用户访问 Web 页面的权限，就不会暴露其他协议和端口的资源，不会把用户设备带进企业网络，可以降低来自未知设备的安全风险。再加上 RBI 也可以提供一定程度的安全隔离能力，因此，Web 门户的方式在安全性上是完全可以接受的，如图 6-28 所示。

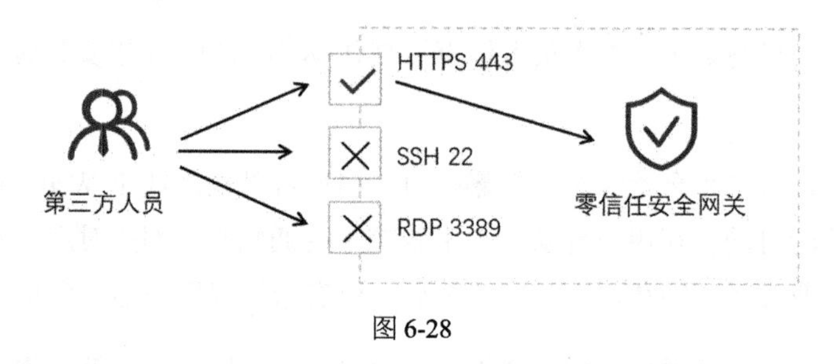

图 6-28

4．数据泄密防护

RBI 可以提供数据隔离和管控能力，当用户访问业务系统时，数据实际上在远程服务器上加载，并不落在用户的本地设备上。如果用户需要查看业务系统中的某个文件，那么管理员可以对不同的用户和文件设置不同的策略。

（1）低敏文件可以允许用户下载到本地，或者允许用户发起下载申请，由资源管理员负责审批。

（2）高敏文件可以禁止用户下载，仅允许在线预览，而且还要打上水印，防止用户拍照泄密。

在第三方人员接入场景下，业务系统通常是 Web 形式的，RBI 足以满足需求。另外，RBI 的性能问题也是实施过程中需要关注的问题。不过，由于第三方人员通常不会太多，所以性能问题很少成为瓶颈。

5．增强身份认证

为了避免账号盗用、账号共享风险，应当使用多因子身份认证方式。在有异常风险时，例如用户 IP 地址不是第三方企业的 IP 地址，用户使用了不常用的浏览器（从 HTTP 包头部的 UserAgent 字段获取）等情况，应该要求用户进行二次认证，以便确认用户的真实身份。并通过增强身份认证的强度，尽量减少第三方人员的身份安全风险。

6．第三方驻场人员的管控

本地的第三方用户也需要登录零信任门户，才能访问企业的业务系统。原则上本地用户与远程用户的权限是一样的，不应该因为用户所处的位置不同而区别对待。

本地用户可以连接企业 Wi-Fi，但在未登录零信任门户时只能访问互联网，不能访问网关后面的业务系统，不能通过工具扫描到企业网络资源。

6.4 零信任的旁路模式

有时，企业需要零信任架构的持续认证能力，但不希望安全网关串行在访问链路中，对性能和稳定性造成影响。在这种情况下，可以选择零信任的旁路部署架构。

6.4.1 旁路部署的安全访问控制

大部分企业都希望安全设备可以在旁路部署。特别是在上线初期，各方面都不成熟，万一由于单点故障影响了整个公司办公，后果就严重了。如果不串行部署，那么怎么阻断风险呢？这是这个场景下最重要的问题。

1. 旁路阻断原理

一种简单的旁路阻断方式是在用户建立 TCP 连接之前，发出 RST 包打乱握手过程。用户握手失败，无法建立 TCP 连接，无法与业务系统通信，相当于被阻断了。

建立 TCP 连接要经过 3 次握手。当管控平台认为用户存在异常行为时，会下发指令给安全网关，网关开始检测镜像流量。用户为了与业务系统建立 TCP 连接，要先发出一个 SYN 包，并等待业务系统回复。网关在检测到 SYN 包后，会立即“伪造”一个 RST 重置包，发给用户和业务系统。理论上，网关会比业务系统更快回复用户，在握手成功之前将建立连接的过程打断，如图 6-29 所示。

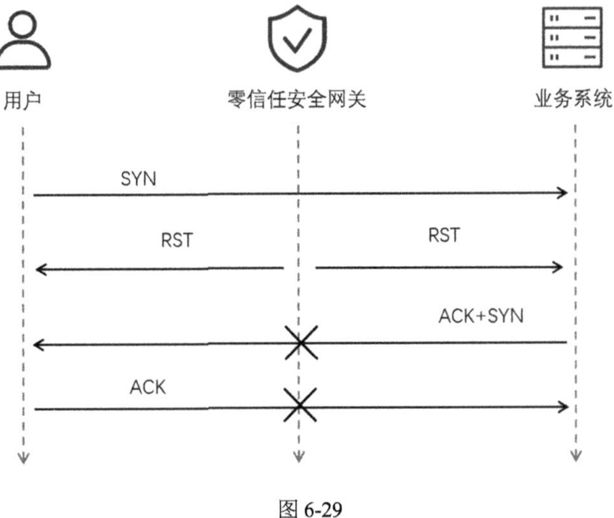

图 6-29

此外，还可以通过伪造“302 跳转”包的方式，重定向用户的 HTTP 连接。例如，在握手成功后，当发现用户设备有风险或用户行为异常时，将用户重定向到零信任系统的出错页面。从而阻断用户对高敏业务系统的访问，如图 6-30 所示。

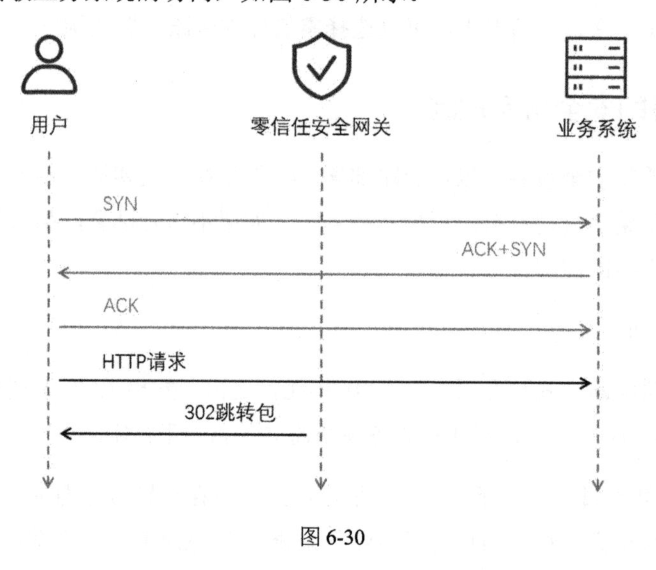

图 6-30

2．旁路部署架构

旁路部署架构包含客户端、零信任安全网关和零信任管控平台等组件，如图 6-31 所示。

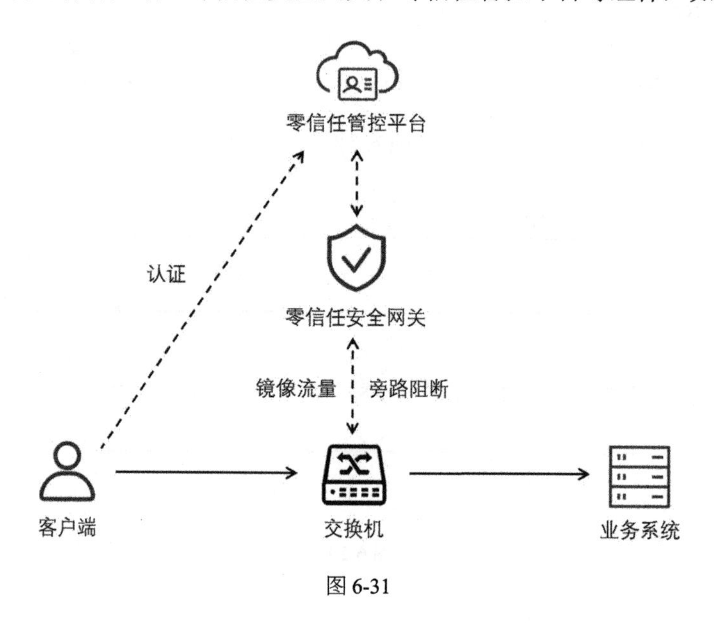

图 6-31

（1）零信任客户端负责检测用户设备的安全状态。

（2）零信任管控平台需要与业务系统进行单点登录对接，把用户身份打通。管控平台负责用户的认证，并对用户访问日志和设备安全状态进行可信评估。管控平台如果发现用户有异常行为，或者用户设备存在严重风险，则通知安全网关旁路阻断用户连接。

（3）零信任安全网关部署在旁路，起到感知流量的作用（因此这个组件也可被称为“零信任感知器”）。交换机将业务系统的访问流量镜像给安全网关，安全网关记录用户的访问日志，然后将其上传到管控平台进行分析。

由于安全网关不是放在业务系统之前的，所以无法实现类似 VPN 的远程接入。因此，旁路部署只适用于用户可以直接访问业务系统的场景。例如，对内网办公或对已经暴露在互联网上的业务系统做与身份相关的安全增强，阻断信任等级较低的用户对高敏业务系统的访问。

在旁路部署的情况下，无法直接实现网络隐身功能，可以由管控平台控制防火墙实现类似的效果。具体来说，在默认情况下，防火墙可以关闭业务系统对外的端口，只暴露管控平台。在用户登录认证后，管控平台向防火墙下发指令，向合法用户 IP 地址临时开放端口，没有经过零信任身份认证的用户则无法连接业务系统。当然，如果这样，那么防火墙相当于“串联”在访问路径中了。

在这种方案中，零信任客户端不负责流量转发，只负责设备的安全检测、终端数据泄密防护。如果对这两方面的需求不强，那么可以不使用零信任客户端，减少对用户习惯的改变。

3. 降低单点故障风险

安全网关部署在旁路之后，即使发生故障，也不会导致用户访问失败，用户到业务系统之间的通路不会受到影响。当然，如果零信任管控平台发生了故障，那么用户还是有可能登录失败。可以通过部署高可用架构，或者利用其他逃生机制来降低风险。

零信任系统存在误报的可能，在开启旁路阻断之后，如果零信任系统判断失误，那么可能致使用户的连接被阻断，无法正常办公。可以通过一定时间的试运行、迭代改进，以及用户的逃生机制来降低风险。

6.4.2 面向大众的 2C 场景

2C 场景用户基数大，产品规模大，是一个比企业办公更引人关注的场景。2C 的有些细分场景是不适合零信任的，有些是适用但有限制条件的。2C 产品对性能和稳定性的要求较高，用旁路的方式或者用 2C 产品本身作为策略执行点更合适。

1．零信任不适用于无身份的场景

对于不需要登录就能访问的网站，零信任方案是不适用的。零信任方案主要基于身份进行访问控制，如果没有身份的概念，就无法进行访问控制。

一个对任何用户都开放的网站，没必要进行访问控制。这类网站希望更多的人能来访问，所以要尽量少设限制，因此，一般不会使用零信任方案。

2C 产品的后台可能是适合零信任方案的，服务器的管理后台需要验证用户身份和权限才能进行访问。零信任架构可以隐藏管理后台的端口，只有经过身份验证的用户才能连接。

2．零信任的风险控制

企业不希望有人在 2C 产品的注册或试用阶段受到阻碍，但希望在业务安全方面做好管控。例如，有些用户会通过伪造身份设备、异常操作等方式进行身份欺诈，或者利用假身份薅羊毛，企业希望拦截这部分用户的异常行为。

零信任系统可以根据业务安全分析模型，发现可疑的用户行为，从而触发风险响应动作进行拦截。业务风控是个很大的话题，本节只选取其中与身份安全相关的部分，举例说明如何在类似场景下应用零信任理念进行访问控制。

1）常见的业务风险

电商类产品常搞“拉新”活动，对注册用户进行奖励。因此，会有人通过囤积大量的手机卡、购买大量用户信息，或利用工具自动批量注册账号，获取利益。

工具类、财务类产品中包含大量的用户个人数据，攻击者会利用互联网上已泄露的大量用户名和密码进行尝试，或者利用木马病毒窃取账号，然后窃取账号中的高价值数据。

金融类产品的用户常会收到各类诈骗信息，诱导用户进行大额转账、恶意消费等。也有恶意用户利用虚假注册信息骗贷。

类似的例子还有很多，很多领域已经形成了灰色产业链。攻击者的手段越来越专业，给企业带来的风险越来越大。

2）零信任的风险控制架构

零信任管控平台部署在旁路，包括统一身份认证、访问控制引擎、安全风险分析、身份大数据等模块。当零信任系统发现异常情况时，直接向业务系统下发指令进行访问控制，业务系统相当于零信任架构的策略执行点。零信任平台不仅是网络安全平台，也是业务安全平台，零信任的风险控制架构如图 6-31 所示。

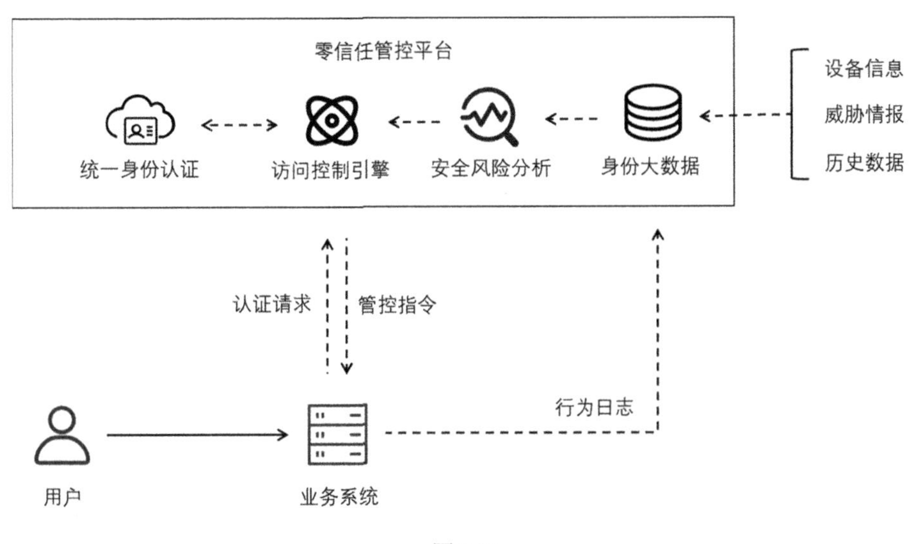

图 6-31

（1）业务系统希望被更多人访问，不需要隐身、收口。因此，不需要部署零信任安全网关。

（2）零信任管控平台汇聚了用户的身份大数据，包括身份信息、设备信息、威胁情报、实时行为日志、历史数据等，身份大数据是零信任安全分析的基础。在 2C 场景下，零信任的主要价值之一就是构建了一个高质量的数据平台。

（3）零信任管控平台对身份大数据进行实时分析，及时发现异常行为，然后根据事先制定的访问控制策略，下发管控指令。业务系统根据指令执行二次认证、中断会话等操作。

（4）用户在业务系统进行登录时，业务系统将登录认证请求转发给零信任管控平台。零信任系统对用户的身份、设备、环境等因素进行校验，综合评估通过后才允许其登录。

（5）在用户终端上，零信任客户端可以以 SDK 形式嵌入用户 App 或业务客户端中，负责身份认证和设备认证。

3）零信任的风险控制手段

（1）身份和设备安全管控。在用户注册时，零信任系统可以收集设备信息，绑定用户设备，形成设备清单库。根据设备和环境信息，识别出同一设备、同一 IP 地址注册多个账号，同一账号在多个设备和 IP 地址上登录等异常情况，降低虚假开户、盗用账号等风险。

零信任系统可以通过设备检测，识别出利用模拟器进行作弊，通过工具修改设备标识等异常迹象。存在木马病毒、存在风险应用程序、Root 或越狱的设备属于有风险的设备，应禁止用户在这些设备上登录。

在用户进行认证时，可以检测用户绑定的设备身份，确保用户是在合法设备上登录的。如果发现用户在新的设备、IP 地址、位置上登录，那么应触发多因子认证，验证用户的真实身份，降低身份窃取风险。

（2）结合威胁情报。零信任系统可以结合威胁情报，识别并屏蔽恶意 IP 地址、恶意设备、恶意手机号、虚假用户信息等。避免攻击者利用已知的恶意平台发起网络攻击、批量注册账号。

（3）异常行为分析。零信任系统可以监控用户的行为，及时发现异常操作。异常行为的识别与业务规则关系紧密，因此通常需要根据业务来定制风险模型。一些常见的异常行为包括用户高频连续登录失败；在非常用时间内向陌生账号大额转账；短时间内操作过于频繁；异地登录、新设备登录、使用不常用的浏览器登录等。发生异常操作很可能意味着用户账号被盗用，或发生了诈骗事件。

如果发生了异常操作风险事件，那么可以通过向用户和管理员发送风险提示、中断交易、在异常用户进行高危操作时触发二次认证等方式阻断风险。

（4）综合信任等级评估。当面对明显的攻击、作弊、欺诈行为时，零信任系统可以直接下发合适的管控策略。但如果大量业务风险规则都不确定，不能直接触发阻断动作，那么可以考虑使用综合信任评估的方式。

为每个风险事件设定一个扣分规则，以用户和设备为单位，计算综合信用得分。例如，如果分数为 100 分，则用户可以正常进行操作；如果分数低于 60，则应在用户进行高危操作时，要求用户进行二次认证，同时向管理员发送告警信息；如果分数低于 30 分，则应立即阻断用户正在进行的操作。管理员根据用户当前的信任等级和近期发生的风险事件进行分析，及时清除安全风险。

6.5 零信任数据安全

2021 年，美国总统拜登签署行政令要求政府各级部门落实零信任技术。美国国防部发布了他们的零信任参考架构，其中数据级的访问控制占了一大部分。

为什么美国人这么重视数据的访问控制呢？因为美国发生过严重泄密事件——斯诺登事件（美国中情局的服务外包人员斯诺登把政府的 5.8 万份机密文件泄露给了《卫报》《华盛顿邮报》等 4 家媒体，对美国情报系统及国家形象造成巨大打击）。在斯诺登事件之后，美国政府各级部门开始要求对数据进行严格的访问控制。

目前，国内实行严格数据访问控制的企业和单位还比较少。2021 年，国内陆续出台了多个与数据安全相关的法律，对于数据安全问题规定了明确的法律责任，可以预见，未来国内必然更加重视数据安全的建设。

那么，具体该如何落实呢？笔者相信，用零信任架构来落实数据的访问控制是一种非常可行的选择。零信任数据安全方案的主要特色在于数据的权限管控，零信任方案可以基于身份和数据属性进行细粒度的授权。例如，限制一个销售人员只能在可信设备上、在上班时间访问客户信息，且只能访问自己负责的客户的基本信息；在展示身份证号码时要脱敏；如果下载合同文件，那么还要经过上级审批。

下面将介绍企业面临的数据安全挑战、零信任在数据安全生命周期各阶段的作用，以及贯穿各个阶段的核心能力——数据的权限管控。

6.5.1 企业面临的数据安全挑战

1. 数据泄露事件频发

近年来，数据资产泄露事件逐年增多，危害不断增大。金融、互联网、政府、教育等各个领域都有泄密事件发生，知名企业泄露几亿条用户数据的新闻屡见不鲜。

数据泄露甚至已经形成了一条黑色产业链。

（1）上游是内部泄密人员和黑客，负责窃取数据。

（2）中间商负责数据的交易，活跃在暗网、黑产论坛等处。

（3）下游是一些黑产团伙，利用获取到的数据进行精准营销、精准诈骗。

随着互联网的发展，下游的业务需求越来越多，直接驱动了上游利用各种手段窃取数据，造成更多数据泄露问题。

2. 数据安全法发布，对企业提出更高要求

近年来，我国陆续发布了一系列关于数据安全的法律法规。各个行业也推出了行业的个人信任保护技术规范、数据分级指南、数据生命周期安全规范等。

- ◎ 我国在 2016 年 11 月颁布《中华人民共和国网络安全法》。这是我国第一部全面规范网络空间安全管理方面问题的基础性法律。
- ◎ 我国在 2020 年 4 月公布《中共中央国务院关于构建更加完善的要素市场化配置体制机制的意见》。首次明确数据成为除土地、劳动力、资本、技术外的第五大生产要素。
- ◎ 我国在 2021 年 6 月颁布《中华人民共和国数据安全法》，规定开展数据活动必须履行数据安全保护义务、承担社会责任。
- ◎ 我国在 2021 年 8 月颁布《中华人民共和国个人信息保护法》，规定了个人信息的处理者要防止未经授权的访问以及个人信息泄露、篡改、丢失。

《中华人民共和国网络安全法》《中华人民共和国数据安全法》《中华人民共和国个人信息保护法》等几部法律相继出台，为保护国家关键数据资源安全和个人信息数据安全提供了法律依据。对数据安全的重要性，以及政府部门和企业在数据安全方面的义务做出了明确规定。

对于企业来说，在业务完成之后，还有保护数据的责任。没有尽到数据保护责任的企业将受到经济甚至刑事处罚。如果没有好好建设数据保护系统、安全制度，那么即使是员工或第三方导致的数据泄露，企业法人也负有责任。2021 年，金融行业监管单位已经对数据管理粗放、客户信息保护体制不健全的企业开出了多张超百万元的罚单。

对于很多大型企业来说，只要用户量达到一定规模，企业的数据安全就已经和国家安全绑定了。如果泄露了关系国计民生的国家核心数据，且构成了犯罪，那么肯定会被追究刑事责任。因此，企业必须紧跟政策，持续完善数据安全体系的建设，尽量避免数据泄露事件发生。

3. 数据安全体系存在的问题

数据泄露的原因有很多，其中最主要的就是数据安全管控体系不够健全、权限管控存在漏洞。企业往往为了先让业务“跑”起来而忽略了安全的建设，久而久之，风险就越积越多。

1）违规操作现象普遍，管控粒度太粗

如果员工权限过低，工作就无法开展。如果员工权限过高，就必然存在权限滥用和数据泄露问题。企业往往更关注工作效率，放松了对权限的管理，敏感信息对内的过度暴露，导致了数据泄露事件的发生。例如，某快递公司发生过的数据泄露事件，就是员工越权查询运单信息导致的。

2）业务漏洞修复不及时

内部业务系统的漏洞通常不受重视。系统升级可能导致运行的不稳定，为了不影响业务运行，企业明明知道存在漏洞，往往也会选择拖延处理。如果这时攻击者入侵了内网，很容易就可以利用 API 的鉴权漏洞或者业务逻辑漏洞窃取数据。

3）账号权限配置不当，缺少统一管理和审计

账号和权限分散在各个业务系统分别进行管理，平时很难整体梳理和维护。很多临时授权最后会被忘记撤销；过度授权的情况也很难被发现；对于账号和密码没有统一要求，导致了弱密码的出现，这些问题到最后都成了系统的安全隐患。

4）身份和设备风险不可控

业务系统的权限模型往往比较简单，只是建立了人和资源的对应关系。如果用户被盗号了，或者设备中了木马被远程控制，那么系统难以发现。

6.5.2 数据生命周期安全

数据的生命周期包括数据采集、数据传输、数据存储、数据处理、数据交换及数据销毁等，如图 6-33 所示。生命周期不同的数据需要不同的防护方式，企业应做到让数据生命周期的每个环节都可查可控，实现数据的安全流动。

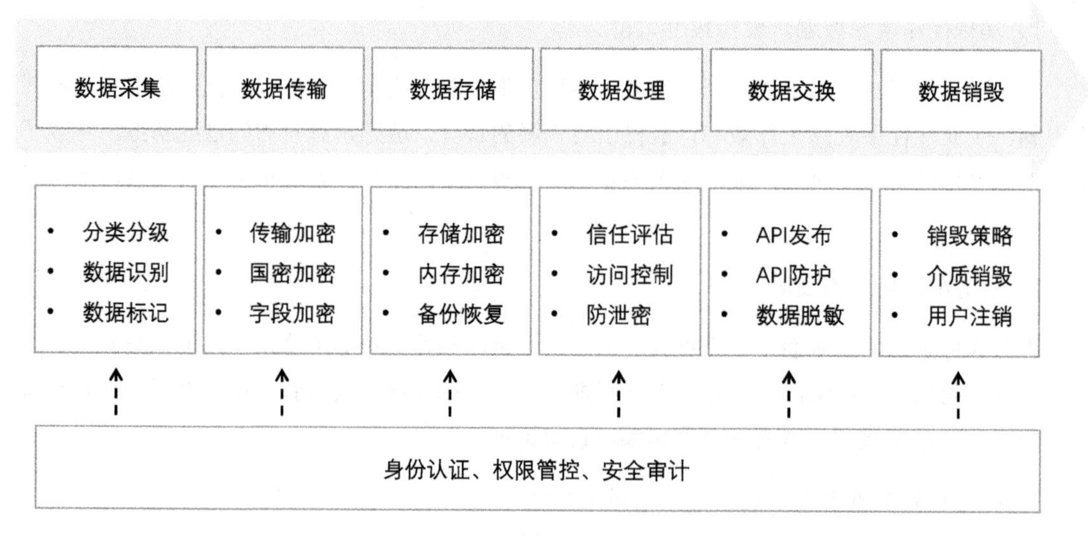

图 6-33

传统安全产品在数据安全领域仍然发挥着重要作用。零信任系统应与数据库防火墙、数据泄密防护、数据库审计、数据态势感知等各类安全产品结合，实现整个生命周期的统一身份认证、统一权限管控、统一安全审计。

下面将重点介绍零信任及相关技术在数据安全各个阶段的作用。

1．采集数据时进行分类分级

企业应该按数据的内容、敏感度等因素对数据进行分类分级，为不同种类、不同级别的数据提供不同级别的安全防护。例如，数据按内容可以分为个人数据、企业数据、公共数据；按敏感程度可以分为一、二、三级。也可以对数据进行命名，如高敏、中敏、低敏，或秘密、机密、绝密等。客户个人隐私信息、企业的核心数据资产、企业的网络技术信息等一般作为最高等级的数据进行严密防护。

数据的分类分级通常与数据创建同时进行。系统利用自然语言处理、机器学习、正则表达式、关键词库等方法，对数据内容进行识别和匹配，根据识别结果为数据打标签，标识数据的属性特征、重要程度。例如，将隐私信息词库与数据内容进行匹配，为匹配到的数据表、数据列，或数据字段打上“个人隐私数据”标签。

对于企业已有的未分类数据，可以先建立分类分级规则，再通过手动或自动工具对历史数据进行标记。这种方式有个缺点，就是只能以数据本身为依据进行分类，无法获取创建时的流程信息。

在完成数据分类分级后，数据的权限管理平台（如零信任平台）会根据数据的属性，设置不同的访问控制策略，每个类别的数据都只允许对应岗位和职责的用户访问，高敏数据需要更严格的访问条件。

2. 数据加密传输

数据在应用与用户设备之间传输时，需要进行加密。HTTPS 是常见的应用层加密传输协议，在传输敏感数据之前，往往还要对关键字段进行二次加密，加密后再通过 HTTPS 传输。如果应用不支持使用加密算法传输，那么可以将零信任网关作为中继。网关靠近应用部署，网关到应用之间不加密，网关到用户之间建立加密的传输隧道。

3. 数据加密存储

为了防止他人窃取数据，可以对数据进行磁盘加密，或对数据库、表进行加密。没有授权的人即使获取了加密数据，也无法破解，无法获取真实数据。下面介绍几种新兴的加密技术。

1）终端沙箱

终端沙箱可以对用户终端上的数据进行加密。加密数据存储在终端沙箱中，如果没有零信任系统的授权，那么用户无法外发。即使设备被盗，其他人也拷不走、打不开。

2）内存加密

当用户打开文件、处理数据时，数据会加载到内存中，内存中的数据也有被窃取的可能。内存加密技术可以利用硬件芯片提供的能力，划定一片内存保护区，将敏感数据放入其中，不允许第三方程序进入。

3）隐私计算

隐私计算是这个领域的新热点，其核心理念是“可用不可见”，简单理解就是程序可以在别人的加密数据上进行计算，得出结果。这样，既实现了计算的价值，又保护了他人的隐私。

4）数字版权管理

数字版权管理（DRM）是一种为保护知识产权而生的数据安全技术。被 DRM 保护的数据（如音乐或视频）平时是加密的，只在数据头部留有获取解密密钥的地址。当用户查看数据时，要到指定地址进行身份和权限的校验，通过校验后，才能获取解密密钥，访问数据。

零信任系统可以与这些加密技术结合，提供基于身份和环境的细粒度管控策略。而加密产品可以成为零信任系统的策略执行点，只允许经过零信任系统校验的合法用户访问数据。

4. 数据处理的访问控制

访问控制要解决谁可以访问数据、谁可以编辑数据、在什么条件下可以编辑数据、查看数据时是否需要脱敏等问题。用户访问权限策略可以基于身份信息（岗位、职级、安全可信等级）、设备信息（设备类型、健康状态）、环境信息（时间、位置）、数据信息（分类、级别）、可执行操作（查看、编辑、删除）等属性来设置。

在数据访问场景下，零信任系统可以提供权限策略的管理和验证服务，但是策略通常不是由安全网关执行的，而是由数据代理或者数据中台来执行的。

5. 数据交换的访问控制

数据交换通常以 API 形式进行。零信任的 API 网关可以实现 API 调用的访问控制，对 API 调用者进行身份认证，识别 API 请求中的恶意代码，识别异常调用行为。6.7 节会专门讨论 API 调用场景下的零信任方案，在此不再赘述。

6. 数据销毁策略

数据生命周期的最后阶段是数据销毁。企业需要依照法律法规定义系统中各类数据（内容数据、密钥数据、监控数据等）的保留时间和销毁方式。

通常数据不会直接被物理删除，而是被打上一个删除标记，一旦发生问题，可以随时恢复。只有空间不够时，才会真正被删除。为了保护用户的隐私，当用户主动删除自己的账号时，系统应该立即物理删除与该账号关联的所有数据。

6.5.3 零信任的数据权限管控

数据安全是一个很大的领域，数据生命周期的每个阶段都需要不同的防护手段。但有一件事是贯穿整个生命周期的，那就是数据的权限管控。权限管控定义了谁在什么条件下可以访问什么数据，在什么条件下才能处理数据，谁和谁之间能交换数据等。

零信任的数据权限管控是整个数据安全解决方案的核心。分散的防护手段被整合在一个统一的策略管控平台之内，能高效地驱动各类防护手段，在面对不同用户、不同环境时，有条不紊地运行。零信任系统可以通过对接不同的策略执行点，控制用户能进入哪些系统，系统展示什么菜单，用户能查看、下载、分享哪些数据，系统调用和返回的数据要不要脱敏和加密等。

零信任数据权限管控的特点是以身份和元数据为中心。零信任系统可以基于用户的身份属性、设备属性、环境属性，以及数据的分类、标签、等级等信息，制定细粒度的访问控制策略，当用户访问数据时，对用户和数据属性进行策略匹配，保证只有合法的用户在合法的设备环境中，才能对授权范围内的数据进行授权范围内的操作。

1. 零信任的数据安全架构

零信任的数据安全架构如图 6-34 所示。零信任统一权限管控平台是整个方案的核心，负责制定管控策略，结合用户和资源属性信息，实时分析安全风险，下发管控指令。

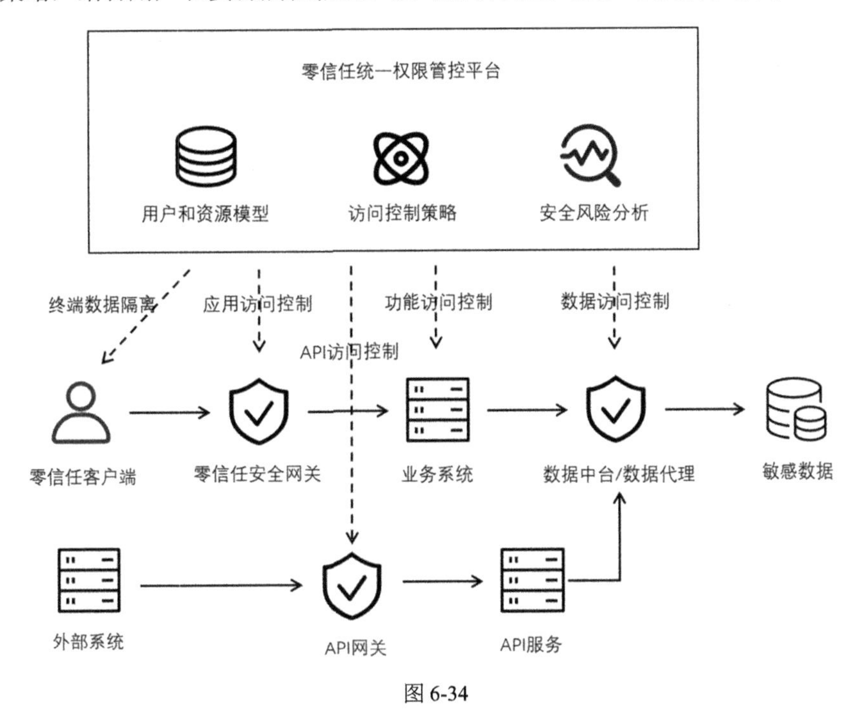

图 6-34

具体来说，零信任统一权限管控平台的作用如下。

（1）管控平台负责用户和资源属性的定义。用户不仅包括员工，还包括第三方系统、物联网设备等，资源不仅包括数据，还包括应用、功能、API 服务等。

（2）管控平台负责权限策略的制定。管理员可以基于用户和资源的属性，配置细粒度的访问控制策略。

（3）管控平台在用户访问资源时，根据安全策略进行判断，结合异常行为分析的结果，下发放行或阻断指令。对于复杂的访问场景，还可以下发数据筛选规则。策略执行点筛选后，再返回数据。

零信任管控平台可以对接各类策略执行点。

（1）零信任系统可以对接用户的终端沙箱、DLP 等终端安全产品，控制用户能否访问、编辑、分享终端上的敏感数据。

（2）零信任系统可以对接零信任安全网关和 API 网关，控制用户或外部系统能否访问应用和 API 接口。

（3）零信任系统可以对接业务系统，控制用户进入业务系统后能看到什么菜单，能使用哪些功能模块。

（4）零信任系统可以对接数据中台服务或数据代理，控制在用户查询时，数据库/大数据平台给业务系统返回哪些数据，数据要不要做脱敏等。

在实际项目中，终端和网关都是独立的安全产品，对接起来相对容易。但业务系统和数据中台是属于业务部门的，在对接时会面临各种问题。企业不一定希望将所有权限都交给零信任系统管理，这是一种美好却脱离实际的想法。更实际的做法是由零信任系统提供基本的权限要求和身份设备属性并发送到业务系统，业务系统以合适的方式利用这些信息进行授权。

2. 收缩数据访问入口

为了保护敏感数据，业务系统获取任何数据都要通过数据中台。在收缩了数据的入口后，可以在入口处实施统一的零信任管控策略。这样，即使存在非法调用的情况，零信任系统也能在返回数据的阶段再把一道关。企业的许多业务系统都是由第三方供应商提供的，不可避免地会有安全漏洞存在。当攻击者企图利用漏洞获取数据时，会被零信任系统的安全策略拦截。

3. 数据的访问控制策略

数据的访问控制策略包括用户授权策略、网络安全策略、数据脱敏规则等。

（1）用户授权策略：定义谁可以访问哪些数据，进行什么操作。例如，北京的销售人员可以查看所有北京的客户数据，但只能编辑管理自己的客户信息。

（2）网络安全策略：定义访问数据的安全要求。例如，访问客户数据，必须在可信设备上，可信等级必须为高。

（3）数据脱敏规则：定义谁访问数据要脱敏，如何脱敏。例如，当初级销售人员访问客户数据时，客户的身份证号只能显示后四位。

4. 汇聚用户和数据属性

举个细粒度策略的例子。例如，用户授权策略要求，在用户没有出差，但位置处于异地的情况下，禁止用户删除敏感级别为 9 级的数据。在这个例子中，策略的维度包括用户的身份信息、位置信息、出差状态、数据的安全级别、用户可执行的操作等。

要实现这么细的管控粒度，就要与各个数据源对接，获取信息。例如，

（1）对接 HR 系统、IAM 系统，获取用户的身份、岗位、职级等信息。

（2）对接 OA 系统、差旅系统，获知用户当前是否处于休假或出差状态。

（3）对接各类安全分析平台，获知用户近期是否发生过风险事件，例如，异地登录、连续认证失败、操作频率异常等。

（4）对接设备管理系统，获取用户的设备信息，例如，设备是公司分配还是员工自带，有没有安装杀毒软件，有没有安装沙箱等。

（5）对接业务系统，获取用户当前的业务状态，例如，用户参与了哪些项目，服务于哪些客户等。

（6）对接数据平台/数据库，获取数据的分类、级别，数据表，数据列的类型、名称、标签等信息。通常，零信任系统没有能力也没必要获取每一行的值，只需要获取数据库的元数据。

5. 数据的行级、列级过滤

用户授权策略的客体可以是数据表，也可以是符合指定条件的数据行、列。例如，在用户访问客户信息表的场景下，

（1）张三可以访问客户信息表的所有列。

（2）李四只能访问客户名称和区域。

（3）王五只能访问客户名称和区域，而且只能查看区域为“北京”的客户信息。

在上面的例子中，张三可以访问整个表，李四只能访问其中两列，王五则只能访问有限的

几行。

6．图形化的策略管理

数据的授权策略与业务紧密相关，只有业务部门有足够的背景知识来配置策略，IT 部门只能配置网络安全策略。而且，数据的管控粒度越细，策略数量就越多，仅由 IT 部门有限的人手是无法完成这项工作的。

为了满足业务部门的使用需求，零信任管控平台的界面必须简单。配置权限的过程不能太技术化，最好使用自然语言定义策略，使用图形化的方式展示配置，如图 6-35 所示。

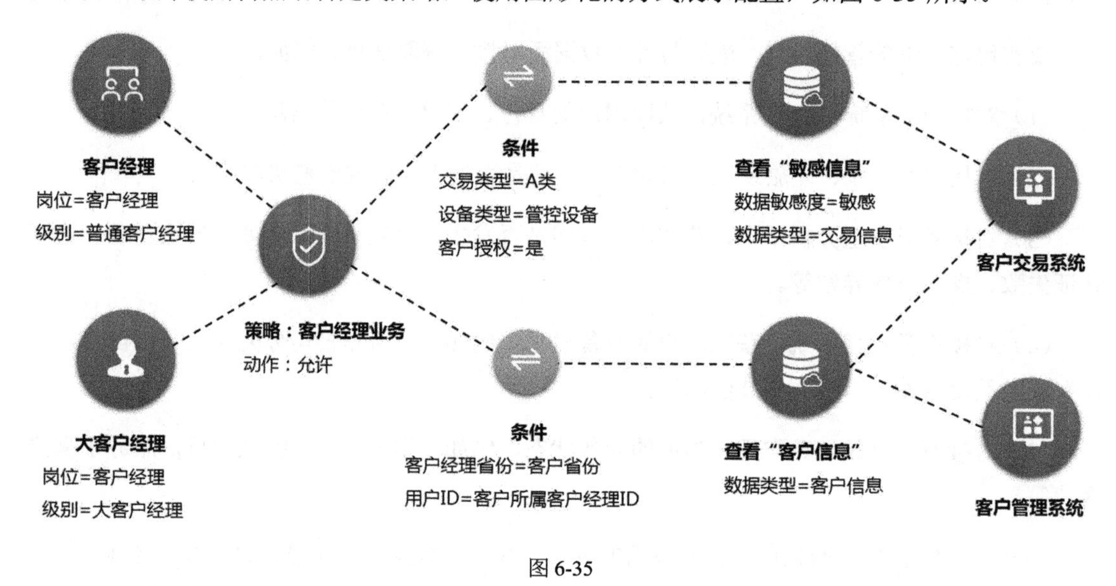

图 6-35

7．数据脱敏规则

管理员应当指定什么用户在访问什么数据时，需要对哪个字段进行脱敏，脱敏的规则是什么。

1）基于标签脱敏

一般来说，企业需要对个人隐私信息进行脱敏。如前文所述，通过正则表达式和敏感词库匹配等方式，在数据采集阶段，为数据表中的身份证、手机号、银行卡号等敏感字段打上“个人隐私信息”标签。管理员在零信任管控平台设置规则：当用户访问带“个人隐私信息”标签的数据时，需要进行脱敏。

2）脱敏流程

脱敏分为静态脱敏、动态脱敏两类。静态脱敏指将数据库中的静态数据进行脱敏，并保存在另一个数据库中。例如，导出用户信息作为测试数据库的场景就需要进行静态脱敏。动态脱敏指在用户查询数据时，将从数据库读取出的原始数据临时进行脱敏处理，再展示给用户。零信任系统的脱敏规则一般指动态脱敏。

3）脱敏方法

脱敏技术适用于各种类型的数据。例如，对数据库数据进行脱敏，对文本文件的敏感字进行脱敏，对图片中的人物和敏感信息进行脱敏等。一般通过打星号的方式对文本数据进行脱敏，例如，脱敏后手机号变为 186****0036。可以通过对敏感区域进行模糊处理的方式来对图片进行脱敏。

在外卖、快递、打车等场景下，消费者和服务者看到的对方的手机号不是真实的，而是一个平台的中间号，这是脱敏方法中的一种。

8．策略的生命周期

在数据授权场景下，为了避免策略配置失误带来损失，必须对策略的整个生命周期进行严格的管理。

在发布策略前，应该进行必要的模拟运行测试。在模拟环境中，检查策略生效后各个角色的权限变化是否符合预期。最好再设置一个策略的发布审批流程，让相关部门安排人员进行把关，保证策略的准确度。

在策略上线后，还要持续监控策略是否正常运行，定期自动检查是否存在无效授权或过度授权的情况。为了处理一些紧急情况，可以在零信任系统中设置临时授权功能。

9．用户使用效果

零信任的策略可以做到让不同级别的用户在不同条件下查看同一个数据页面时，看到的数据不同，可执行的操作不同。

例如，一个用户在自己的信任等级为“高”时（插了 U 盾，在公司登录，使用了常用设备），可以看到客户的手机号，可以编辑客户信息。但是在信任等级为“低”时（在国外登录，且使用了不安全的设备），只能看到手机号的后 4 位，而且不能编辑，用户使用效果如图 6-36 所示。

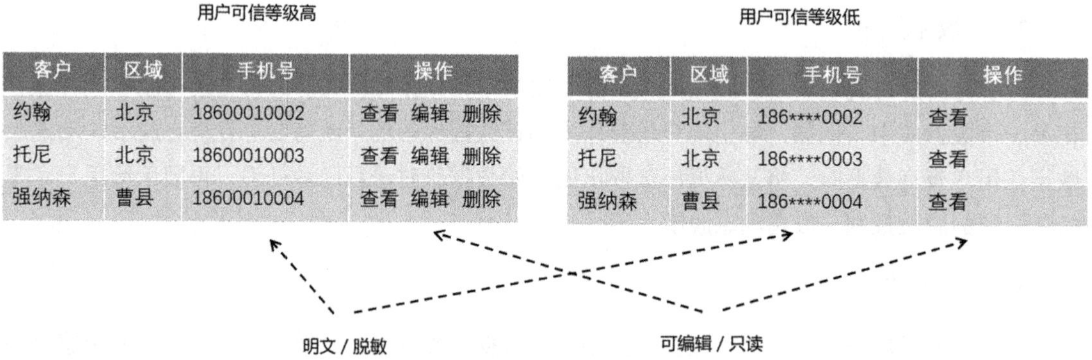

用户可信等级高

客户	区域	手机号	操作
约翰	北京	18600010002	查看 编辑 删除
托尼	北京	18600010003	查看 编辑 删除
强纳森	曹县	18600010004	查看 编辑 删除

用户可信等级低

客户	区域	手机号	操作
约翰	北京	186****0002	查看
托尼	北京	186****0003	查看
强纳森	曹县	186****0004	查看

明文 / 脱敏

可编辑 / 只读

图 6-36

从图 6-36 中可以看到，零信任系统在授权策略中引入了安全风险因素，让安全和业务结合得更紧。细粒度的数据权限策略可以在可疑情况下及时收紧用户的数据访问权限，大大降低数据泄露的可能性。

6.6 云上应用的防护

越来越多的企业选择将业务迁移到云端，享受云服务带来的便利。安全是企业上云的主要顾虑之一，零信任系统可以在 IaaS/PaaS 场景下为业务系统提供保护，尤其是在多云或多数据中心场景下，零信任系统可以支持统一安全访问控制，解决业务上云远程访问的后顾之忧。

企业的 SaaS 服务的访问安全通常由供应商保证，通常不需要零信任系统保护企业使用的 SaaS 服务，反而是 SASE 中的 CASB 和 SWG 更适用于 SaaS 服务的场景。

下面将分别介绍业务上云和 SaaS 服务这两种场景。

6.6.1 业务迁移到云端

在业务迁移到云端后，安全问题会变得更加复杂。零信任系统可以实现云端资源的统一访问和微隔离。理论上，零信任系统在云端与在本地是一样的，可以使用同样的方法部署和使用。另外，企业可以趁着业务迁移的机会，考虑零信任系统与业务系统和云环境的融合，将零信任理念渗透到底层架构中。

1. 云上的安全威胁

1）暴露面增加

在业务上云后，面临的第一个问题就是暴露面增加，如各部门员工如何访问，业务如何互联互通等。有一种方法是在业务上云后设置 IP 地址白名单，只允许来自公司或合作伙伴的 IP 地址接入。但很多用户的 IP 地址不固定，而开通白名单的流程也比较麻烦，当远程访问量较大时，运维管理非常不方便，而且同一个地方的用户一般会共用一个出口 IP 地址，白名单的管控粒度太粗，在出问题时无法审计溯源。

2）资源粒度更细更难管理

使用了云端虚拟化和容器等技术之后，资源的防护要求更加精细。

3）多平台的统一安全管控

云服务商自带的安全解决方案往往侧重于在云平台内提供安全保障方案，不能在整个企业内部通用，企业原有的安全设备通常无法迁移到云上。在多云环境下，需要屏蔽各平台之间的技术异构，实现策略的统一管理。

2. 统一访问云端和数据中心

将零信任安全网关部署在云端虚拟机上并设置网络规则，只允许来自安全网关的流量访问业务系统，只有安全网关对外映射公网 IP 地址，这样就缩小了业务暴露面，所有流量都要经过安全网关的校验才能通过，威胁被拦在安全网关之外。此时，就不用在云防火墙上配置 IP 地址白名单了，开启安全网关的网络隐身功能，即可达到更好的效果。

与前文介绍的多数据中心访问模型类似，本地数据中心的安全网关和云端的安全网关可以由一个管控平台统一管理，如图 6-37 所示。用户可以无缝访问云和数据中心里的资源。管理员可以定义跨平台的用户访问策略，只允许可信设备访问敏感资源，持续拦截异常行为。

另外，零信任系统可以与云平台对接，调用平台 API 监控云上资源的创建和编辑，以便自动调整零信任的授权和访问转发策略，降低人工运营工作量。

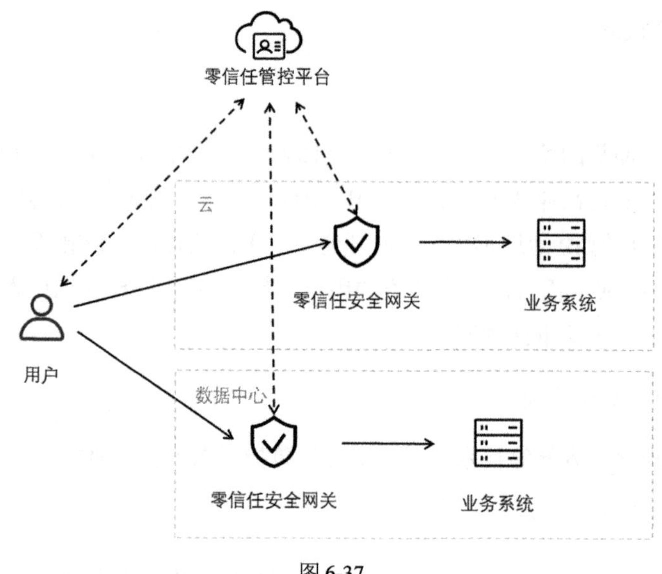

图 6-37

3. SASE 安全云的统一接入

业务上云场景还可以使用类似于 SASE 的架构。其中，零信任安全网关是一个分布式的安全云。企业内部署连接器并与安全云建立隧道，用户先接入安全云，再接入企业的云端和本地数据中心，如图 6-38 所示。

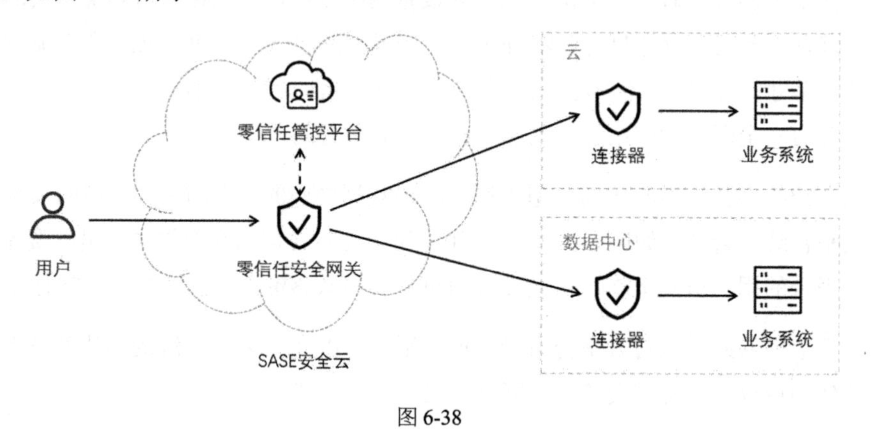

图 6-38

4. 微隔离

业务系统在上云后，可能与本地数据中心的其他系统还存在关联，服务器与服务器之间需要一种安全的连接方式。零信任的 API 网关或微隔离组件可以在这种场景下发挥作用。

云服务商自带的访问控制机制一般是基于 IP 地址的，而零信任方案可以基于身份进行策略配置，管理起来更加便捷。而且，云服务商只能实现自身平台的安全管理，无法像零信任系统一样进行跨平台的统一管控。但如果企业只有一个云，访问控制需求也比较简单，那么直接使用云端自带的功能也足以实现安全目标，不一定硬要加上零信任系统。

5. 迁移时进行零信任改造

业务上云有多种方式，如果架构不变，只是将程序直接部署在云端，那么很多云的便利之处都没用到。所以，很多企业会在迁移过程中重构业务系统，使用云原生的数据库和云端的身份管理等服务。也有企业会在迁移过程中考虑重写业务系统，以便更大限度地拥抱现代化的服务组件，如容器、微服务、大数据等，创造更大价值。

激进的企业可以在设计系统架构时考虑融入零信任理念，在云上建立身份大数据平台和统一权限管控平台。考虑在服务器、容器 pod、大数据平台、API 接口服务中设置零信任的策略执行点，从底层构建符合零信任理念的安全架构，从根本上改变攻防不对称的现状，突破安全能力的瓶颈。

6.6.2 SaaS 服务的安全防护

SaaS 服务在国外是比较成熟的，市场占比很大。尽管国内很多人看好 SaaS 的发展，基本上每年都有机构宣传“SaaS 元年”到了，但 SaaS 始终还是没有全面铺开。目前，国内使用 SaaS 服务的企业相对较少，零信任系统在 SaaS 场景可以起到的作用不大，反而是 SASE 可以帮助企业保护 SaaS 场景的安全。

1. SaaS 提供商和企业的安全分工

企业是云平台的客户。企业和云平台的服务商都对业务的安全负有责任，具体的责任划分如图 6-39 所示。

SaaS 服务的大部分安全责任由平台承担。SaaS 平台通常会部署一些攻击防护机制，防御来自互联网的攻击。平台内部会建立相应的安全管控体系，保证应用和主机的安全，企业没有必要为网络安全负责，因此，企业没必要使用零信任系统保护 SaaS 服务的网络接入安全。

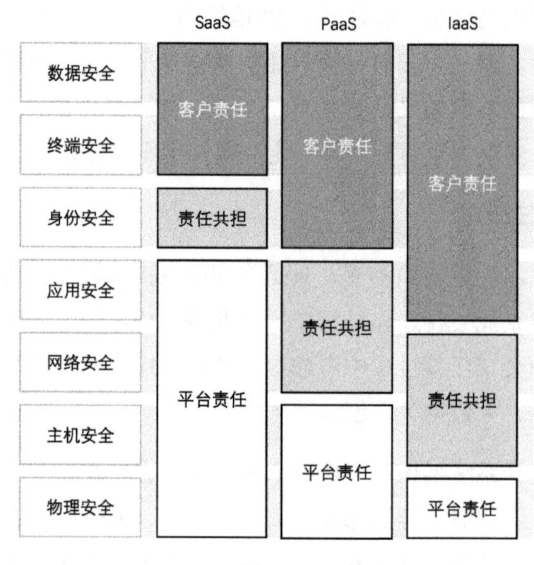

图 6-39

在身份安全方面，SaaS 服务可能使用自己的身份系统，也可能对接常用的第三方系统。SaaS 服务提供内部的权限管理体系，企业负责具体的业务授权，双方共同承担责任。在授权的安全性方面，SaaS 平台不是最专业的，几乎没有 SaaS 服务会提供基于身份、设备、环境信息粒度的授权。

企业需要对自己在 SaaS 平台上的数据和终端的安全负责。如果设备被入侵导致出现安全问题，或者数据被员工泄露，那么责任不在 SaaS 平台，而在企业自己。在这方面，企业只能寻求第三方安全厂商的帮助。

2．保护有源 IP 地址的 SaaS 服务

通常 SaaS 服务是全网可访问的，在 SaaS 场景下，零信任系统能做的事情很少，少数 SaaS 服务商可以提供源 IP 地址限制功能。如果只允许来自零信任安全网关的流量访问企业的 SaaS 服务，那么零信任系统可以为 SaaS 提供安全的访问控制服务。

3．SASE 中的 CASB 和 SWG

SASE 中除了提供零信任接入服务，通常还会提供 CASB 和 SWG 服务。这两个产品可以用于保障 SaaS 服务的安全。

1）CASB

CASB（云应用安全代理）可以通过 API、正向代理和反向代理等方式来实现，常用于解决企业的 Shadow IT 问题。CASB 可以通过对用户访问流量进行分析，统计 SaaS 服务的使用情况；通过风险和合规评估，发现没有经过审批的、业务部门自己购买的 SaaS 服务。CASB 还带有 DLP 功能，可以帮助企业保护敏感数据。

CASB 与 SDP 都可以基于代理实现，但两者的作用不同。CASB 负责管理向外的流量，SDP 负责管理向内的流量。CASB 负责用户访问 SaaS 服务的安全，SDP 负责用户访问企业内网应用的安全。

2）SWG

SWG（Secure Web Gateway）相当于一个 Web 代理，可以对用户的访问流量进行深度的解析。SWG 可以控制用户能访问哪些 SaaS 服务，屏蔽恶意 URL，还可以拦截恶意软件和入侵行为。

企业使用零信任系统保证私有资源的安全接入，用 SASE 保护 SaaS 服务的安全，是一种比较合理的做法。

6.7 API 数据交换的安全防护

API 接口是系统间数据交换的主要形式。特别是在多云、多数据中心场景下，当不同环境之间进行 API 调用时，可以通过零信任网关进行细粒度的管控，识别流量中的异常行为和安全威胁，对数据进行检测和脱敏，防止敏感数据泄露。

6.7.1 API 安全风险

如果 API 接口存在安全风险，则可能造成服务不可用或敏感数据泄露等严重后果。下面介绍一些常见的 API 安全威胁。

1. 外部用户的暴露风险

API 服务暴露在外网，会给攻击者利用漏洞进行攻击的机会。特别是对于企业外部用户，没有固定 IP 地址，无法通过 IP 地址白名单降低风险。

2. 错误的安全配置

如果 API 服务版本更新不及时，或者使用了错误的安全配置，例如，配置了错误的 HTTP header、使用了不必要的 HTTP 方法、跨域资源共享，以及错误消息包含了敏感信息，那么攻击者可能利用这些错误的安全配置发现 API 服务的漏洞，进而发起攻击。

3. SQL 注入

攻击者将恶意代码作为参数的一部分提交，诱使 API 服务执行恶意代码，从而获得非法授权，窃取敏感数据。

4. 暴力破解

如果缺少资源和速度限制机制，不限制用户请求资源的大小或数量，那么很可能被流量攻击、暴力破解等手段攻破。

5. 身份窃取

攻击者可以通过窃取用户的身份令牌或利用漏洞来伪造合法身份、窃取数据，或进行进一步攻击。

6. 横向攻击

缺少隔离机制会导致攻击者在入侵某个服务器后进一步发起横向攻击。如果缺少监控日志，就难以发现入侵事件，使攻击者可以长期驻留。普通企业的入侵检出时间可能达到 200 天以上，甚至有很多企业如果不依靠第三方，就永远不会发现入侵行为。

7. 过度授权

企业有时为了方便，会只对 API 进行粗粒度的授权，攻击者可以通过猜测参数属性等方式，访问他们无权访问的数据。有时，API 会返回过多的数据让用户自己进行过滤，这样的过度暴露也会增加数据被窃取的风险。

6.7.2 零信任 API 网关的安全架构

企业可以通过部署零信任 API 网关，或改造现有 API 网关来实现 API 的访问控制，如图 6-40 所示。

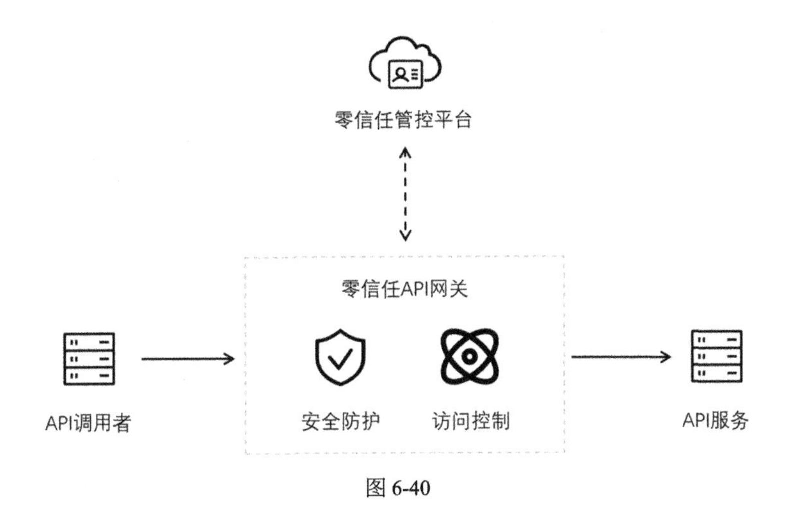

图 6-40

零信任架构的组件如下。

（1）零信任 API 网关：负责 API 的发布，并对调用 API 的行为进行校验。一方面要检测调用数据中是否包含恶意代码，防御黑客攻击；另一方面要检查调用者的身份和权限是否合法，拦截非法越权访问。

（2）零信任管控平台：负责 API 调用者和 API 服务的身份权限管理，并对 API 网关的访问日志进行分析，发现异常行为和安全威胁。管控平台根据安全策略对访问过程执行阻断、脱敏、限流、限速等控制措施。

1. 关键能力

零信任 API 网关应提供的关键能力如下。

1）网络隐身

零信任 API 网关需要具备网络隐身能力，默认隐藏所有端口，让攻击者无法发现被保护的 API 服务。合法的 API 调用者可以通过安装零信任客户端进行端口敲门，或者通过无端模式先到管控平台进行认证，待端口开放后，再进行访问。

2）网络攻击防护

零信任 API 网关应当具备一定的网络攻击检测能力，对 API 请求内容进行检测，拦截 SQL 注入、XML 注入、漏洞利用等常见的攻击行为和恶意 API 调用请求。

3）代理转发

零信任 API 网关应提供 API 的统一发布，在接收到访问请求时，如果身份权限合法，则将请求转发给真实的 API 服务器。在 API 转发方面，应支持协议转换、动态路由等功能。API 网关支持加密传输，可以避免数据篡改和重放攻击。

4）身份和权限校验

在调用 API 服务之前，需要进行身份认证，管控平台负责为每个调用者创建身份，分配身份凭证。在调用 API 服务的过程中，需携带身份凭证，否则会被 API 网关拦截。

如果调用者的服务器上可以安装零信任客户端，那么还可以结合服务器的安全因素，如漏洞、补丁情况等，对设备进行可信评估。零信任管控平台可以配置细粒度的认证、授权策略。例如，要求调用者的信任等级为高；只有在特定时段、来自特定 IP，才能访问特定 API，避免攻击者在入侵设备后攻击 API。

5）异常行为分析

零信任系统可以对 API 调用的次数、频率、规律，调用者的位置、设备、身份等因素进行分析，综合判断调用行为是否正常。例如，如果调用者在短时间内频繁更换传入参数，则可能是在猜测请求字段，企图进行漏洞探测或越权访问，此时零信任系统应立即发出告警。如果调用者连续认证失败次数过多，则可能存在暴力破解行为，此时零信任系统应立即锁定账号。

6）安全审计

零信任管控平台应记录 API 调用的历史日志，实现访问行为的可视化。管理员可以查看攻击、异常、超时、超速、访问出错等类型的异常事件，结合信任等级变化记录，及时发现攻击者和攻击路径。

7）API 治理

零信任管控平台负责 API 服务的全生命周期管理。根据一段时间的访问日志，对每个调用者进行分析，发现长期未使用的账号和 API，发现包含敏感数据的 API，自动生成账号和权限调整方案，供管理员查看。

8）数据脱敏

零信任 API 网关应对 API 内容进行深度解析，如果发现身份证、手机号等个人隐私或其他行业敏感数据，则打上对应标签，并根据安全策略进行脱敏或告警。

9）流量控制

零信任 API 网关应支持精细化流量控制，实时监控访问速度、访问频率、访问流量、并发数，提供限流、限速、熔断等保护措施，避免“过载”导致 API 服务不可用。

10）集群部署

为支持大规模 API 调用，API 代理应支持集群部署，避免单点故障；支持负载均衡，提升集群效率；支持弹性扩容，保障服务的稳定性。

2. 安全价值

零信任 API 网关可以在事前、事中、事后三个阶段保证 API 的访问安全。

（1）在事前阶段，通过网络隐身、身份权限校验功能，保证只有合法的 API 调用者才可以接触 API 服务，而且只能获取必要的资源。

（2）在事中阶段，通过网络攻击防护、异常行为分析，及时发现并拦截攻击行为，通过数据识别和脱敏机制，避免数据泄露。

（3）在事后阶段，通过安全审计机制，及时跟踪攻击者和攻击路径，发现服务自身存在的漏洞、不合理的权限配置等。

6.7.3 API 旁路监控模式

不少企业已经有了 API 网关，并且做了很多兼容改造和性能调优，不能轻易替换，也不敢直接串联一个零信任网关。在这种情况下，可以使用零信任的旁路模式。

当零信任 API 网关部署在旁路时，无须对现有网络进行任何改造，只要将访问流量镜像一份到零信任网关上即可，如图 6-41 所示。

（1）零信任网关负责对流量进行解析，可以在发生风险时执行旁路阻断。

（2）零信任管控平台需要与 API 服务打通身份，基于身份对流量进行安全分析。

旁路的零信任网关可以对往来数据进行安全审计，分析调用者的行为轨迹，识别敏感数据的流动方向。在发现各类异常行为和安全威胁时，可以通过旁路阻断技术阻断异常风险。

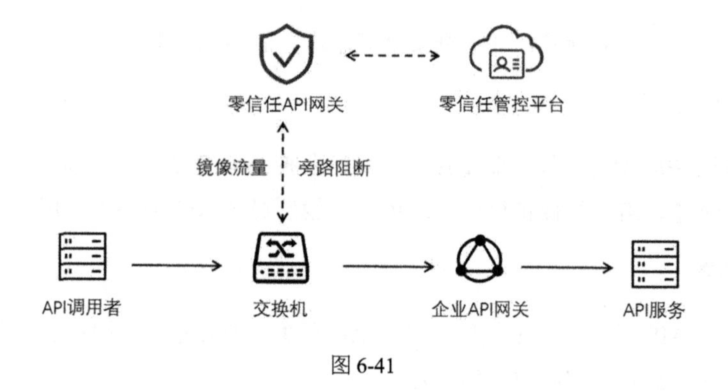

图 6-41

6.7.4 Open API 调用场景

不少企业会面向合作伙伴提供 Open API 平台，来自合作伙伴的平台用户需要在 Open API 平台上申请身份凭证及 API 服务的授权。有了身份和授权，就可以使用 API 网关发布的服务了，如图 6-42 所示。

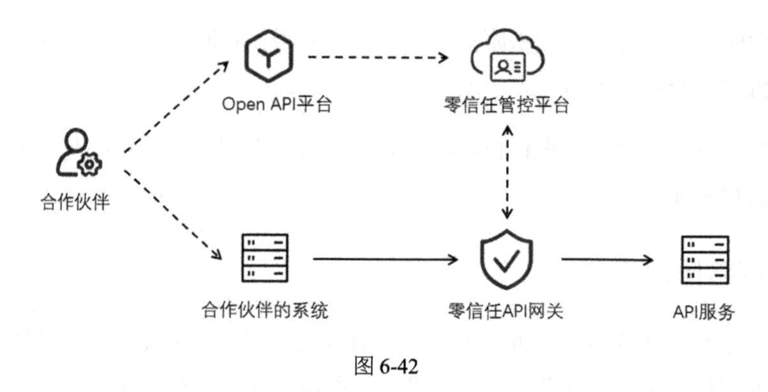

图 6-42

（1）Open API 平台：合作伙伴在 Open API 平台上注册账号、申请权限、配置策略、获取客户端、证书和文档等资源。Open API 平台是在前端为合作伙伴提供服务的，具体的身份和权限操作，会同步到后端的零信任管控平台来执行。如果企业的合作伙伴较少，场景比较简单，那么也可以考虑直接通过零信任管控平台提供服务。

（2）零信任管控平台：负责身份和设备的认证。当管控平台发现异常风险后，会向 API 网关下发安全策略。管控平台还负责监控网关集群的性能和健康状态，保证服务的稳定性。

（3）零信任 API 网关：负责 API 的发布。网关只对合法用户开放端口，以降低暴露面。在访问过程中，对第三方系统的身份和权限进行校验，并根据下发的安全策略执行阻断、脱敏等操作。

在 Open API 场景下，API 网关可以是独立部署的零信任 API 网关，也可以是企业原有 API 网关与旁路部署零信任网关的组合。

6.7.5 内部 API 服务调用场景

在企业内部系统互相调用 API 服务的场景下，零信任 API 网关主要用于 API 的规范化管理和安全调用。通过完善安全管理措施，进一步帮助企业完成内部系统的前后端分离，满足网络和数据安全的合规要求。

在具体的项目实施过程中，API 服务的提供者需要在管控平台上注册 API 服务，并管理 API 的授权。API 调用者通过身份凭证与 API 网关连接，访问被授权的 API 服务。

内部 API 服务场景可以使用独立部署的 API 网关，也可以使用旁路的零信任网关加上企业原有的 API 网关。

内部调用 API 的场景与 Open API 场景通常是分开的，由不同的 API 网关分别提供服务，互相隔离，互不影响。

6.7.6 API 调用与应用访问联动

如果零信任系统同时管理“用户访问”与“API 调用”两个场景，那么可以要求前置服务器在调用后端 API 时带上用户的身份凭证。零信任管控平台通过对用户权限、API 调用者身份进行双重校验，决定是否放行，如图 6-43 所示。如果用户操作与调用 API 行为不符，那么零信任 API 网关将阻断 API 的访问，以避免前置服务被入侵后，随意调取 API 窃取数据。

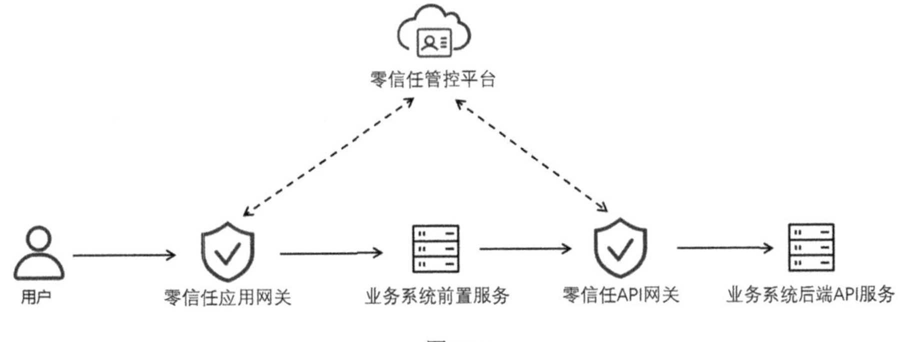

图 6-43

6.8 物联网的安全防护

随着物联网行业的快速发展，安全事件也逐年增加，其中大多数攻击都与物联网设备的粗放管理相关，而管理恰好是零信任的优势所在。在物联网场景下，零信任架构可以提供基于设备身份的细粒度访问控制，收缩物联网的暴露面，避免大面积的网络攻击风险。

6.8.1 什么是物联网

物联网（Internet of Things，IoT）是物与物、人与物之间互联互通的网络。物联网通过各类传感设备收集物理世界的信息，设备之间以专门的协议进行通信，最终完成信息的处理和与现实世界的互动。

物联网已经被应用于生活中的各类场景。例如，以智能家居、可穿戴式设备为代表的消费物联网；以各类生产环节的传感器和控制器为代表的工业物联网、车联网；公共场所、办公场所的视频监控网络等都属于物联网。

1. 物联网的网络架构

物联网的网络架构如图 6-44 所示，包括物联网设备、物联网网关、物联网平台、物联网应用系统等几部分。

图 6-44

有些物联网设备可以直接连接互联网，与物联网平台和应用系统通信。另一些简单的物联网设备需要网关进行中转，这些设备的配置通常比较低，由于带宽、电池、性能有限，因此不会直接在互联网中进行通信，而是采用一些非 IP 的协议，先连接到区域内的物联网网关，进行协议转换后，再向上传输数据。例如，大部分工业物联网设备都需要物联网网关，可穿戴设备一般需要连接手机，而智能摄像头、ATM 机等设备通常会直接连接互联网，实时将数据上传到云端。

物联网平台是应用系统的基础平台，负责管理物联网设备、网络连接，并对采集的数据进行处理、建模。

物联网应用系统是物联网数据的消费者。应用系统对物联网平台处理过的数据进行分析，形成决策。管理员可以通过应用系统向物联网设备下发远程控制指令。

2. 物联网设备

物联网设备常用于采集数据和远程控制。物联网设备的种类很多，摄像头、温度传感器、智能水表等都属于物联网设备。具体来说，物联网设备的特点如下。

1）性能较差，很少升级或修复漏洞

低功耗设备难以实现现场充电，制造商常常为了降低功耗而牺牲安全。为了降低功耗，物联网设备会采用简单的网络协议、小型的操作系统。安全功能被认为是最不重要的，通常也会被砍掉。性能高一点的设备有时也会因为自身系统比较封闭，不允许安装第三方安全软件，有的设备甚至完全不考虑以后要升级、安装补丁、修复漏洞。由于缺少安全防护能力，物联网设备很容易被攻击者入侵，导致整个物联网系统受到威胁。

2）设备类型多，难以统一管控

对于涉及多种设备、多个供应商的物联网项目，很难提出统一的安全性要求。例如，对于“为每个设备分配一个合法身份标识，防止黑客伪装成合法设备接入物联网平台窃取数据”这个基本要求，由于设备种类很多，除非系统集成商非常强势，否则根本无法要求设备供应商定制设备硬件，或者烧录统一的 ID。

3）现场设备更易受攻击

如果物联网设备部署在公共场所，那么很容易受到物理安全风险的影响。黑客可能破坏设备，或接入设备的网络接口。无线通信的物联网设备也很容易被攻击，只要在网络传输覆盖范围内，理论上任何人都有可能接入网络或对网络传输的数据进行窃听。

如果物联网设备与后端业务处于直连状态，而且终端处于无人值守状态，那么攻击者可以利用分散在各处的单个设备逐步渗透到整个网络中，对核心业务系统展开攻击。

3．物联网的网络协议

不同的物联网设备会使用不同的网络协议。其中，物理层和链路层的协议五花八门，如NB-IoT、LoRa、蓝牙、Zigbee、M-Bus等，有近距离的、远距离的、有线的、无线的、需要网关的、不需要网关的，多种多样。应用层最常用的物联网协议是MQTT协议，数据以JSON格式传输。

MQTT是一种轻量级的、基于代理的"发布/订阅"模式的消息传输协议，如图6-45所示。MQTT协议的特点是简捷、小巧、省流量、省电。

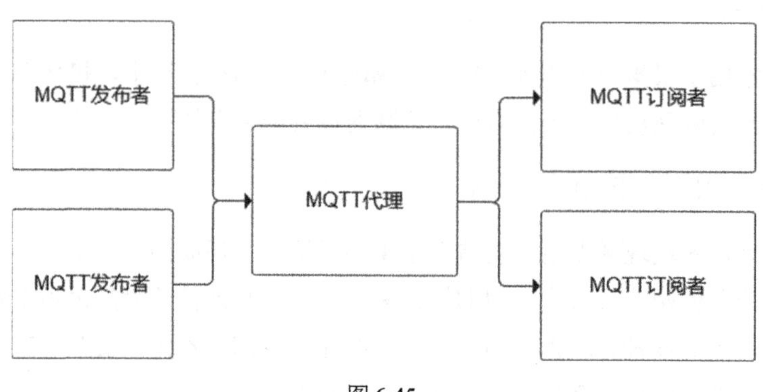

图6-45

MQTT协议最初的目的只是传输，在安全方面比较弱。MQTT协议中包含客户端标识以及用户名、密码，客户端标识可以使用芯片的MAC地址或者序列号来验证物联网设备的身份。MQTT协议基于TCP，一般以明文传输，如果不用TLS加密，那么确实容易受到中间人攻击。但是使用TLS加密需要耗费更多资源，设备的成本会更高。

4．物联网网关

物联网网关最重要的作用就是协议转换。物联网设备的通信协议非常多样、碎片化严重，物联网网关统一对接各种设备，把各类物联网协议（如ZigBee、Lora、蓝牙）统一转换为标准协议（如MQTT、HTTP）与物联网平台通信，网关相当于物联网设备和平台之间的桥梁。连接到网关的物联网设备并不暴露在互联网上，只有网关是暴露的。这样，恶意软件和网络攻击的目标就变成了网关，物联网网关成了第一道安全防线。

另外，有些网关具备边缘计算的能力，数据在网关进行实时处理，可以满足设备的使用需求。数据在经过处理后，只把处理结果传输到云端，可以节省大量带宽。

5. 物联网平台和应用

物联网平台负责物联网设备和连接的管理。设备管理模块会对设备状态进行全天候监测，保证生产线和客户现场的设备高质量运行。连接管理模块负责与设备建立通信会话，并对会话进行管理。暴露在外网的物联网平台往往会成为黑客攻击的首要目标。

物联网平台的用户很多，除了物联网设备，还包括业务人员、平台管理员、平台运维人员、物联网设备的管理人员（设备供应商）。物联网还涉及应用系统之间的 API 调用，这类场景与前文介绍过的用户远程访问和 API 调用场景类似，此处不再赘述。

6.8.2 物联网的安全威胁

在物联网中，一旦出现网络攻击事件，就可能造成物联网设备失控、数据泄漏，甚至对人们的生命财产造成威胁。例如，针对网络摄像头、智能门锁的攻击，会造成敏感视频泄露、屋内财产损失；针对车联网的攻击很可能使汽车偏离路线；针对医疗设备的攻击可以使生命维持设备停止工作。在著名的物联网僵尸病毒 Mirai 事件中，黑客通过在物联网设备中植入病毒发起 DDoS 攻击，造成了美国、德国网络的大面积瘫痪，已经到了威胁国家安全的地步。

总结近年来的安全事件，常见的物联网攻击如下。

1. 物理攻击、盗用、篡改

很多物联网设备部署在户外的开放环境中，例如，室外环境传感器、远程摄像机等，非常容易受到人为或自然因素的破坏。例如，通过物理打击对设备进行损坏、篡改；设备网线被拔出，被黑客直连入侵；伪造设备接入无线网络等。

2. 来自互联网的网络攻击

为了方便远程管理，大量物联网设备和服务器是暴露在互联网上的。知名的 Shodan IoT 搜索引擎发现，互联网上暴露了将近 5 万台 MQTT 服务器。其中，大约有 3 万台没有密码保护，任何人都可以与它们建立连接。

黑客可以对暴露在互联网上的物联网设备、网关和服务器发起 DDoS、窃听、伪造数据包、漏洞探测等攻击。

3. 利用弱密码

许多物联网设备使用弱密码或者硬编码的默认密码，攻击者很容易通过暴力破解、身份伪装等方式进行非法接入。

4. 未加密的网络协议

使用未加密协议进行通信的物联网设备，很容易被黑客通过伪造基站和中间人攻击等方式拦截、监听，从而窃取机密数据。

5. 利用漏洞

物联网设备的类型众多，难以进行统一的大规模管理和升级，设备往往存在漏洞。攻击者可以利用设备和操作系统的漏洞和后门，轻松获得设备的高级权限，进行下一步攻击。

6. 物联网木马、恶意软件

攻击者通过设备漏洞植入恶意木马，从而控制设备，横向攻击内部网络，或作为肉鸡发起大规模 DDoS 攻击。

7. 横向攻击

攻击者在攻陷物联网设备后，如果设备具有过高的网络访问权限，那么攻击者将以设备为“跳板”，将威胁传播到物联网平台上或物联网应用系统中。一个经典的案例是，黑客利用一个智能鱼缸攻进了一家高级赌场。

6.8.3 物联网网关的安全防护

物联网场景可以分为有物联网网关和没有物联网网关两种，本节将先介绍有物联网网关的场景。在此场景下，物联网设备数量多、种类多，往往难以管理。零信任面对的主要挑战是在有限的条件下，实现设备身份和权限的管控。

1. 零信任架构

物联网的零信任架构将常规物联网网关升级为“零信任物联网网关”。物联网网关要扮演网关和客户端两个角色。一方面，它作为网关，对接入的物联网设备进行身份和权限校验；另一方面，它作为客户端，与零信任应用网关建立连接，如图 6-46 所示。

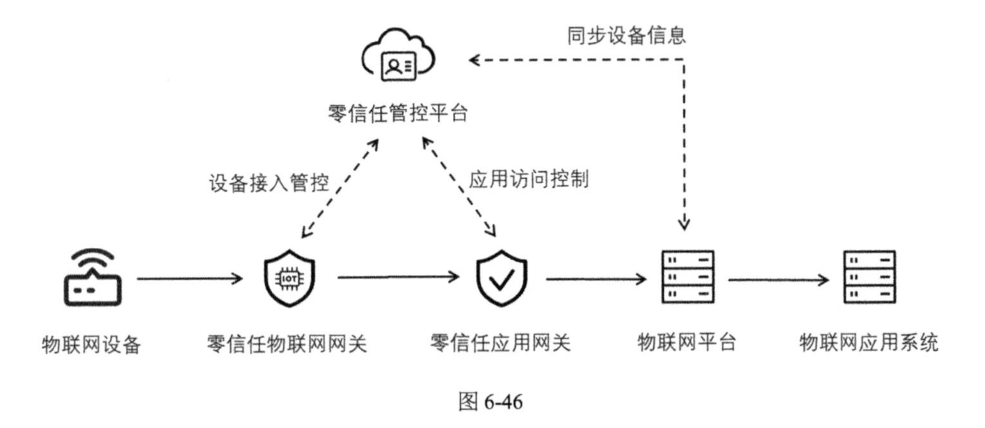

图 6-46

（1）所有物联网设备都以零信任物联网网关为网络的主入口。

（2）零信任物联网网关部署在现场，负责对接入的设备进行身份认证、设备检测，只有合法的设备才被允许与网关通信，异常设备会触发告警。

（3）零信任物联网网关在进行协议转换后，通过互联网与零信任应用网关通信。

（4）零信任应用网关负责保护物联网平台和应用。应用网关默认对外隐身，只允许合法的物联网网关与其连接，在访问过程中进行身份和权限校验。

（5）零信任管控平台负责设备身份和权限的管理，对物联网设备的访问过程进行安全审计和异常行为分析。

物联网平台和应用的用户、管理员、运维人员等都需要通过零信任应用网关进行访问。

2. 关键能力

1）设备身份识别

每个物联网设备都应该具有唯一的身份标识，以便零信任系统进行设备身份认证，拦截非法设备。

（1）绝大多数设备都有 MAC 地址，如果单纯将设备的 MAC 地址作为身份标识，那么比较容易被攻击者仿冒。

（2）采集更多的设备信息（如品牌、型号、IP 地址、系统类型、协议、网卡、UUID 等）并生成设备指纹，比单独使用 MAC 地址更安全。

（3）如果设备自带证书或允许嵌入安全芯片，就能获得最佳安全性。安全芯片中预置合法机构签发的证书，一个芯片对应一个证书，设备在激活时先通过预置证书进行身份识别，然后配置使用，硬件签名验证可以保证每个设备的身份安全。不过，在实际项目中，许多设备没有证书，也不允许被改造。

2）设备准入基线

在物联网设备接入网关时，网关先对设备进行扫描，检查设备指纹是否合法。如果不是合法设备，则禁止其接入。当设备初次接入时，可以申请注册。

此外，还应检测设备属性是否符合安全策略。例如，检测设备是否存在异常高危端口，是否使用默认弱口令，不能让“易被入侵的设备”接入；检测设备的运行状态是否正常，不能让异常设备接入；通过设备指纹和网络位置等信息判断是否存在设备仿冒、恶意复制等情况，不能让非法设备接入。

3）风险分析和动态授权

零信任的特色就是假设入侵必然发生，因此必须坚持最小化授权原则，持续评估每个设备的信任等级，一旦发现异常，则立即进行隔离，避免出现更大损失。

（1）检测设备系统版本是否存在漏洞，检测是否开启高危端口，检测设备状态是否正常。如果设备未达到安全要求，就会被网关隔离。

（2）对设备的行为规律建模，检测近期是否存在越权访问其他端口、访问次数异常、流量大小异常、访问时间异常等情况。因为物联网设备的行为相对固定，所以一旦发现异常行为，应立即告警或阻断。

（3）对设备的通信内容进行检测，如果发现协议异常、参数异常、内容异常等情况，则进行拦截。

（4）监控设备是否进行过违规外联，如果有，则说明存在设备入侵风险，应及时拦截。

4）物联网平台的网络防护

零信任应用网关部署在物联网平台之前，只允许合法的零信任物联网网关进行连接，未知用户无法探测到零信任应用网关和物联网平台。

零信任应用网关需要进行严格的访问控制，拦截异常行为和安全威胁，只允许物联网网关访问有授权的系统，禁止物联网网关访问其他内网资源。物联网通信应全程采用加密协议，避免中间人攻击。

6.8.4 智能终端的安全访问

本节介绍没有物联网网关的场景。这种场景下的物联网设备通常采用 Android 或 Windows 操作系统的终端。例如，很多智能摄像头采用 Android 操作系统；不少类似 ATM 的服务终端采用 Windows 操作系统，只不过连接了很多办理业务的外设，如摄像头、扫描仪、读卡器等。

智能设备上一般可以安装零信任客户端，这种场景与普通用户的访问场景非常相似，如图 6-47 所示。

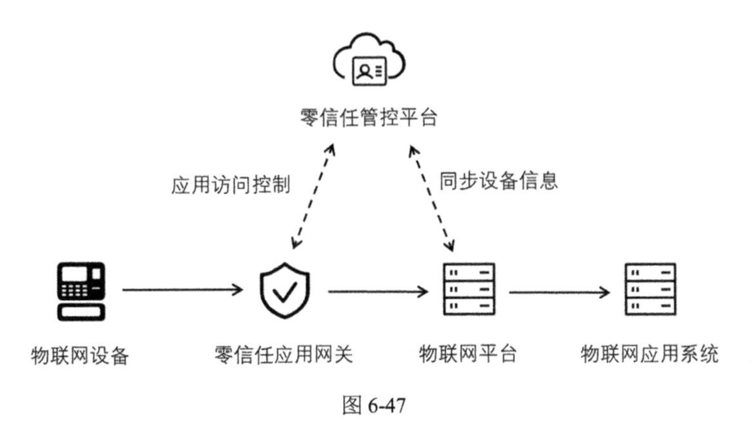

图 6-47

零信任架构的关键能力如下。

（1）设备认证：零信任系统可以将设备指纹作为身份标识，每个设备都安装证书用于验证身份。特别是当设备接入有线或无线网络时，需要对设备身份和设备可信等级进行验证，避免攻击者伪造设备接入网络。

（2）多因子认证：除了设备认证，有人维护的设备还可以在发生风险的情况下，进行人脸、指纹识别等多因子认证。

（3）双向加密：设备与网关之间可以进行双向认证的加密传输。

（4）终端检测：为了避免被入侵的设备接入物联网，可以对设备进行持续的检测。例如，对操作系统安全配置的检测、对异常进程的检测、对高危端口的检测、对外接设备的检测等。

如果设备环境达不到安全基线，则立即对设备进行隔离。

（5）零信任系统应支持对设备的异常行为进行分析和动态授权。

6.8.5 物联网中旁路部署的零信任

物联网场景下的零信任网关也可以在旁路部署，如图 6-48 所示。在旁路部署场景下，除了普通的访问控制能力，零信任系统还要负责物联网设备的管控。

（1）通过主动扫描、流量分析、与网络设施联动等方式，探测网络中存在的物联网设备。

（2）通过设备指纹识别技术及时发现非法设备并进行告警，或与网络设施联动隔离非法设备。

（3）在发现异常风险时，利用旁路阻断技术，拦截异常的连接。

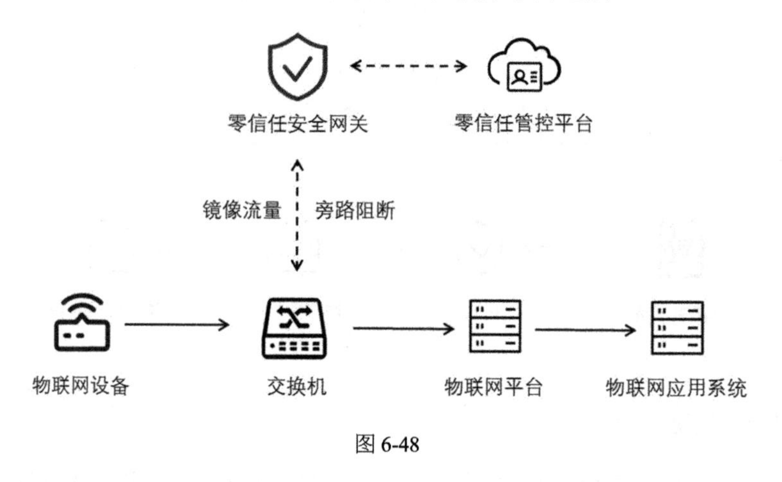

图 6-48

6.8.6 零信任保护 MQTT 服务器

在一些智能家居场景下，MQTT 服务器（MQTT 代理）是暴露的，非常容易被黑客利用漏洞进行攻击。在这种场景下，零信任网关可以保护 MQTT 服务器，只允许安装了零信任客户端的设备访问，对其他设备都是隐身的。这样可以避免网上爬虫探测到漏洞，避免黑客入侵智能设备，如图 6-49 所示（图中不包括管控平台，管控平台单独部署即可）。

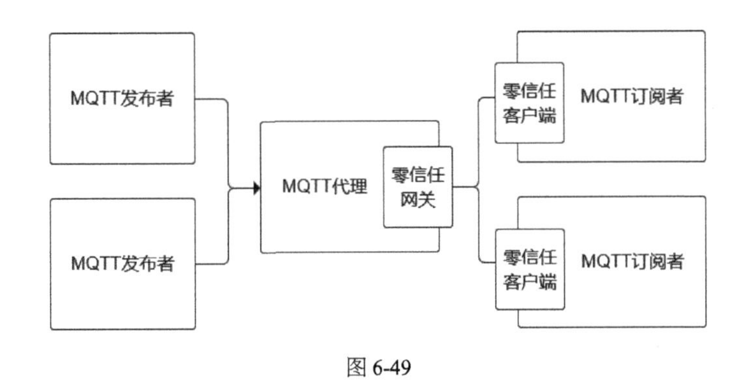

图 6-49

6.9　零信任与等保合规

等保合规是企业安全建设的一项重要工作，但对于不少人来说，等保还是一个模糊的概念。有人会问零信任能不能“过等保”，这个问题很难回答，因为问题本身存在概念上的错误。本节希望厘清这些概念，讲明白等保是怎么回事，怎么做才能“过等保”，以及零信任在“过等保”的过程中发挥什么作用。

6.9.1　什么是等保

我们常说的等保指一系列对企业信息系统的安全要求。“过等保”指企业的系统可以满足这些要求，并通过了评测机构的测试。2019 年 12 月开始实施的网络安全等级保护 2.0 标准体系（简称等保）是国内非常重要的安全合规标准，理论上所有网站、系统、App 都需要过等保。

等保是分级的，等保要求的全称是“信息系统安全等级保护基本要求”，等保的“安全等级”是按系统受到破坏后所造成的影响来划分的。关系到国计民生的、用户规模较大的系统一旦发生问题，对社会、国家造成的影响将非常巨大，因此需要满足更高级别的等保要求，影响范围较小的系统，只需要满足最基本的安全要求。等保一共有五级，一般来说，小企业、县级单位的一般信息系统属于一级；地市级企事业单位的一般办公系统属于二级；涉及敏感信息的、影响人数较多的信息系统属于三级；涉及国家安全、关系国计民生的系统属于四级；国家重要部门的极端重要的系统属于五级。

过等保有明确的流程。企业要先到相关部门进行定级（确定安全等级）备案，再依照该等级的要求进行整改，整改后找测评机构进行测评，各方面的测评都通过并走完相关流程，就算过等保了。

等保要求的覆盖面非常广，在技术、管理方面，都有明确要求。技术方面包括物理安全、网络安全、主机安全、应用安全、数据安全等。可以说，从防火防盗、网络入侵、访问控制、数据备份加密、企业的安全制度、流程文档等各个层面都做了要求。从这里也可以看出，等保其实是针对企业的业务系统以及相关的网络、人员、制度等整个“环境”的全面要求。单一的安全产品，例如防火墙、态势感知等，是谈不上能不能过等保的。零信任也一样，谈不上“零信任能不能过等保”。

6.9.2 零信任与等保

等保中的很多要求可以通过零信任满足，但零信任目前还不是过等保必备。等保制度已经实行多年了，在零信任流行之前，业内已经总结了一些过等保的“安全套餐”。所以，很多等保咨询方案中，还没有零信任的身影。

零信任系统可以帮助企业在最重要的身份鉴别、边界安全、访问控制、通信安全、主机安全等方面的一些项目上以高分通过。特别是在最终评测做渗透测试时，零信任网关因为具备网络隐身特性，可以让普通的渗透手段失效。

（1）零信任的安全网关可以帮助企业满足网络安全和应用安全中的结构安全、边界完整性检查、入侵防范、访问控制、安全审计、通信完整性、通信保密性、抗抵赖、资源控制等方面的部分要求。

（2）零信任的身份管理和认证模块可以帮助企业满足应用安全层面的身份鉴别要求。

（3）零信任的设备清单库和安全分析模块可以帮助企业满足系统运维管理方面的资产管理、设备管理、系统安全管理等要求。

（4）零信任的微隔离组件可以帮助企业满足主机安全方面的访问控制、安全审计等要求。

6.9.3 其他安全能力

等保测评的重点是业务系统自身的安全性，而非周边的网络安全设备的安全性。在真实测评时，测评师一般不会对企业采购的安全设备的安全能力太过纠结，测评的重点在于业务系统自身的安全是否做到位了。例如，系统中是否存在越权攻击、SQL 注入等漏洞，服务器的账号和系统配置是否符合安全要求等。这方面主要靠网络安全人员和业务系统的开发人员来落实。

其他常见的、可以有效帮助企业提升安全水平并通过等保测评的产品包括防火墙、态势感知、主机防护（防病毒、入侵检测等）、数据库审计、堡垒机、漏洞扫描、WAF 等。这些产品可以帮助企业满足网络安全、主机安全、数据安全、运维安全、入侵防范等方面的要求。

6.10 安全开发和运维

在企业的安全开发、安全运维等场景下，零信任系统可以增强用户和工作负载的身份安全性、访问安全性，以及管控访问过程中的数据安全性。

6.10.1 安全运维访问

负责管理网络设备、服务器、数据库的运维人员拥有这些网络资产的特权账号，一旦丢失或被人滥用，企业将面临灾难性的损失。如何管理特权账号、对特权访问进行细粒度管控是安全运维场景的重点。

1. 安全运维访问架构

传统的 PAM（特权访问管理）和堡垒机都是非常有效的安全产品，适用于高价值资源的访问控制。堡垒机可以代理用户到服务器的 SSH、远程桌面等协议的访问，对用户的操作命令进行安全审计与控制。PAM 可以通过对用户身份凭证的加密存储，来保证特权账号的使用安全。堡垒机和 PAM 一般具备一定的访问控制能力。

零信任安全运维架构如图 6-50 所示。零信任的隐身网关与堡垒机和 PAM 结合，组合成“零信任运维代理”，为运维访问场景提供隐身防护。远程接入能力可由堡垒机提供，零信任运维代理与零信任管控平台对接，获取更多的身份、设备、数据等维度的环境信息，辅助访问控制的决策。

在安全运维场景下，零信任架构的关键能力如下。

（1）统一入口：运维人员须通过零信任运维代理接入，否则无法看到任何网络资源。

（2）动态授权：PAM 和堡垒机不仅可以检查用户的身份和权限，还可以对用户设备的安全级别、来源 IP 地址、访问时段等进行限制，只有达到安全基线的用户设备才能发起访问。零信任系统可以实时阻断违规、越权行为。

（3）特权账号管理：PAM 继续发挥特权账号管理的作用，对接各类系统发现特权账号，集中管理、集中授权；通过密码库加密存储特权账号和密码、定期修改密码；只允许身份、权限合法的用户使用密码登录服务器。

（4）会话管理：监控运维人员的操作过程，根据指令授权策略、数据安全策略进行访问控制，对运维操作过程进行录屏和审计。

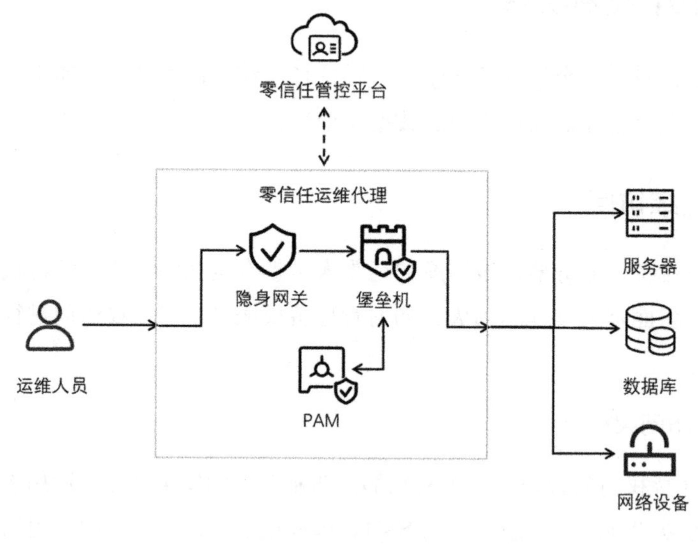

图 6-50

2. 特权账号管理

1）账号和密码集中管理，防泄漏

简单的密码容易记忆，但可能造成密码泄露。特权账号管理系统可以不依赖人的记忆，当用户登录零信任系统访问网络设备进行运维时，系统会通过密码代填、身份凭证传递等方式，自动完成设备的身份验证。在这个过程中，特权账号和密码不暴露给用户，因此可以有效避免账号和密码泄露。

同时，PAM 系统可以定期修改服务器、数据库、网络设备的密码，甚至可以在每次使用后都修改密码。这样，密码即使泄露了，也会很快失效。

2）零信任架构中的网络连接与登录权限绑定

零信任系统可以保证只有合法的人才能连接服务器，非法用户即使绕过了 PAM 的安全机制，拿到了特权账号和密码，也会因为无法接入零信任系统而无法连接运维服务器。

3）账号申请审批

特权账号的获取和使用需要规范的授权审批流程，授权过程可审计，用完之后会被自动回收。授权过程通常与企业的工单系统结合，用户的申请由部门或资源负责人审批。PAM 可以在用户获得权限后，将其加入目标服务器的权限组，当授权到期后，再将其从权限组中删除。

4）特权账号发现，异常账号清理

PAM 可以通过对接，发现服务器、网络设备中的特权账号，在初始建设阶段减轻配置工作量。在后续运营阶段，可以持续检测、监控设备上的私开账号，统一纳入管理。

零信任系统对所有账号进行统一治理，识别出其中的弱口令账号、长期未使用的沉默账号、没有与任何人关联的孤儿账号等，提醒管理员及时关注、清理不必要的异常账号。

5）其他身份凭证的管控

业务系统在调用 API 或与数据库连接时，常将账号和密码写在代码中。这种内嵌的 API 和数据库账号可以通过集成 PAM 的 API 进行统一管控，避免直接通过明文存储带来安全问题。

除了账号和密码，特权账号的身份凭证还包括证书、API 的密钥，SSH 连接信息等。这些凭证也需要通过身份验证并得到授权，才能提供给用户使用。

3. 基于风险的身份认证

1）身份绑定

系统的特权账号，如 admin，并不包含使用者的身份信息。零信任系统可以将特权账号与零信任账号进行绑定。用户在零信任系统进行身份认证，在进行远程运维时，由 PAM 自动提供特权账号完成目标设备的身份验证。这样，特权账号的行为就与用户身份对应起来了，谁用过特权账号、干了什么，都一目了然。

2）增强认证强度

特权账号的登录过程可以与零信任系统的身份认证结合。通过安装插件的方式，在登录过程中引入多因子认证，通过短信、U 盾、人脸识别、指纹识别等方式，验证用户的真实身份。

3）基于风险的身份认证

零信任系统还可以结合环境信息进行动态授权，限制特权账号的共享、滥用。在登录特权账号时，同步检查用户的设备、时间、位置、行为风险等信息是否符合安全要求。如果发现异常迹象，则阻断当前登录，在人工确认或通过二次认证后才能继续访问。

4．零信任访问控制

前文讲过，服务器的访问权限与特权账号的使用权限是绑定的，只有同时具备两种权限，才能进行远程运维访问。即使有人偷到了特权账号和密码，也无法突破零信任的访问控制。

此外，零信任的微隔离组件也可以与用户的特权访问权限打通。如果用户企图在一个服务器上进行横向跳转，微隔离组件就要对跳转行为进行权限校验，没有得到授权的用户不能通过横向跳转的方式访问敏感资源。

5．特权会话管理

1）拦截与申请不符的操作

PAM 和堡垒机对远程桌面协议、SSH 协议、数据库协议进行解析，记录用户的命令和操作或进行录屏，同时允许实时查看和回放，以便事后进行审计定责。当用户执行的操作与申请的权限不符，或者用户执行了预先定义的违规操作时，系统可以进行实时拦截。

2）禁止越权处理数据

零信任系统可以把用户操作行为与数据安全策略打通，对用户的行为进行限制，阻止某些命令在目标设备上执行。例如，管控用户可以访问什么数据库，访问什么表，能否进行编辑、删除操作等。零信任系统还可以依据数据脱敏规则，深度解析流量内容，对返回的敏感数据进行脱敏。

6.10.2 DevOps 与零信任

DevOps 与零信任都是近年来的技术热点。DevOps 是开发（Dev）和运维（Ops）二词的结合，它代表了一种新型的开发模式，通过自动化工具，使开发、构建、测试、发布等流程更加快捷、可靠，最终让代码可以快速、持续地交付。DevOps 一般通过容器的方式部署，采用微服务架构。

1．代码可信

在 DevOps 流程中，为了保证开发安全，通常会引入自动化安全测试、代码安全扫描、开源组件分析等机制。企业可以以身份为基础，对代码进行追踪溯源，综合评估代码的信任等级，只有符合自动化测试、安全扫描和开源分析等安全策略的代码才能构建版本，也只有这些可信的代码才可以运行在服务器上。

2. 动态访问控制

除此之外，企业还可以考虑结合零信任架构对 DevOps 流程进行细粒度的访问控制。例如，零信任系统可以保证企业的测试环境、代码仓库、持续集成系统等只对合法用户暴露；零信任系统可以对企业的特权账号进行统一管理，综合分析身份、设备、环境信息，对用户进行动态访问控制。

3. 终端泄密防护

零信任系统可以通过终端沙箱或与云桌面结合的方式，实现终端安全闭环。用户可以通过沙箱下载、编辑代码，但不能外发、另存。

4. 容器微隔离

零信任的微隔离能力适用于 DevOps 平台的容器环境。零信任系统为每个工作负载建立身份，管理身份生命周期。以身份而非 IP 地址为中心，实现工作负载之间的访问控制。例如，自动测试服务只能访问带有“测试模式”身份标签的工作负载。在 DevOps 更新系统部署后，微隔离组件可以自动调整适应，让安全策略持续生效。

5. 安全运维

上一节讲了零信任的安全运维方案，随着 Severless 和 DevOps 的流行，运维场景也在发生改变。在很多时候，用户不一定要登录服务器手动执行运维操作，有些大型公司的工程师写了几年代码都没登录过服务器，因此，DevOps 场景的安全运维是逐渐变少的。

7

零信任落地案例精选

在国内，金融、通信、能源、医疗、制造、交通等行业都已经有了不少零信任的落地案例。这些案例大概可以分为两类，一类以远程访问场景为主，企业通常在采购了零信任产品后，结合终端安全、数据沙箱、IAM 等一起落地，实现安全的远程办公。另一类是以零信任网络架构改造为目标，建设身份中心、权限中心，深度改造网络和策略执行点，逐步实现“端到端”的分级访问控制体系。

在国外的案例中，谷歌的案例是最受认可的，公司搭建了深入基础设施层面的零信任架构，覆盖了远程访问、内网接入、API 访问、安全开发运维等场景。另外，国外还有一些跨国企业采购了 SaaS 形式的零信任服务，通过遍布全球的接入点，满足世界各地员工的大规模安全访问需求。

下面将从国内外的几类案例中，各选一个典型案例进行介绍，略过与通用场景重复的技术原理部分，重点介绍与行业和企业相关的实践经验。

7.1 某零售企业的典型 SDP 案例

本案例以远程访问场景为主，案例企业采购了一套 SDP 产品，用零信任架构实现了更安全、更便捷的远程访问，支撑了远程办公期间业务的正常运转。

7.1.1 企业现状

案例企业是一家大型零售连锁企业，拥有上万名员工，在全国有多家子公司、上百个零售服务网点。公司总部大约有 2000 名员工，各地分支机构共有 8000 多名员工。

企业有两个主要的数据中心，主要的业务系统包括客户管理系统、项目管理系统、销售管理系统、供应链管理系统、财务系统、BI 分析平台、协同办公系统等，覆盖企业运营的方方面面。目前，企业已经搭建了 AD 服务平台，对业务系统的身份进行统一管理。

分支机构与数据中心已经建立了站点到站点的 VPN 隧道。分支机构的员工每天要完成查看库存、上传销售数据等工作。有约 700 名用户需要远程访问数据中心内网，远程处理业务工作。200 名技术人员有开发、运维需求。

7.1.2 项目起源

1. 满足远程办公需求

案例企业部分业务转为线上服务，突然面临大量员工的远程办公需求。如何保障远程办公的安全，是企业面临的一大挑战。

2. 受到 BeyondCorp 的启发

企业原来曾受到网络攻击，服务器被抓做挖矿机，漏洞已经修补。为了避免再出现类似的事件，安全管理人员希望建立一套更安全的架构，收缩资产的暴露面。在了解了零信任和 BeyondCorp 之后，决定效仿。

7.1.3 零信任架构

案例企业采购了一套 SDP 产品，部署架构如图 7-1 所示。终端用户安装 SDP 客户端，企业的两个数据中心分别部署了 SDP 网关，由统一的 SDP 管控平台管理。SDP 管控平台与企业现有的 AD 身份系统对接，同步用户身份。

在规划架构时，企业最关心的是远程访问的体验和安全性。为了应对随时会产生的远程访问需求，访问速度、稳定性都要得到保障。而且，SDP 平台必须有一定的扩展性，以便后续与企业的其他安全平台集成。

案例中的 SDP 客户端、SDP 网关和 SDP 管控平台就相当于零信任的客户端、网关、管控平台，只不过在案例企业的认知中，SDP 侧重于远程访问的边界安全防护，零信任更多地代表了包括网络的身份、设备、网络、应用、数据在内的全面的安全体系。案例企业希望从一个点开始，由 SDP 逐渐过渡到零信任。因此，该项目使用了 SDP 这个名字。

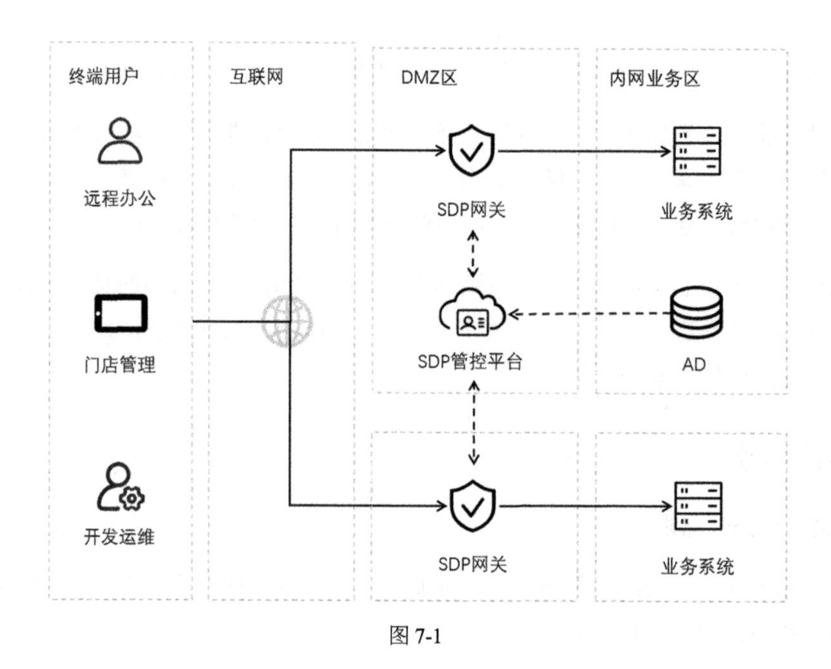

图 7-1

7.1.4 实践经验

1. 推广 SDP 客户端

案例企业要求用户在计算机和手机上安装客户端。与无端模式相比，SDP 客户端可以进行设备认证，可以采集设备信息用于细粒度访问控制，总体上更加安全。另外，企业的一些业务系统在无端模式下遇到了兼容性问题，而客户端支持在网络层转发导流，基本没有兼容性问题，不用花时间适配，可以快速上线。所以，综合考虑，虽然客户端有一定的推广成本，但企业最终还是决定采用客户端形式上线。

安全部门采取了分批上线、逐步推广的方式。虽然在推广过程中遇到了不少问题，但都快速解决了。由于企业的有些员工，特别是分支网点的员工，还在使用老版本的 Windows 操作系统、旧型号的手机和 PAD 等，因此，安全部门碰到了不少 SDP 客户端的兼容性问题。本次上线的还包括多因子身份认证功能，初期产品的体验较差，有些人用不习惯，给安全部门带来了不少困扰。好在在小规模推广时就发现了问题，经过迅速调整优化，在正式推广时就很顺利了。

2. 总部员工远程办公

在 SDP 实施初期，企业决定采用简单的权限策略，优先解决远程访问问题，SDP 没有覆盖公司的内网用户。接入公司网络的用户可以直接连接数据中心访问业务，不用走 SDP。企业开启了 SPA 网络隐身功能，业务系统和 SDP 网关在互联网上隐身，合法用户可以正常访问，既保证了安全，又不影响远程办公的用户正常访问业务。

开发人员需要安装终端沙箱，在很多场景下代替了原来的云桌面。开发人员从沙箱访问敏感资源，有效避免了客户数据的泄露。

3. 分支机构的远程接入

之前，直营门店员工通过店内 Wi-Fi 就可以直接访问企业的业务系统，合作代理网点一般通过 VPN 远程接入。在 SDP 上线后，所有分支机构都切换到了 SDP 上，SDP 逐渐替代了原来分支机构的网络隧道，帮企业节省了不少费用。在企业转向线上服务时，员工转为通过 SDP 远程处理业务。

一些分公司也部署了 SDP 网关，得到授权的用户可以远程访问分公司的业务系统。另外，企业在云上的业务也计划接入 SDP，进行统一访问控制。管理员可以在一个平台上管理所有的访问策略，管理和审计工作都更加便捷。

4. 角色权限管理

在 SDP 上线初期，企业只做了几个基本的角色，例如，普通员工、各地店员、开发人员、财务人员等。管理员针对每个角色设置了基本的访问权限，同时，设置了部门和资源的管理员，这些二级管理员可以进行下辖员工的权限审批、账号维护等操作。

5. 员工设备的安全准入

管理员设置了细粒度的访问控制策略。用户必须安装企业的终端安全软件才能接入 SDP 网络，并且只有可信的、经过验证的进程能接入安全隧道访问内网资源，恶意程序无法进入内网。这样，即使员工用的不是公司派发设备，也能实现基本的安全保障。

管理员还对设备数量进行限制，避免员工之间借用设备和账号。对服务网点员工的访问设备、位置和时间进行限制，避免账号的滥用。

6. Pad 门店管理系统的防护

门店的员工使用 Pad 端的门店零售管理 App，进行日常销售、查询、补货、会员管理等操作。企业对 App 进行了封装，集成了 SDP 的安全管控能力。App 升级到封装过的新版本后，就自动具备了设备认证、远程访问、移动沙箱等功能。

7.2 某金融企业的分级访问控制体系

这个案例中的企业把零信任作为平台建设的一部分，实现了一套与业务深度融合的网络安全架构，为企业新业务平台的建设打下了坚实的安全基础。

7.2.1 企业现状

某金融企业拥有 3 万多名员工，在全国有 50 多个网点。企业面向用户提供在线业务平台，面向第三方合作伙伴发布了商户管理平台。允许在内网用公司管控设备访问内部办公系统、客户管理系统、交易类业务系统、核算类业务系统、决策评估类业务系统。外部接入的用户需要使用云桌面访问业务系统。企业的内网划分为互联网接入区、业务区、办公区、数据服务区等区域。区域之间通过网络防火墙隔离，各区的访问控制比较粗放。

7.2.2 项目起源

1. 远程办公需求

与上一节的案例一样，这个案例中企业的初衷也是考虑远程办公的安全需求。离开公司环境的员工使用自带设备办公，可能引入安全风险；敏感数据流出受控环境，可能存在泄露风险；远程接入云桌面的性能和体验也会面临挑战。

2. 大数据平台的安全建设问题

企业正在建设统一的大数据平台，准备打破烟囱式的管理模式，实现数据和资源的融合、共享。平台要提供给各部门使用，存在大量的接入风险。金融行业的数据涉及个人隐私、关系国计民生，是国家监管的重点。平台建成后的数据调用权限和访问控制、用户身份判定、使用过程的数据可信性、敏感数据泄露等问题，都是在建设过程中需要考虑的。

3. 安全合规和攻防演练压力

金融行业的安全合规要求非常严格，各级单位每年都会组织攻防演练。企业一直在开展网络安全的整改和加固活动，以降低互联网暴露面，减少业务系统安全隐患。之前，企业会在攻防演练期间关停一些业务，避免被攻击者利用。随着演练要求的升级，已经不能关停业务了，企业必须更加坚定地提升整体安全防护能力。

4. 访问安全和数据安全问题

企业的合作伙伴多，业务交互复杂，很多业务需要依赖个人信息才能流转。系统保存了大量用户的个人信息，如姓名、身份证、银行卡号、出行记录、合同信息等，数据价值高，易变现，不法人员往往心存觊觎。案例中的企业是这个领域中的知名企业，一旦泄露数据将面临巨额罚款。所以，企业希望严格控制用户设备的远程接入，避免泄露数据。

7.2.3 零信任架构

案例企业在整个网络中融入了零信任体系，如图 7-2 所示，实现了从用户到服务、接口、数据的全流程的安全访问控制。目标是覆盖企业的远程办公、内网访问、外部企业访问、互联网测试接入等各类场景，进行统一策略管控。

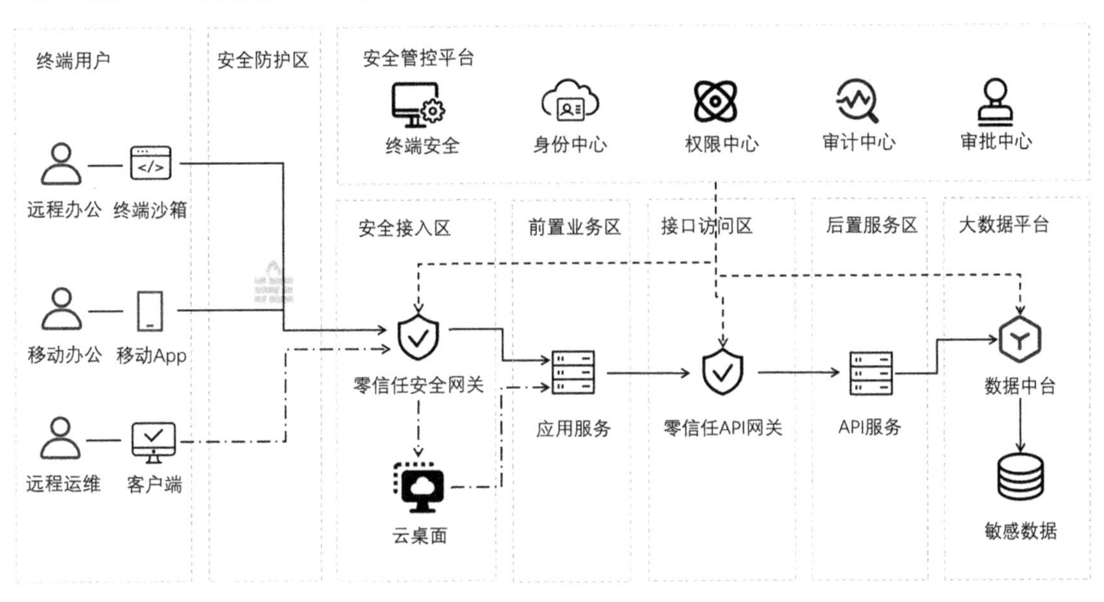

图 7-2

1. 终端用户

不同用户访问不同的系统，需要不同的安全级别。企业对于不同场景的分级访问控制，兼顾了安全和体验，用户访问低敏系统的要求低，访问高敏系统的要求高。例如，在访问核心业务系统或进行特权运维时，需要使用管控设备加云桌面；在访问日常办公系统时，可以在自带设备上使用沙箱（除图 7-2 中的示例外，还有许多其他场景，企业根据实际需求设定了不同的终端安全和认证要求）。

2．安全防护区

在用户接入企业网络之前，需要经过安全防护设备的检测，过滤可能存在的安全威胁。安全防护策略包括抗 DDoS 攻击、入侵检测、防火墙等。

3．安全管控平台

管控平台分为如下 5 部分。

终端安全：负责下发终端管控策略，并收集客户端的环境信息，作为访问控制决策的依据。

身份中心：整合分散在各业务中的身份，负责提供身份认证服务。

权限中心：管理用户授权、网络安全、数据脱敏等策略，提供权限校验服务。

审计中心：收集各个策略执行点的访问日志，形成用户画像，展示全局的安全态势。

审批中心：负责创建和管理审批流程，用户在此申请和审批授权。

4．安全接入区

零信任安全网关负责校验用户身份和权限，只允许合法用户访问。在部分敏感场景下，用户会先连接云桌面再访问业务系统，云桌面相当于安全网关保护的应用之一。

5．API 服务

后端的 API 服务统一由零信任 API 网关发布。零信任 API 网关在原有的 API 网关基础上进行了改造，增加了 API 威胁防护和访问者的身份权限校验功能。

6．前置业务区、后置服务区

为了更好地进行安全管控，企业正在逐步对业务系统进行前后端分离改造，尚未改造的系统也要从零信任安全接入区进行访问。

7．大数据平台

企业的大数据平台与零信任安全管控平台是同步建设的，身份和权限与业务的关系非常紧密，安全管控平台由业务和安全部门共同运营，为跨部门、跨平台的数据调用制定细粒度访问控制策略。

大数据平台在对外提供数据时，会校验用户的身份，根据安全管理平台的策略，决定什么人、在什么环境下、进行什么业务时，可以通过哪个业务系统访问什么数据，以及这类数据用不用加密或脱敏。

7.2.4 实践经验

1．与终端安全融合

用户访问不同的业务系统需要满足不同的安全要求。零信任系统与企业已有的终端安全产品做了结合，终端安全软件负责检测设备的健康状态，零信任系统负责保证没有病毒、木马的设备才能接入企业网络。零信任客户端还与企业的 PKI 系统做了结合，通过证书验证设备身份，只有管控设备才能访问高敏应用。

企业将终端安全软件与零信任客户端融合之后，用户不必安装两个软件，提升了用户体验。管理员在零信任管控平台制定联动策略，管理更便捷了。

2．终端沙箱的分类

企业要求员工安装终端沙箱才能访问互联网和企业内网。员工终端上会初始化两个沙箱，一个用于访问互联网，另一个用于访问企业内网，两个沙箱之间是相互隔离的，不能互传文件。

当员工上网时，即使被病毒入侵，也不会影响计算机的其他区域。每次用户退出，访问互联网的沙箱都自动清空，下次启动的又是一个干净的环境。员工的上网行为会受到审计，外发邮件会受到监控。

企业的敏感数据只能落在内网的沙箱中，不能被复制出来，不用担心敏感数据泄露。沙箱只能安装在管控设备上，沙箱内的文件在不同设备之间不能共享。沙箱的密钥不在本地管理，攻击者很难破解加密的沙箱文件。

终端沙箱的兼容性问题是推广过程中遇到的一大挑战。由于沙箱用到了很多底层技术，因此受操作系统环境的影响很大。开发人员在测试阶段解决了沙箱对应用的兼容性问题，但没有解决沙箱对操作系统的兼容性问题，在上线初期经常遇到用户无法安装沙箱的情况。开发人员在用户现场持续跟进了几个月，才最终解决了操作系统的兼容性问题。

3．国产化终端

案例企业已经全部使用国产化终端，零信任客户端也为支持国产化平台做了改进。在国产化平台上，客户端的环境感知、身份认证、建立连接的逻辑都与其他平台类似，但终端安全检测项与其他操作系统有所不同。国产化操作系统支持登录的对接，用户在登录操作系统后，可以自动登录客户端，用户体验进一步得到提升。

4．移动端的安全管控

企业在掌上办公 App 中嵌入了零信任 SDK，在原有的 EMM 终端管控方案的基础上增强了身份安全、通信安全、细粒度的访问控制能力。企业 App 与零信任系统做了身份打通，在用户登录后，流量被转发到零信任网关进行身份和权限校验，然后被转发到 App 的服务端。移动端的沙箱也与零信任系统进行了融合，网关只允许来自沙箱的流量通过。移动端安全文件柜的文件分发过程，也受零信任系统的统一管控。

5．安全网关的改造

企业原本已经在业务系统前放置了反向代理，因此企业没有增加网关，而是将现有代理改造成了零信任网关，以避免增加传输过程中的消耗。现有代理与身份中心和权限中心进行对接，用 Openresty 的 LUA 脚本实现了用户身份和权限校验机制，代理会校验从客户端发出的每个数据包中的身份信息。事实证明这种做法是非常明智的，利用已经很成熟的反向代理，既能保证性能和稳定性，也不会引入新的兼容问题。

为了解决非 Web 应用的访问问题，企业还上线了网络层的隧道网关。不过，企业的用户并不会意识到两个网关的区别，零信任客户端会根据访问策略自动判断访问哪个应用该使用哪个网关，对用户来说是透明的。

企业的 API 服务通过 API 网关对外发布。与业务系统的反向代理类似，企业对原有的 API 网关也进行了零信任改造。API 调用者从零信任身份中心获取身份 ID，API 网关会识别流量中的身份签名，确认用户身份。API 网关通过与身份中心和权限中心的对接，实现对调用者的持续权限校验。

6．数据级的访问控制

在本次项目的建设过程中，企业仅对数据中台对外提供的一部分接口做了零信任改造，没有对大数据平台本身的数据处理流程进行梳理和改造。当业务系统调用数据接口时，会携带终端用户的身份凭证，数据中台会对业务系统和终端用户的身份权限进行校验，实现数据级的零信任访问控制。

在实施过程中并没有遇到严重的技术问题，但业务权限配置的复杂度超出预料，将原本粗放的权限拆解为业务流程权限和数据的行列权限，对系统管理员来说是一个挑战。一开始业务部门也不知道怎么对数据权限进行分类评估。在整个实施过程中，对数据资产和用户权限的梳理是投入时间最多的工作。

7. 风险事件的对接

企业现有的 WAF、入侵检测、蜜罐、EDR 等设备发现的异常事件，都会被同步到零信任权限中心。零信任的权限策略分为两部分，一部分是授权策略，规定了用户可以做什么；另一部分是风险策略，规定了在发生风险事件时如何处理。安全设备发出的异常事件告警，可以通过风险策略在零信任体系内得到响应。例如，如果检测到用户正在进行 SQL 注入攻击，则立即中断用户会话，降低可信等级、访问权限，或冻结账号设备，调出其登录和访问记录供应急响应团队分析。

7.3 某互联网企业的全球接入平台

这个案例中的企业利用云形式的零信任服务，搭建了自己的零信任接入平台。以云端的高性能架构满足了全球员工的快速接入需求。

7.3.1 企业现状

10 年前，案例企业在旧金山成立，如今已经在全球 40 多个城市建立了分公司。企业的互联网产品在全球多个国家提供租住服务，大部分系统和一些采购的第三方系统都部署在亚马逊的公有云 AWS 上。为了减少延迟，公司内部的一些管理系统部署在公司本地的机房。

如果员工在公司，那么通过 802.1x 认证才能连上公司网络。如果员工在家，就用 VPN 接入。员工平时会用到一些 SaaS 服务，例如 Slack（项目管理软件）、Google 系列（邮箱、文档等）、GitHub 等。企业要求用户安装终端管理软件，还有开源的 OSquery 工具，用于收集终端的信息。企业还开发了一套终端安全管理系统，用于终端信息的分析和预警。

7.3.2 项目起源

小公司的安全系统更容易部署，把业务系统放 AWS 上，用设置 IP 白名单的方式进行访问控制，只允许来自公司 IP 地址的访问即可。随着公司不断扩张，企业的安全架构会面临越来越多的挑战。

1．802.1x 的局限

802.1x 是一种网络准入协议，对总部应用较为容易，对于分公司的应用不是很友好。虽然其中的一些技术可以实现分公司的 802.1x 认证，但总的来说还是太麻烦。所以，案例中企业分公司的员工都是通过 VPN 远程接入的。

2．VPN 的速度问题

企业员工对 VPN 的性能和体验感到非常不满——VPN 太慢了。企业在全球都有分公司，但大部分业务系统部署在美国，访问这些系统的延迟非常高，离总部越远，问题就越严重。有一个很可笑的场景：员工在用 VPN 访问内部系统时，要进行多因子验证，输入动态码。多因子验证的动态码是几秒一变的，有时候赶上 VPN 特别慢，等员工输完动态码再提交过去，动态码已经过期了，用户会一直过不了多因子认证，体验非常糟糕。

企业的愿景是：如果用户访问互联网的网速很快，而且用户设备的安全等级足够高，用户就应该能够快速接入内网。用户会对比互联网的速度和 VPN 的速度，当用户可以很快打开 Gmail 时，他就会期望打开内部系统的速度也很快。

当然，如果把系统全部放在互联网上，那么体验是最好的，但安全性肯定不能得到保证。企业的安全工程师希望找到一个用户体验和安全的最佳平衡点：体验要比 VPN 好，安全性要比直接暴露在互联网上高。

7.3.3 零信任架构

为了解决安全和体验的问题，企业决定采购云端的零信任接入服务。与 VPN 相比，云服务能够提供负载均衡、网络加速、弹性扩容、自动容灾等特性，突破了 VPN 的性能瓶颈。在安全性上，零信任服务也能超越 VPN，零信任服务通过对接入设备实施更加严格的访问控制和细粒度权限策略，有效地缓解了企业面临的访问安全问题。企业的零信任架构如图 7-3 所示。

零信任服务部署在业务系统之前，员工先装上终端检测插件，然后通过全球负载接入零信任代理，进行身份和权限检查，再转发到业务系统。在远程访问场景下，VPN 和 802.1x 被替代了。

在实际部署时，企业发现采购的零信任云服务不能直接把流量导至 AWS，所以用了迂回的办法，先把流量导至公司，然后用 AWS 的连接工具打通 AWS 和企业内网。

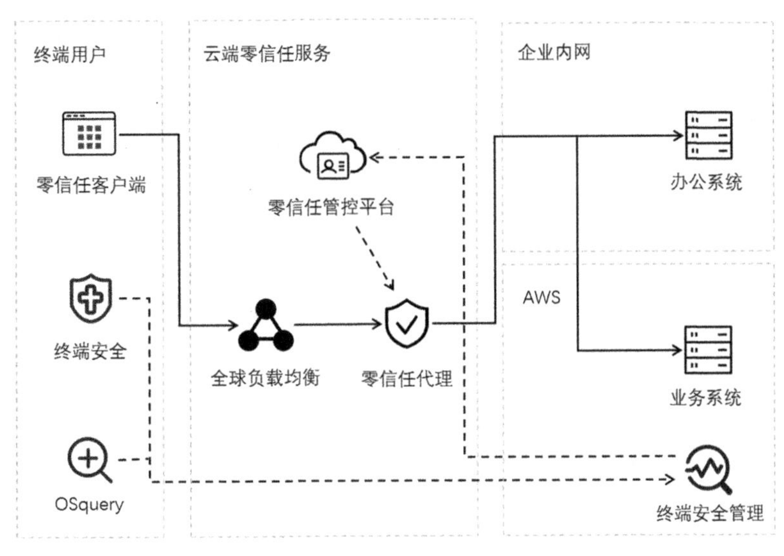

图 7-3

企业的终端安全和 OSquery 被整合到零信任体系中，OSquery 收集了 120 多个设备环境属性信息，汇总到终端安全管理平台。零信任管控平台利用设备信任评估的结果，计算访问策略。

7.3.4 实践经验

1. 客户端体验

用户安装的零信任客户端其实是一个 Chrome 浏览器插件。企业员工本来就在使用 Chrome 的企业版，管理员在后台直接向员工推送了零信任插件。所以对用户来说，浏览器插件的形式反而更便捷。用户在用浏览器访问业务系统前，会先打开零信任系统的登录页面。

原来用户在公司总部使用 802.1x 认证，在外地使用 VPN 接入。现在无论在哪，直接打开 Chrome 就能访问业务系统了，使用变得特别简单。

2. 终端安全与零信任的融合

设备的安全信息由企业的终端安全管理平台负责，而访问控制策略由零信任云服务平台负责，两者之间需要一个桥梁。在这个案例中，这个桥梁就是“设备安全访问等级”。

终端安全管理平台负责计算设备的安全访问等级，并将计算结果传递给零信任系统。零信任系统不需要关心所有的终端属性，只对接这一个属性即可。企业通过这种方式，降低了融合对接的工作量。

零信任系统在配置访问策略时，为每个应用指定必要的用户身份和设备的安全访问等级。当用户的身份和设备安全等级都满足要求时，才能访问相应级别的系统。例如，设定供应商管理平台的访问要求：用户身份为“供应商”，设备安全访问等级为“可信的供应商设备”。“可信的供应商设备”的具体判断条件如下。

（1）设备 IP 地址为供应商公司的 IP 地址。

（2）设备的操作系统版本为最新（操作系统厂商公布了一个漏洞，管理员希望所有人都升级到安装了补丁的最新版本）。

这样，当用户及时更新了操作系统版本，并在公司登录时，就可以成功访问相应级别的系统。在用户离开办公室，连上楼下咖啡馆的 Wi-Fi 时，如果试图打开系统就会报错，如图 7-4 所示。

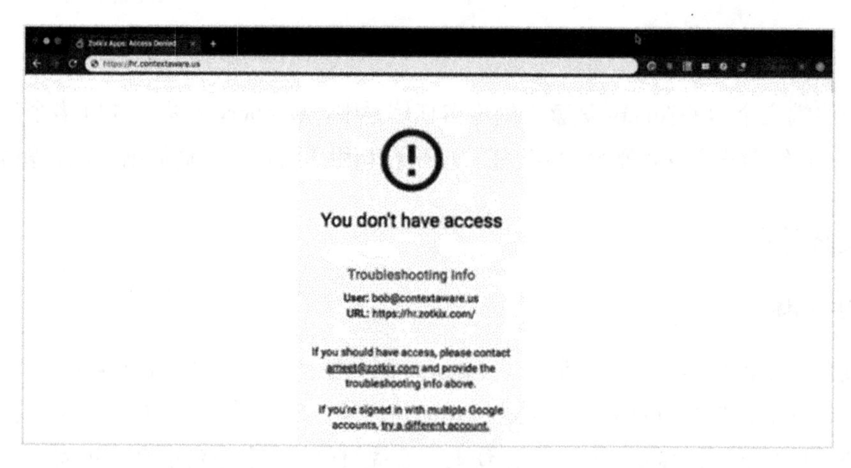

图 7-4

3. 设备清单管理

一般公司的资产登记表都是不可信的，我们无法保证每次更换企业设备的使用人员，管理员都会更新登记表。建设零信任架构的额外好处就是厘清了设备清单。从零信任后台可以查出用户经常登录的设备，这些设备哪个是公司派发的，哪个是用户个人的，设备的安全等级如何等。

4. 全球负载

企业将域名切换到全球负载，用户就会享受到加速服务。除了登录界面，用户的使用习惯基本不会受到影响。

全球负载可以让不同位置的用户快速接入离自己最近的POP点，系统自动选择合适的线路，利用云端的高速通道远程连接到企业数据中心。同时，结合静态缓存、动态加速等技术，大大提升访问速度。特别是对澳大利亚、日本的员工来说，体验会极大改善。原本这两地的员工会先连接新加坡的 VPN 网关再转发到美国，现在通过全球接入平台，其访问路径线会缩短 50%左右。

在安全性方面，云服务平台的各个租户会共享平台的威胁情报。全球负载会自动屏蔽来自恶意 IP 地址的连接。

5. 两层威胁防护

零信任云服务上包含了 WAF 服务，可以过滤发送到全球负载上的恶意攻击流量，如 XSS 攻击和 SQL 注入等。零信任云服务上还包括抗 DDoS 攻击服务，可以抵抗常见的网络 DDoS 攻击。考虑到有些攻击可能绕过负载，直接攻击企业开放的 IP 地址，因此企业在本地还设置了第二层 WAF。

7.4 谷歌的零信任网络安全体系

零信任理念已经渗透到了谷歌企业网络的基础设施之中，可以说这是与零信任结合最紧密的案例之一。非常幸运的是，谷歌通过发表论文，事无巨细地介绍了自己的技术架构、上线过程、培训方案。基本上，这些论文可以当作企业建立零信任架构的“傻瓜式”教程了。

7.4.1 项目起源

最初，谷歌公司内部使用 VPN 进行远程接入，安全和体验问题都非常严重。谷歌在经历了一次严重的网络攻击之后，吸取教训，建立了 BeyondCorp 项目，对企业网络进行了改造，在六年的时间里重塑了员工接入企业网络的访问控制架构。BeyondCorp 也成为全球最早、最知名的零信任安全实践之一。

在谷歌的企业网络中，业务的服务端都是以微服务形式部署在虚拟容器中的，谷歌的容器编排系统 Borg 可以说是世界上最早的云原生架构之一。谷歌在架构设计之初就考虑了安全问题，因此从开始就进行了网络安全的整体规划。谷歌网络安全架构的最大特点就是内生——长在底层。在默认情况下服务之间没有信任，以身份为基础进行访问控制，谷歌云原生服务之间的访问控制架构 BeyondProd 就是这样诞生的。

7.4.2 零信任架构

在谷歌的网络中，硬件设备、操作系统、程序代码、服务、用户等绝大多数构成元素都是有身份的。可以根据身份追溯它们的可信级别，网络内的所有访问都要持续验证它们的身份和可信等级。

1.2 节已经介绍过了 BeyondCorp 和 BeyondProd 的基本概念。为了避免重复，下面将从整体效果入手，介绍谷歌零信任网络安全体系的全貌。

1. 物理安全

谷歌的“零信任”是从硬件开始的。为了避免有人在硬件中植入安全威胁，谷歌的服务器都是自己设计的，而且加了加密芯片。系统会利用加密芯片进行签名，没有合法签名的设备无法接入企业网络。在后续的 API 调用、代码上传等过程中，也会将签名作为服务器的身份标识，进行身份和权限校验。

2. 通信加密

企业所有跨机房的网络通信都采用双向加密连接，以防止中间人攻击。同一机房内的服务之间的通信可以选择降低加密级别，以便加快通信速度。当然，速度问题可以通过硬件加速解决，一旦所有设备都部署了硬件加速，那么双向加密将成为默认选项。

3. 服务之间的访问

谷歌设置了统一的策略执行点，服务之间默认互不信任，相互隔离。每一次 API 调用都要通过策略执行点进行，每一次 API 调用都要进行身份认证和权限检查。企业为每个服务赋予身份，系统以身份而非服务器名称或 IP 地址为基础进行权限校验，服务的身份标识与硬件的加密芯片相关。

另外，如前文所述，不仅调用者的身份权限要合法，调用者的设备环境也要安全。例如，调用者必须通过系统的沙盒安全测试，运行的代码必须是可信的。当前端服务调用后端 API 时，需要一并校验用户的身份凭证，这样可以保证驱动整个事件的终端用户的行为是合法的，保证本次 API 调用是必要的，从而在最大程度上限制非法访问。

4. 存储安全

业务系统不直接写磁盘，而是调用专门的“存储服务”完成数据的存储。在数据被写入硬盘之前，存储服务先对其进行加密和日志记录。企业还实现了底层全盘加密，在更换硬盘前要按流程进行安全清除。

5. 边界安全

业务系统要先注册到 Google Front End 服务上进行反向代理，才能在互联网发布。Google Front End 提供全球负载、加密连接、抗 DDoS 攻击等能力。Google Front End 之后还有安全防火墙负责检测常见网络攻击并进行防护。

6. 访问控制

谷歌已经不再区分内网和外网，身处谷歌大厦的员工在接入 Wi-Fi 后，也会被分配到一个没有任何“特权”的网络，与外网用户一起，在经过严格的身份权限校验和设备信任评估之后，才能访问对应的资源。访问敏感资源需要得到授权，必须经两人批准才能访问高敏数据。

服务端由统一的容器编排系统自动管理，员工一般不需要获取主机的 SSH 权限。必要时，运维人员可以在通过身份和设备认证之后，由 SSH 代理转发登录。风控系统会对运维过程进行持续认证和监控。

7. 身份和设备安全

员工在进行身份认证时，需要在计算机上插入硬件的安全密钥。当用户从新的设备、新的位置登录时，还要使用动态密码进行二次认证。

用户的身份系统与 HR 系统对接。HR 系统负责管理用户的入职、转岗、离职等与生命周期有关的流程。

企业采用设备清单库对用户设备进行管理。在进行设备认证时，要检查 TPM 模块中的证书，非认证设备无权访问企业资源。设备上的软件会进行自动升级并安装最新的安全补丁。企业会监控设备是否运行了不安全的进程，通过对设备的各项指标进行综合评估，确定设备的信任等级，等级过低的设备将被隔离，被隔离的设备在升级并通过检测后才能正常使用。

8. 代码安全

谷歌有一个统一管理的源码库，在构建版本时会为打出的包分配证书，并以此为身份标识进行后续的跟踪活动，程序员提交的代码必须经过他人审核和扫描测试。层层验证的机制可以有效避免恶意代码的出现。

谷歌通过代码权限策略保证服务端运行的都是白名单中的、可追溯的可信代码。在部署时，服务端会对程序代码的身份标识进行验证。例如，Gmail 服务上运行的必须是来自代码库某个位置的、经过了审核和测试的程序。即使被注入了恶意程序，由于恶意程序没有合法的身份，也无法运行。

7.4.3 BeyondCorp 的实施经验

谷歌从 2011 年开始推广 BeyondCorp 架构，到了 2017 年，全公司都在使用 BeyondCorp 办公。在 6 年时间内，在不干扰用户的情况下，完成如此大规模的任务，可以说是非常成功的，在这 6 年时间里积攒的实施经验可能比技术架构本身更加宝贵。

1. 获取支持

BeyondCorp 的成功实施需要各个部门的配合，那么 BeyondCorp 团队是如何得到管理层和公司其他部门的支持的呢？

（1）管理层：推广 BeyondCorp 的一个重要原因是摆脱 VPN，在 BeyondCorp 上线后，所有经过身份认证的远程用户都可以直接访问企业的 Web 应用。BeyondCorp 团队向管理层证明，由此产生的生产力提升可以轻松超过 BeyondCorp 的实施成本。

（2）业务部门：把推广的动机、基本原理、威胁模型以及所需成本形成文档，然后向每一个业务部门解释迁移过程的价值和必要性。业务部门通过对标准的清晰解释加深了与相关干系人的共识，让他们充分参与到愿景及目标的规划中。

（3）关键负责人：BeyondCorp 团队一直在争取关键领域负责人的支持，包括安全、身份、网络、访问控制、客户端和服务器平台软件、关键业务应用程序服务，以及第三方合作伙伴或 IT 外包等，让各个团队尽早参与，确定各领域专家，获得其承诺，确保他们投入时间和精力。

（4）保持沟通：高层领导、团队负责人和其他参与者会通过在线文档、邮件组，以及面对面的、远程的定期会议保持联系，向团队的每一位成员介绍零信任建设的价值和必要性。信息的高度透明和对文档的清晰解释可以加深各部门的共识，让团队中的每个人都能参与到规划和建设中来。

（5）宣传活动：BeyondCorp 团队组织了大量内部宣传活动来提高大家对 BeyondCorp 的认

识。例如，通过推出计算机贴纸、海报和条幅，在办公室张贴介绍文章，让“BeyondCorp”随处可见。

2. 用户迁移

在取得了公司支持之后，下一步就是制定合理的推广策略。

在推广 BeyondCorp 时，企业并不是直接改造现有网络，而是新建了一个“内网”环境，逐步把设备转移到新内网里。这样就始终保持了老内网是可用的，而且可以稳步推进新内网的建设。

第一阶段：用户在内网可以直接访问业务系统，在外网通过 VPN 访问业务系统。

第二阶段：用户在老内网可以直接访问业务系统。新内网和外网可以通过“访问代理”访问业务系统。此时，DNS 解析是分开的，内部域名服务器直接指向应用，外部域名服务器指向访问代理。

第三阶段：用户在老内网、新内网和外网都可以通过“访问代理”访问业务系统，同时限制 VPN 的使用。网络策略也逐步由基于 IP 地址的策略变为依照信任等级分配的策略。

有些系统默认用户永远是直连的，这些系统需要进行改造才能迁移到“访问代理”之后，接受保护。所以在第二阶段，首先迁移的是那些无须改造的系统及其用户。

为了方便判断哪些用户符合迁移要求，谷歌开发了一个小工具。工具会记录用户的所有访问流量，如果用户访问的所有系统都已经兼容 BeyondCorp，那么小工具会变成仿真模式，模拟新内网的环境，让该用户试用。如果连续试用 30 天没有出现问题，那么用户会被自动迁移到新内网。

这个小工具也会记录哪些系统的访问量大，以便开发团队与系统所有者合作，优先改造这些系统。

随着迁移的系统越来越多，新员工默认会被分配到新内网。当用户被选中进行迁移时，系统会自动发送给他们一封启动邮件，说明以下内容。

（1）明确的时间安排。

（2）迁移可能带来的影响。

（3）常见问题答疑和加急服务点。

（4）自助服务门户网站（允许受业务关键时间节点约束的用户申请延迟迁移）。

通过这种方法进行过渡，用户使用不兼容 BeyondCorp 的应用不会感到不便。迁移压力在服务提供者和应用程序开发人员身上。最终，在不到一年的时间里，超过 50%的设备迁移到了新内网。

3. 用户支持

谷歌构建了有效的问题处理、升级和培训流程。尽管采用 BeyondCorp 模式的人越来越多，但 BeyondCorp 相关问题只占技术支持团队全部问题的 0.3%到 0.8%。而且，随着文档、培训、消息传播和上线方法的不断完善，问题还在稳步减少。

下面举几个具体的例子。

1）引导用户使用 BeyondCorp

对于许多新员工来说，BeyondCorp 模型这个概念是相当陌生的。他们习惯了通过 VPN、公司专属 Wi-Fi 和其他特权环境来访问日常工作所需的资源，在 BeyondCorp 上线之初，许多新员工仍然会申请使用 VPN 接入，用户会习惯性地认为如果不在办公室，就需要使用 VPN。

BeyondCorp 架构师原本以为，当用户不在办公室又有远程访问需求时，会尝试直接访问内网资源，并发现可以成功访问（浏览器插件形式的零信任客户端已经自动推送给了每个员工）。然而事与愿违，远程访问需要申请 VPN 权限的用户习惯已经根深蒂固。

后来，谷歌做了一个改进：在 VPN 的申请门户上明确提醒用户 BeyondCorp 是自动化配置的，他们在请求 VPN 访问之前应尝试直接访问他们需要的资源。如果用户跳过这个警告，那么 BeyondCorp 团队还会对用户通过 VPN 访问的服务进行自动分析。

如果用户在过去 45 天内没有访问过任何一个 BeyondCorp 模式不支持的企业服务，就会收到一封邮件，邮件中会解释，由于他访问的所有公司资源都支持 BeyondCorp，所以除非访问了不支持 BeyondCorp 的服务，否则他的 VPN 访问权限将在 30 天内失效。

2）入职培训

显然，在用户入职谷歌时，就应该让其尽早了解这种新的访问模式。因此在新员工入职培训时，企业会介绍 BeyondCorp。

在培训中，企业不会大段地讲解模型的技术细节，而是关注最终的用户体验，强调用户不需要使用 VPN，就可以“自动”获得远程访问权限。使用 BeyondCorp 非常容易，一旦验证了必要的用户凭证，就会自动安装 Chrome 插件。只要能够看到浏览器插件中的绿色图标，用户就可以访问企业资源。

3）技术人员培训

BeyondCorp 的支持团队中培训了一批 BeyondCorp 模型的专家和本地接口人。这些受过专业训练的技术人员有比其他部门同事更高的修复系统的权限，他们会对其他支持团队进行培训。

谷歌鼓励技术人员在发现问题后立即在内部文档中记录新的临时变通办法或修复手段，以便将解决问题的能力快速复制到全网，更有效地实现信息共享和规模化复制。

4）用户自助修复

“为什么我的访问被拒绝了？”这是用户迁移到 BeyondCorp 之后最常提出的问题。除了培训 IT 运维人员进行答疑，谷歌还开发了一种服务，它可以分析信任引擎的决策树和影响设备信任等级分配的事件，并给出问题的修复建议，这样，用户就可以自己解决一部分问题了。

5）用户自助申请权限

如果一个资源只能被特定群组成员访问，那么门户会提供这个群组名和一个链接，用户可以点击链接申请加入群组，获取访问权限。

6）错误页面上带有用户信息

BeyondCorp 的错误提示页面上会带有用户信息，方便技术人员排查。例如，如果用户信任等级不够，错误提示弹窗中就会展示用户 ID 和设备名称，技术支持人员只需让用户截图就可以获取足够的信息去查询该用户权限不足的具体原因了。

4. 实施的难点

系统对接是 BeyondCorp 的最大难点。BeyondCorp 能够从广泛的数据源中导入数据，在项目完成时已经从超过 15 个数据源中收集了数十亿条增量数据，收集速度约为 300 万条/天，数据总量超过 80TB。系统管理数据源包括 Active Directory、Puppet 和 Simian，其他设备代理、配置管理系统、企业资产管理系统、漏洞扫描系统、证书颁发机构和 ARP 映射表等网络基础设施单元。

许多数据源之间并不具备数据关联所必需的“统一标识符”。例如，资产管理系统可能存储资产 ID 和设备序列号，而磁盘加密托管系统存储了硬盘序列号，证书颁发机构存储了证书指纹，ARP 数据库存储了 MAC 地址。这些数据只有在整体拉通后，才能合并为一条记录。

如果再考虑到设备的生命周期、设备的标记和关联过程，那么将更加麻烦，因为硬盘、网卡、机箱和主板都可能被替换，甚至会在设备之间交换。另外，由于人为录入也会有错误，所以实际情况还会更加复杂。

5. 意外紧急事件的处理

意外紧急事件主要有两类。

（1）生产类紧急事件：用户访问链路上的关键组件中断或失灵造成的紧急事件。

（2）安全类紧急事件：需要紧急修改特定用户的访问权限而造成的紧急事件。

灵活的例外规则配置是处理紧急事件的关键能力。例如，由于终端安全产品尚未升级导致检测不出某种零日攻击，在这种情况下可以通过例外规则，立即隔离可能遭受零日攻击的设备。物联网设备的安装和维护并不容易，在紧急情况下可以通过例外处理，直接为物联网设备分配适合的信任等级，以确保正常的业务访问。某些重要用户访问失败的情况也需要在后台直接进行紧急处理，以便保证他们的工作能够顺利进行。

8 零信任建设最佳实践

零信任的建设与整个网络的安全架构相关，干系重大，所以应该规划先行、谋定后动。在开始建设前先梳理自身的安全现状、明确目标，制定分步上线计划。在技术方面，要考虑如何融入现有架构；在推进方面，要考虑如何调动大家一起配合。本章将介绍零信任落地的具体路线、规划原则，获取支持的方法以及实施上线的最佳实践。

8.1 成熟度自测

零信任架构不是单一的新技术，而是很多技术的集合。如果公司可能已经拥有了部分零信任能力，不用从零开始，想了解到底已经具备了哪些能力，则可以参考本节的自测表找出差距。找到目标后，后续的建设路线也就明确了。

8.1.1 成熟度自测表

本书的成熟度自测表的内容参考了三个知名模型：美国技术委员会-工业咨询委员会（ACT-IAC）于 2019 年发布的《零信任网络安全当前趋势》（*Zero Trust Cybersecurity Current Trends*）中的零信任成熟度模型、微软（Microsoft）公司推荐的零信任成熟度模型、美国国防信息系统局（DISA）于 2021 年在其官网上公布的《国防部零信任参考架构》（*Department of Defense (DOD) Zero Trust Reference Architecture*）中的零信任成熟度模型。与第 3 章的零信任能力地图不同，自测表是从实际管理的角度提出的，内容更偏重实践、更具体。

成熟度自测表分为身份、设备、网络、基础设施、应用、数据 6 部分，共 50 多个问题。读者可以根据公司安全架构的实际情况，算出公司在各个方面的得分。

8.1.2 身份

（1）内部用户（员工）访问业务系统是否需要进行“多因子认证”？

（2）外部用户（第三方）访问业务系统是否需要进行“多因子认证”？

（3）是否支持无密码身份验证？

（4）是否所有的应用都允许单点登录？

（5）当用户登录时，是否进行账号被窃取的风险检测？

（6）是否针对用户的身份风险进行持续的动态评估？

（7）是否有用户异常行为分析？

（8）是否有身份生命周期管理？

（9）身份管理系统是否定期检查异常账号和异常授权（孤儿账号、沉默账号、无效账号、过度授权、无效授权）？

（10）是否按时回收临时授予的权限？

（11）是否有特权账号的监控？

8.1.3 设备

（1）是否有最新的设备资产清单？

（2）身份管理系统中是否关联了设备信息？

（3）是否允许非受控设备（BYOD）连接公司的重要业务系统？

（4）用户的手机是否受移动设备管理系统的管控？

（5）用户设备在访问应用前，是否做了设备系统环境的合规性检测（是否管控设备、有没有病毒或木马、有没有锁屏密码、有没有高危漏洞、有没有远程控制软件等）？

（6）在发现设备风险后，用户能否自助修复？

（7）是否对所有设备强制执行数据泄密防护策略（文件加密、文件操作外发审计、传输内容检测、水印等）？

（8）设备上是否存在数据安全区，以防止数据外泄？

8.1.4 网络

（1）网络中的默认策略是允许还是拒绝？

（2）如果有多云或者混合云架构，那么是否做了统一防护？

（3）网络是否做了微隔离，以防止横向攻击？

（4）是否使用证书对所有网络通信（包括服务器对服务器）进行加密？

（5）是否可以对已知威胁进行过滤和保护？

（6）内网访问的安全防护措施是否与外网访问一样严格？

（7）网络会话是否做了可视化管理？

8.1.5 应用

（1）用户是否能无缝访问内网应用和云端应用？

（2）是否只给用户授予了工作必需的最小权限？

（3）是否做了应用级、API 级、功能级的访问控制？

（4）是否持续监控所有文件的上传、下载？

（5）是否对不同应用的流量做了标识和区分？

（6）是否对所有流量都做了威胁监控？

（7）是否做了集中的访问策略实时管控异常风险事件？

（8）访问策略中是否包含身份、设备、应用、网络、位置、时间、用户风险等级等控制维度？

（9）有没有定期清查未经批准私搭乱建的业务系统？

（10）有没有定期扫描、修复服务器漏洞？互联网上是否可以扫描到端口漏洞？

（11）有没有做 API 调用者的服务器环境监控，并发出异常行为警报？

8.1.6 数据

（1）数据是否由机器学习模型进行分类和标记？

（2）是否持续发现所有数字资产中的敏感数据？

（3）是否做了基于数据敏感度的访问授权？

（4）数据共享是否做了加密和跟踪？

8.1.7 管理

（1）安全团队是否有针对终端的特殊类型攻击的检测工具？

（2）安全团队是否有多来源安全事件的统计分析工具？

（3）安全团队是否使用用户行为分析工具检测发现威胁？

（4）安全团队是否使用应急响应工具？

（5）是否做了安全策略的自动化编排？

（6）是否定期检查管理员的管理权限？

（7）是否只授予了管理员管理服务器及其他基础设施的最小权限？

8.1.8 总结

通过上述问题测算出公司在各个方面的得分，根据总得分不同，零信任成熟度模型将零信任建设分为三个阶段，如图 8-1 所示。

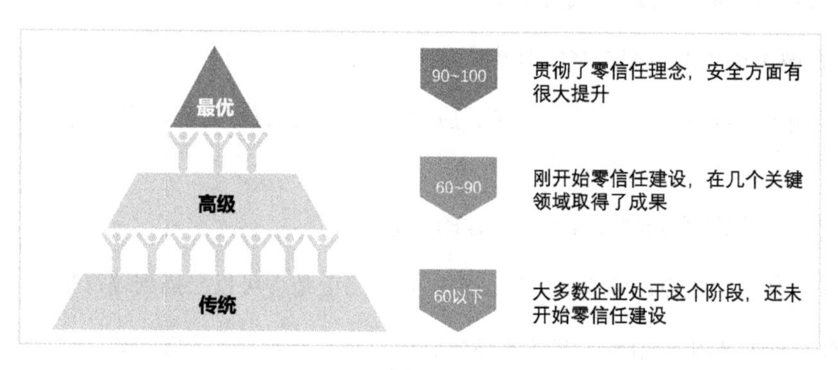

图 8-1

（1）传统阶段：大多数企业处于这个阶段，还未开始零信任建设。身份认证依靠静态规则，网络存在较大风险，设备、云环境等不可控。

（2）高级阶段：刚开始零信任建设，在几个关键领域取得了成果。有多种身份验证手段，有细粒度访问控制，设备按策略管理，网络做了分段，开始对用户行为和威胁进行分析。

（3）最优阶段：贯彻了零信任理念，安全方面有很大提升。实时分析身份可信级别，动态授予访问权限，所有访问都是加密的、可追踪的，网络不默认授予信任，自动检测威胁、自动响应。

8.2 建设路线规划

零信任的落地实施与业务现状、安全现状、团队现状等都有关系，不可能一蹴而就。规划零信任的建设路线时，要综合考虑业务建设阶段、安全机制现状、未来面临威胁、团队能力和预算等情况，然后划分每一步的目标和愿景，再按场景、按部门有序稳定地逐步推广实施。

8.2.1 路线图的规划原则

1. 场景维度：先做远程访问场景，再做其他场景

从安全问题的优先级来看，应该首先解决业务系统对外暴露的风险，即内网不变，把远程访问的用户迁移到零信任网络上，解决内外网统一访问，以及身份和权限管控问题。然后解决服务与服务之间的网络微隔离、API 调用等问题。最后解决综合数据安全治理，以及安全开发质量提升问题。尤其是在当下，远程办公越来越普遍，远程访问的安全性变得越来越重要，应该重点解决。当然，在建设远程访问场景时，还应该关注整体架构的可扩展性，为后续建设其他场景留下伏笔。

2. 用户范围：先做小规模试点，再逐步推广

在规划建设方案时，可以先罗列出用户及对应的资源，从中挑选相对独立的一部分用户和应用，在不影响其他人的情况下，做小规模试点。以远程访问场景为例，罗列出细分场景下的各类用户、网络、设备、资源，如表 8-1 所示。

表 8-1

用　　户	网　　络	设　　备	资　　源
业务部员工	总部内网、互联网	公司管控设备、自带设备	OA、邮箱、ERP、供应商系统
门店柜员	分支机构网络、互联网	公司管控设备	OA、邮箱、ERP、CRM
网络部员工	总部内网	公司管控设备	OA、邮箱、运维系统
开发部员工	总部内网	云桌面	OA、邮箱、项目管理系统
供应商	互联网	自带设备	供应商系统
外包人员	互联网	自带设备	项目管理系统

然后，从表格中挑选用户和资源都比较独立的细分人群。例如，表格中的供应商或开发部员工的远程接入场景。挑选这类人群作为第一阶段的试点用户，影响范围更加可控，而且更容易衡量零信任的安全效果。

此外，试点用户的人数也是考虑因素之一。试点阶段应当先考虑整个架构能否顺利运行，再考虑性能因素。人数过多会带来性能压力，干扰试点阶段的重点工作。因此，应该挑选人数较少的部门进行试点。

3．业务范围：先接入新业务，再兼容老业务

在业务系统接入零信任架构后，用户访问的方式可能有所改变。所以，最好不要一下子把所有系统都接入零信任架构，而是按优先级一批一批地接入。

从安全需求的角度看，应当先接入易被攻击的业务系统。企业安全人员可以先对应用资源进行一次漏洞扫描，确认应用暴露了哪些漏洞、危险程度如何，从而找出风险比较大的业务系统。特别是对于暴露在互联网上的业务系统，也许系统本身并不重要，但是一旦系统被攻击者入侵，就会变成攻击者继续攻击内网其他服务器的跳板，将给企业带来巨大威胁。

从失败带来的影响角度看，初期应当先接入影响范围较小的业务系统。避免在零信任系统不稳定时，对业务产生负面影响。

从接入成本角度看，应当先接入兼容成本低的业务系统，通常越老的系统越难兼容，所以一般优先接入新业务系统。零信任系统的网络层隧道类网关一般没有兼容问题，但应用层的代理类安全网关可能存在潜在的兼容性问题。应用层的代理类安全网关在技术上类似一个反向代理，它的优势是能够看到更多应用层的信息，可以做细粒度管控，但劣势是会带来一些与业务系统的兼容性问题。有些业务系统的代码不标准，页面的链接中存在“写死”的内网 IP 地址，这会导致零信任系统的用户无法打开该链接，要解决这个问题就要花精力改造。做试点的时候

应该尽量避免出现类似的情况。

综合来看，不少新开发的系统可能更专注于业务，缺少安全方面的积累，应该成为重点保护目标。新系统可能本身也在试点，如果在实施过程中出现问题，那么影响范围较小。而且，新业务系统的代码通常更规范，兼容性问题更少，从成本角度看，新业务也是更好的目标。

4．能力维度：先做基础防护框架，再做细粒度权限管控

在实际应用中，实现最小权限原则的工作量很大，在实际建设时应当规划一个渐进式的过程逐步实现目标。安全部门通常不知道其他部门的用户都有什么权限，所以，需要用一个配套的工单系统或者工作流审批系统实现分层管理，让各部门的领导和业务系统的管理员来维护自己管辖的用户权限。在实施过程中会涉及各部门的协调、工作流程等问题。

在做零信任试点的时候，可以先启用网络隐身、多因子认证、风险分析和风险拦截等简单易行的功能，进行粗粒度的管控，只对网段或应用级的权限进行管理。在完成初步的概念验证后，再搭建细粒度权限审批的工作流系统，逐步细化对应用级、功能级、数据级的管控。

5．管控力度：先做审计和告警，再做阻断

风险分析模型需要一个学习的过程，才会变得越来越准确。在积累数据的过程中，为了给用户提供更好的体验，可以先把策略设置为“试运行”的状态，只做日志的分析和报警，不做拦截。这样，就可以避免风险分析初期准确率较低给用户造成困扰。

在试运行阶段，安全人员应该根据风险报警追查是否真的出现了安全威胁。如果出现了威胁，则应当及时处理，并收紧安全策略。无论报警是否准确，安全人员都应该记录和反馈这个结果，持续训练和优化模型。

当然，要达到100%的准确率是不可能的，试运行的过程更侧重于检验那些对用户影响较大的策略，例如，会阻断访问或锁定账号的策略。这些策略的模型参数可以适当放宽，不能影响合法用户的正常使用。某些策略对误报的容忍度更高，例如，对可疑情况触发二次认证或发送风险提醒邮件的策略，当误报率达到某个比例之后就可以正式启用了，不用追求100%。

8.2.2 不同企业的关注重点

不同规模企业的安全责任和关注重点不一样，不同企业的安全基础和网络复杂度也不同。

中小企业在进行零信任建设时，需要更轻量级的方案。方案要对业务影响小，容易部署、容易维护，尽量做到用户体验“无感知”。零信任系统的建设重点是在满足合规要求的基础上，支撑安全远程办公，实现轻量级的数据泄密防护。建设时应当优先采用无端模式、旁路部署、云服务等技术手段。

大型企业应当站在更高的视角，把零信任应用于整体的网络安全升级，支撑新兴业务的安全发展。零信任系统的建设重点是与现有架构融合，以及对身份、权限、数据的综合治理。建设时，应始终关注整体框架的搭建、基础技术的积累。除了零信任基础框架，还要构建身份大数据平台、动态权限引擎，与原有的安全设备、安全运营平台联动，实现风险和信任评估。在平台框架搭建好后，可以先从个别场景开始，自然生长，慢慢补齐安全能力。

8.3 如何获取各方支持

零信任系统的实施落地离不开各个部门的配合和支持。要获取各方支持，就要传递一致的愿景，挖掘各方的驱动力，特别是对领导来说，要量化安全的投资回报率。让所有人都理解零信任的好处，才能得到大家的支持。最好能够将零信任建设上升为战略目标，指派权力足够的负责人，组建专门的虚拟团队，吸纳各个领域的专家，协调各个部门共同完成零信任的建设。

8.3.1 可能遇到的阻碍及应对策略

零信任建设通常由“安全团队”牵头实施，但安全部门往往话语权不高，当处理安全范围之外的问题时，会受到其他部门的阻碍甚至反对。那么，如何站在对方的角度推进零信任建设呢？

1. 不理解，不愿改变

看不到改变的价值，就会拒绝改变。安全团队很懂零信任技术，但是如果不能从对方的角度出发，肯定会遇到来自网络或业务团队的阻力，因为他们不理解。安全团队应该学会从其他部门的角度来看待零信任能带来的好处，最好能跟收入或成本挂钩，让他们明白零信任不仅仅是一个流行的技术术语，也是能实实在在地支撑新业务正常运行，避免安全事件带来的巨大损失的技术。

人性中有非理性的因素。对新技术有偏见或对现有架构特别有感情的人，很容易忽略新技术给企业发展带来的好处。在遇到这类问题时就需要一个强力的推动者，最好能争取到管理层和业务部门的支持，通过零信任建设的实际效果，逐渐产生正面影响。

2. 影响了现有架构

如果零信任系统会替换现有安全产品，严重影响现有架构或者导致某些技术失效，那么肯定会受到相关人的激烈抵抗。为了避免这类阻碍，需要寻找一些创造性的方法来绑定现有的安全产品或增强现有产品的功能，找到更多盟友。在零信任建设初期，最好做到与现有技术并行，不替换，等大家尝到零信任的甜头，事情就不难推进了。

3. 过度谨慎，无限期的“研究研究”

零信任是一个新鲜事物，技术团队希望对其多研究多了解是正常的，但无限期地推迟决策和行动，反而会造成资源浪费。笔者见过不少一直在“试运行”的项目，团队在一开始往往将这些项目规划得非常复杂，希望它们一上来就具备完备而复杂的功能，能够对接和整合各类平台。过度复杂的方案有时会导致大量问题纠缠不清，工作始终难以完成。

与其初期就做到大而全，不如想办法尽快落地。在遇到这类问题时，可以换个思路，降低预期目标，先搭架子，再快速迭代，稳定有序地实现最终目标。

8.3.2 明确零信任建设的驱动力

要推动零信任建设，就要找到大家的动力来源，让公司有动力往前走，协调资源、克服困难，才能到达终点。不同公司的安全现状不同，但进行安全建设的原因是有共性的。

1. 符合政策规范

政策规范一直是安全建设最重要的原因之一。很多项目都是出于政策要求不得不做，零信任自诞生以来一直是网络安全的热点，随着多年的实践应用，零信任技术的影响力越来越大。目前，零信任已经成为国家、行业要求重点推进落实的安全技术，做好零信任建设是顺应时代发展，满足政策规范要求的必然选择。

在国家层面，工信部发布了《网络安全产业高质量发展三年行动规划（2021—2023）（征求意见稿）》，里面多次提到“零信任”，建议将零信任作为关键行业的网络安全基础设施，加快开展零信任架构的网络安全体系研发。在行业层面，金融和运营商行业已经开始酝酿出台关于零信任的行业规范。

零信任建设还可以满足一些其他政策和规范中的身份安全、边界安全等方面的要求，用零信任的统一认证、网络隐身等能力满足互联网收口的政策要求。

2. 行业内的大型安全事件

企业如果看到某个公司因为某类攻击而遭受巨大损失，那么肯定要掂量掂量自己能不能顶住类似的攻击，如果不能，就要抓紧提升安全水平。

近几年，国内网络安全攻防演练的强度逐年提高，各级部门频繁举办攻防演练活动。为了避免公司网络被攻破，企业应该积极建设零信任等安全体系，全面提升在各种场景下的安全能力。

3. 同行业的影响

企业在决定每年安全建设的重点时，必然会与行业内这方面的优秀企业进行对标，学习他们的经验。零信任自诞生以来一直是网络安全行业的热点，据了解，国内各大行业的头部企业都在进行零信任调研或试点工作，很大一部分取得了不错的效果，对于行业内的其他公司来说，具有非常大的借鉴意义。

4. 支撑新业务的建设

业务目标往往比技术目标更为重要，所以，企业的零信任建设可以与数字化转型同步推进，将零信任安全体系作为企业数字化转型整体战略的一部分。当公司建设新业务时，必须考虑业务的安全性如何保障，特别是对于比原来更加开放的新业务，由于暴露面更大，所以安全风险更大。

零信任架构可以让新的业务系统更安全地启用，这对公司来说有着巨大价值。而且，零信任系统和业务系统同步规划、同步实施，可以保证安全和业务深度配合，从本质上提升业务系统的整体安全性。

5. 应用新技术，打开新局面

新的领导上任或者新的阶段开始时，往往需要重新审视现状，提出创新性的变革，跟上流行趋势。零信任架构是目前最新的安全架构，公司内过时的安全产品和无效的系统都可以趁着零信任建设的机会进行改造和升级。原本孤立的技术，可以趁此机会完成集成；烦琐的体验和流程，可以借此机会完成优化。所以，零信任不仅是急需引入的技术，更能提供一次全面优化安全体系的机会。

8.3.3 量化安全的投资回报

因为零信任架构的专业性比较强，所以直接从技术的角度解释零信任的价值，非技术背景的人会很难理解，更好的方式是把零信任的价值量化。

很多企业在攻防演练期间会暂停部分业务，以此躲避攻击。这么做虽然能避免安全问题，但是业务收入会受影响。如果上线零信任系统可以让业务在攻防演练期间正常运行，那么由此带来的业务收入的提升，就是零信任的价值。

如果某类安全水平的提升不容易转化为收入的提升，那么也可以从以下 4 个维度列举建设后效率提升了多少倍、可以多抵抗多少风险等效果，让人更容易理解技术带来的价值。

1. 政策合规

在政策合规方面，可以列出零信任系统具体满足了哪些规范和要求，包括合规项数量、合规率等，例如，对每个规范来说，原来可以满足到什么程度，本次建设的目标是满足到什么程度。

2. 网络攻击

在攻击事件方面，可以列出建设零信任系统有助于抵抗哪些类型的攻击，例如，身份窃取、权限滥用、漏洞扫描、勒索病毒等。列出各类攻击的覆盖率、检出率等。

零信任系统有网络隐身、微隔离等功能，从这个角度出发，可以计算原本有多少资源会暴露出来，建设了零信任架构之后，暴露面缩减到多少。

或者用一些形象的说法，以能防御什么规模的攻击行动表示网络的整体安全水平。例如，可以抵抗专业的黑客、可以抵抗大型黑客组织、可以抵抗国家级组织的黑客行动等。

3. 风险响应

风险的响应速度、处理速度，是安全水平的直观体现之一。可以列举将来可能发现哪些过去发现不了的潜在风险，对风险响应时间的提升程度等。例如，通过设置安全规则进行系统的自动响应，让平均响应时间从 1h 缩短为 1min。同时由于自动化程度的提升，降低了安全运营的人力成本，释放出来的人力可以投入更有价值的安全建设工作。

4. 身份权限

身份和权限的统一管理和统一校验是零信任架构的重要一环。身份权限的建设可以分为三个阶段，分散在各个业务系统；统一集中管控；零信任的统一认证、动态授权。

在身份权限建设方面，可以列举有多少业务系统已经接入零信任系统，还有多少无人管控的灰色地带。也可以列举统一管理带来的潜在威胁的减少，例如，删除了多少个无效账号、沉默账号，撤销了多少次过度授权，从而避免了潜在账号和权限的滥用，也间接降低了业务系统的账号授权费用等。

8.4 零信任如何融入现有架构

企业已有的安全设施不是因为零信任而失效，而是因为零信任而升级。下面将介绍零信任如何融入现有架构。

8.4.1 相关组件的分类

企业现有网络环境可能有很多组件，关系错综复杂，为了简化问题，可以先将与零信任关系密切的组件进行简单的分类，如图 8-2 所示。

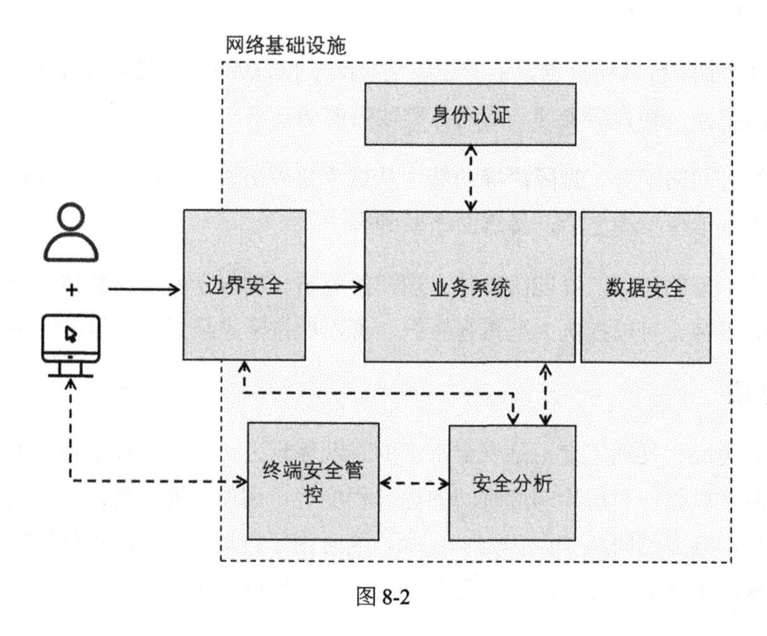

图 8-2

（1）网络基础设施：当用户访问企业网络内的资源时，需要一些网络设备的支持，例如，用户通过防火墙进入企业网络，通过私有 DNS 找到网络内的资源，通过负载均衡设备访问业务系统等。系统之间的连接也要依赖网络设备，网络基础设施无处不在。

（2）边界安全：企业网络的入口处一般会部署 Web 防火墙、入侵检测等安全产品，检测是否存在恶意攻击、木马病毒。

（3）终端安全管控：为了保证用户不把病毒带入内网，或把敏感信息偷走，企业通常会要求用户在设备上安装杀毒软件、EDR、DLP，并限制准入条件。

（4）安全分析：安全分析平台会收集所有用户的网络日志、设备信息等进行综合分析，帮助安全管理人员快速发现风险、阻断风险。

（5）身份认证：很多企业会建立 IAM 系统，统一管理用户的身份、认证、权限。用户在访问业务系统之前，必须先经过 IAM 的身份认证。

（6）业务系统：这是企业网络的核心资产，其他安全产品都是为了保护业务系统和其中的敏感数据而产生的。

（7）数据安全：企业会部署数据库防护、审计、加密、脱敏等各类数据安全产品，保护数据不被窃取。前文已经介绍过零信任与数据安全生命周期的关系，此处不再赘述。

8.4.2 零信任与网络基础设施的结合

零信任与网络基础设施是结合的关系。网络节点可以与零信任结合，作为零信任访问控制策略的执行点。

1. 防火墙

防火墙一般部署在零信任安全网关的前面，负责把零信任的安全网关路由到外网，如图 8-3 所示。

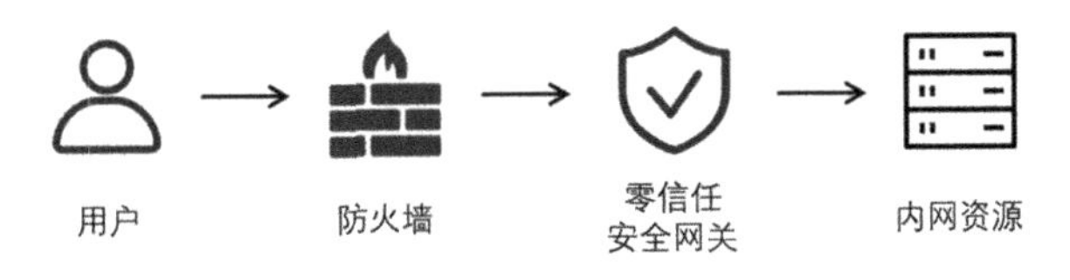

图 8-3

防火墙也可以充当零信任策略的执行点，只放行合法用户，如图 8-4 所示。在这种场景下，防火墙需要与零信任系统进行对接（有些防火墙厂商已经推出了零信任集成方案）。防火墙的规则是由零信任的管控平台动态下发的，当用户在零信任管控平台认证成功后，管控平台会通知防火墙添加一条规则——允许来自该用户 IP 地址的流量访问零信任安全网关。

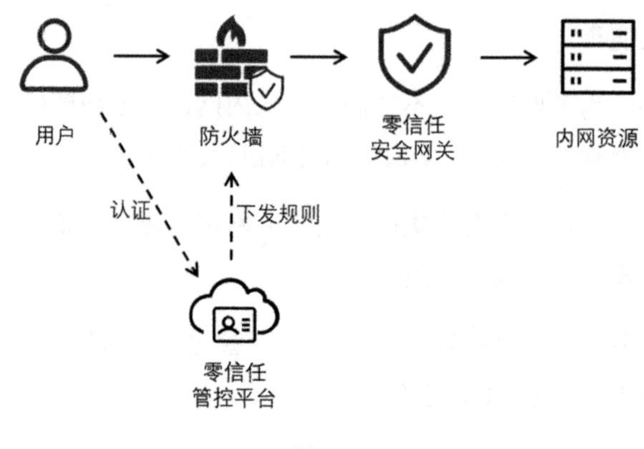

图 8-4

2. DNS

1）零信任支持 DNS 配置

DNS 的作用是解析域名，把域名转换为 IP 地址。互联网网站的域名由公有 DNS 解析，企业内部业务系统的 IP 地址通常为私有 IP 地址，互联网不可访问，所以很多企业会搭建私有 DNS，在企业内网解析内部业务系统的域名。

隧道模式的零信任安全网关应该支持 DNS。用户在访问内网资源时，零信任客户端拦截“域名解析”请求，转发到私有 DNS 进行解析，让用户可以访问内网资源的私有 IP 地址，如图 8-5 所示。

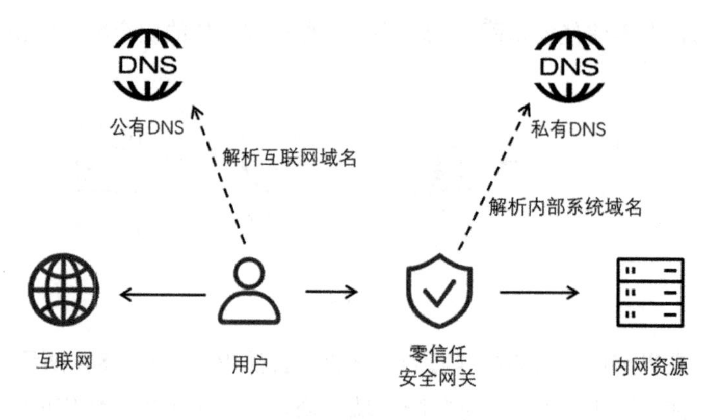

图 8-5

2）零信任依赖 DNS 导流

代理模式的零信任安全网关需要依赖公有 DNS 才能实现访问控制。企业修改公有 DNS 的解析地址，将业务系统的域名解析到安全网关上，在网关验证合法后，将合法流量转发到业务系统，如图 8-6 所示。

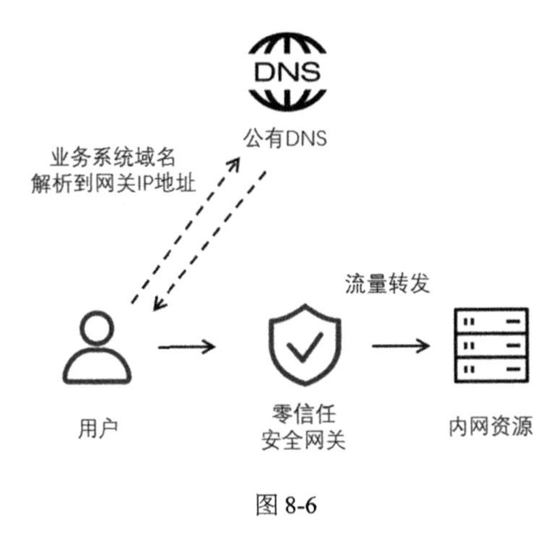

图 8-6

修改公有 DNS 的解析地址是个麻烦的过程，可能需要走申请审批流程。为了避免麻烦，有些零信任产品可以不依赖公有 DNS，其实现方式类似于通过零信任客户端修改用户本地的 hosts 文件，在本地设置域名与安全网关 IP 地址的对应关系。这种方式也避免了域名暴露在互联网上，更加安全。

3）零信任与 DNS 结合

除此之外，云形式的零信任方案还可以与 DNS 结合，在云端搭建零信任系统的私有 DNS，如图 8-7 所示。把用户的 DNS 请求转发到私有 DNS，监控 DNS 的解析记录，从而搜集更多用户信息并做访问控制。例如，通过对 DNS 解析日志的分析，可以了解用户访问了哪些互联网域名，发现用户的异常行为，拦截对恶意网站、恶意 IP 地址的解析和连接，避免用户被钓鱼、被远程控制。

3. API 网关

企业业务系统之间的数据交换通常是通过 API 进行的。不少企业会建立一个 API 网关，对各个系统模块的 API 进行统一发布、统一管理。

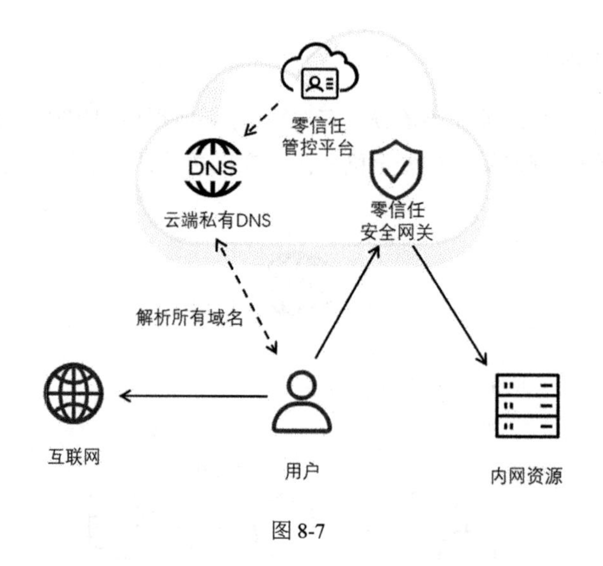

图 8-7

零信任系统可以与统一的 API 网关结合。在 API 场景下，零信任可以在两方面发挥作用，一是威胁防护，二是访问控制。

1）威胁防护

零信任的安全网关可以部署在 API 网关前面，过滤 API 请求中的恶意代码等攻击，帮助 API 网关提升安全性。在这种方案中，零信任网关的角色与 WAF 类似，如图 8-8 所示。

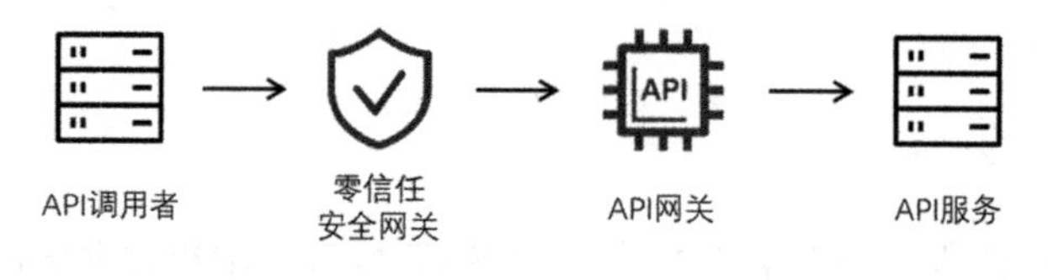

图 8-8

2）访问控制

零信任系统可以与 API 网关集成，API 调用者调用 API 服务之前先到零信任管控平台进行身份认证，在认证成功后，管控平台通知 API 网关放行，如图 8-9 所示。

认证过程可以包括身份凭证校验、调用者终端安全程度检测，以及调用行为是否可疑等，由管控平台进行综合评估后，进行细粒度授权。

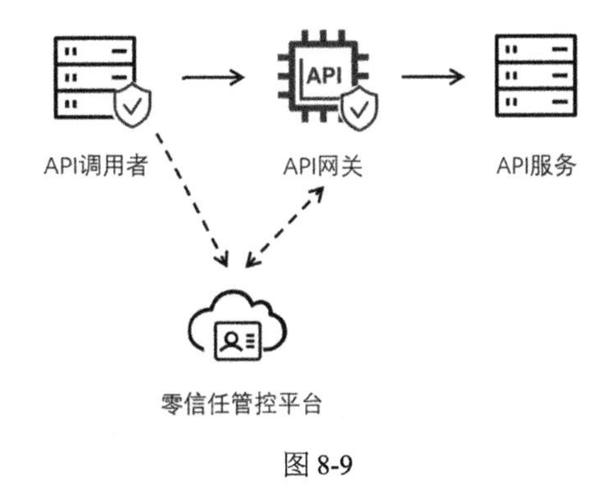

图 8-9

4. VPN

零信任与 VPN 是替代或共存的关系。零信任拥有 VPN 的所有功能，可以直接进行替代。如果 VPN 已经对接、联动了很多现有安全平台，或者人员基数很大无法一次完成替换，那么企业可以选择先让两者共存。6.1 节已经详细讨论了这个场景，此处不再赘述。

5. 负载均衡

负载均衡（LB）可以提供更好的性能和高可用性。LB 一般放在零信任安全网关的后面，业务系统的前面，如图 8-10 所示。

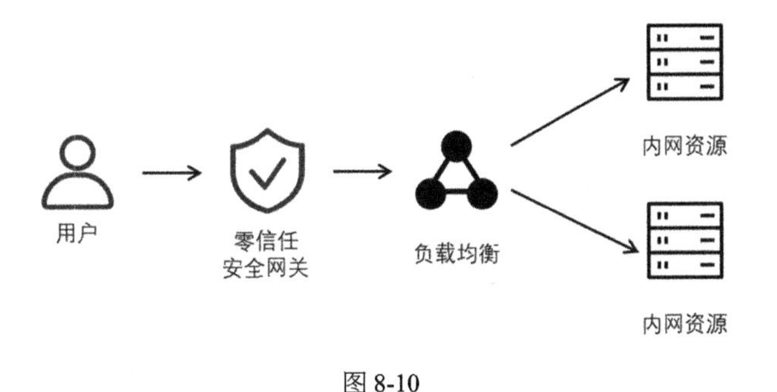

图 8-10

在零信任方案中，安全网关本身的集群也会用到 LB。但是有些情况下，安全网关的 SPA 功能可能受到限制。在正常情况下，SPA 对合法用户的来源 IP 地址放行，但有些 LB 会改变数据包中的来源 IP 地址，来源 IP 地址可能变成 LB 的 IP 地址，导致 SPA 对整个 LB 放行，这就相当于对所有人都做了放行，SPA 功能相当于失效了。

有一种可行的方式是把 SPA 模块放在 LB 之前，不受 LB 的干扰，但是 SPA 模块又会成为新的瓶颈，需要零信任管控平台再做一次分流。在用户登录后，动态为用户分配一个本次使用的 SPA 节点和一个网关节点，如图 8-11 所示。

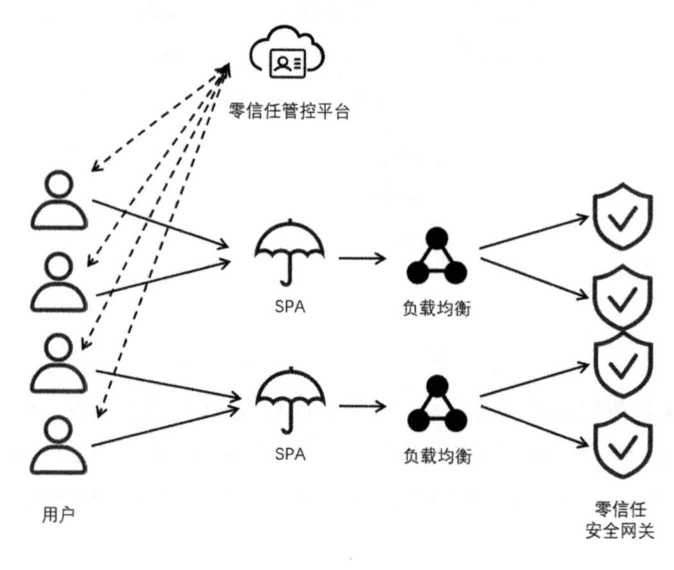

图 8-11

8.4.3 零信任与边界安全产品的结合

零信任与边界安全产品是结合的关系。边界安全产品负责检查进入企业网络的流量中是否存在威胁，零信任系统结合威胁信息，进行访问控制。两者前后串连，结合起来发挥更大作用。

1. NGFW

下一代防火墙（NGFW）仍然是防火墙，NGFW 集成了 IDS/IPS、防病毒、VPN 等功能（不同厂商会有所不同）。

NGFW 一般放在零信任安全网关之前，在网络层工作，负责检测和拦截网络威胁。零信任系统负责身份认证、设备认证、权限管理，并结合 NGFW 检测到的威胁，对相关用户的账号和设备进行综合信任评估。

2. IDS/IPS

IDS 和 IPS 是检测和拦截网络入侵行为的安全产品。通过将流量内容与特征库进行匹配，发现攻击行为，如图 8-12 所示。IDS/IPS 可以基于网络节点部署（NIDS/ NIPS），也可以基于主机部署（HIDS/ HIPS）。

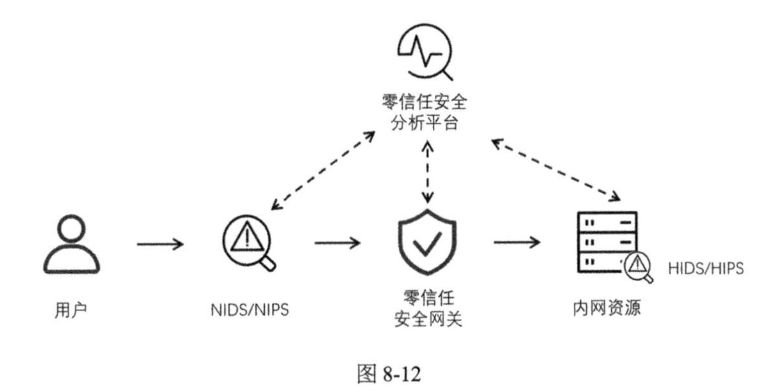

图 8-12

NIDS/NIPS 与零信任是互补、结合的关系。NIDS/NIPS 在零信任网关之前拦截网络攻击、上报安全事件，以便零信任系统从更多角度进行用户信任评估。零信任系统可以下发威胁情报，降低 NIDS/NIPS 的误报率。

零信任客户端和安全网关之间一般使用安全的加密连接，如果 NIDS/NIPS 部署在零信任安全网关之前，就需要与零信任系统进行一定程度的集成，以便解密流量，还原真实的攻击源和攻击目标。如果有条件，那么可以将 NIDS/NIPS 与零信任安全网关部署在一起，并进行深度融合，零信任将所有流量还原，然后转给 NIDS/NIPS 进行分析。

HIDS/HIPS 与零信任是互补、对接的关系。HIDS/HIPS 不受加密影响，在零信任系统过滤了大量非法用户流量后，HIDS/HIPS 可以更专注地检测主机上的入侵行为，并与零信任安全分析平台对接，使之可以分析主机的可信级别，进而影响主机隔离策略、用户授权策略的制定。

另外，零信任可以丰富 IDS/IPS 的处置手段。IDS 只能检测，IPS 只能简单地拦截，而零信任系统可以在发现入侵时，更快速地定位用户身份，进行二次认证，并向用户发送异常活动通知，限制用户的访问范围，或隔离用户设备。

3. WAF

Web 应用防火墙（WAF）是检测 Web 层网络攻击的产品。WAF 的作用与 IDS/IPS 类似，只是更关注针对业务系统的 Web 层攻击，例如，漏洞攻击、SQL 注入攻击、跨站脚本（XSS）攻击等。

WAF 常用于防护面向公众的 Web 业务系统，这类系统经常会被扫描、攻击，所以需要更多防护。内部办公用的业务系统较少使用 WAF。

当然，WAF 也可以与零信任结合，部署在零信任安全网关之后，防御“合法用户”的非法攻击，如图 8-13 所示。零信任安全网关的隐身机制可以避免 90%以上的网络攻击，但合法用户使用的设备可能存在恶意程序，随时会向业务系统发起攻击，这些威胁可以由 WAF 防御。

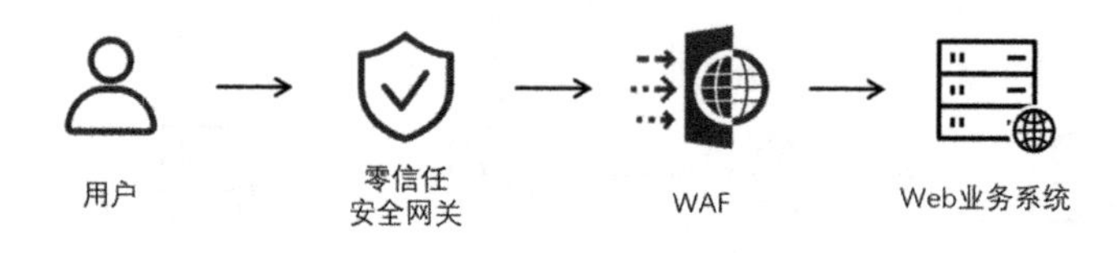

图 8-13

4. NAC

NAC 在零信任系统之前生效。NAC 在用户联网之前，基于 802.1x 协议对用户进行身份验证，验证成功后授予用户连接网络的权限。零信任系统在用户连接网络之后，对业务系统进行访问控制。对用户来说，这两步可以整合，实现单点登录。

零信任与 NAC 的作用有相似之处，但 NAC 不适用于远程场景、云端访问控制场景，也不具备零信任的动态访问控制能力，零信任会在一定程度上削弱 NAC 的作用。

有一些设备联网的场景只能通过 NAC 管理。例如，很多打印机、复印机和安全摄像头等非智能设备，普遍无法安装零信任客户端，但这些设备通常内置 802.1x。还有对于企业访客 Wi-Fi 的管理，完全没必要使用零信任系统，只要访客网络与内网完全隔离，使用 NAC 进行认证，甚至不做身份认证都可以。

8.4.4 零信任与终端安全的联动

下面主要介绍两类终端安全产品，一类侧重对终端安全状态的检测和修复，另一类侧重对终端数据的保护。云桌面、沙箱等产品与零信任系统可以很好地融合，前文已经讲过，在此不再赘述。如果企业已经具有了部分终端安全能力，那么应该充分利用已有能力，与零信任系统结合，实现更细粒度的动态访问控制。

1. 终端安全管控

零信任与终端安全管控产品是对接或融合的关系。零信任系统需要尽可能多地从不同维度收集终端的信息，并且根据分析结果对终端进行管控。终端安全产品既可以作为零信任系统的信息源，也可以作为策略管控的执行点。

前文介绍过“终端安全检测”是零信任的核心能力之一。终端安全管控产品也可以检测系统是否存在弱配置、是否存在病毒、木马或不可信进程。终端安全产品可以与零信任系统对接，承担这类职责，为零信任的访问控制提供依据。

在修复设备漏洞方面，终端安全产品也可以与零信任系统结合（不少安全厂商的零信任解决方案已经包含了终端安全管理模块）。零信任系统在发现终端风险时，会引导用户打开终端进行杀毒、清理木马、安装系统补丁、修复被篡改的系统配置等工作，完成零信任的终端安全闭环。用户修复后，即可恢复设备的访问权限，如图 8-14 所示。

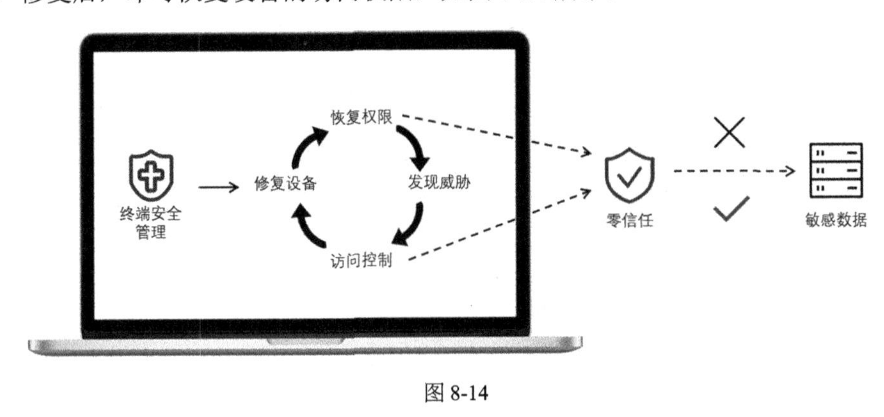

图 8-14

2. 终端检测与响应

终端检测与响应（Endpoint Detection and Response，EDR）可以检测终端的异常行为。EDR 可以发现异常域名和 IP 地址、敏感命令、可疑进程、恶意启动项等终端风险迹象，可以识别黑客的无文件攻击、密码凭证窃取等行为。

零信任可以与 EDR 进行联动。一方面零信任系统可以根据 EDR 发现的异常告警，调整用户和设备的可信等级，进而进行访问控制。另一方面，EDR 可以根据零信任系统的信任评估结果，在本地对终端进行断网，或对恶意进程、文件进行隔离。

3. DLP

DLP 类产品可以通过技术手段限制企业敏感数据的流出，对终端文件的复制、打印、邮件发送、IM 分享、上传网盘、截屏等行为进行审计和管控，或者对文件进行加密，只有本地可以打开。

DLP 可以作为零信任整体方案的一部分。一方面提供终端文件操作日志，供零信任系统分析用户是否存在异常行为，综合判断其可信等级。另一方面可以作为零信任管控策略的执行点，管控从数据传输到数据存储的整个生命周期。例如，允许某个文件被用户查看，但不允许其被外发，如图 8-15 所示。

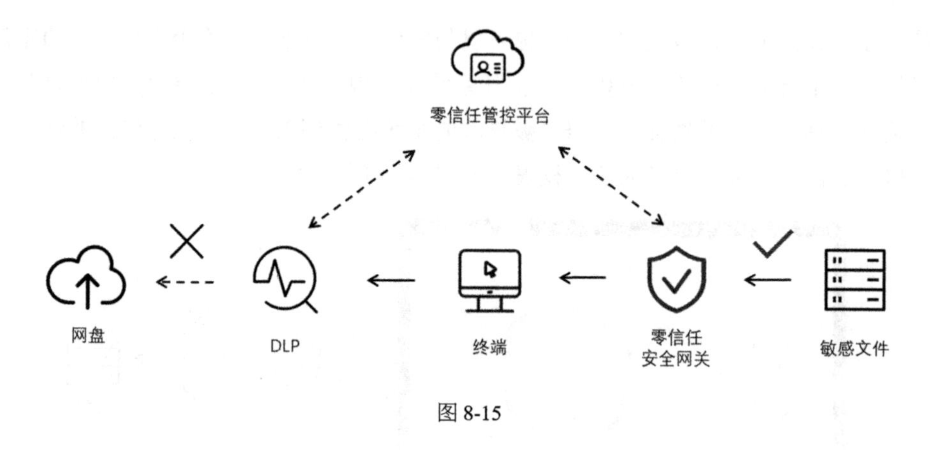

图 8-15

8.4.5 零信任与安全运营平台的联动

在建设零信任架构之前，许多企业已经花费多年时间建设了完整的安全运营中心（SOC），如图 8-16 所示。一个完整的 SOC 具备以下三方面能力。

（1）汇聚不同系统生成的安全信息和事件（类似 SIEM），以便进一步分析和响应。

（2）对用户和实体行为进行分析（类似 UEBA）。

（3）制定策略，与各类网络设备和安全设备联动，自动修复漏洞，并对已发现的威胁进行告警或拦截（类似 SOAR）。

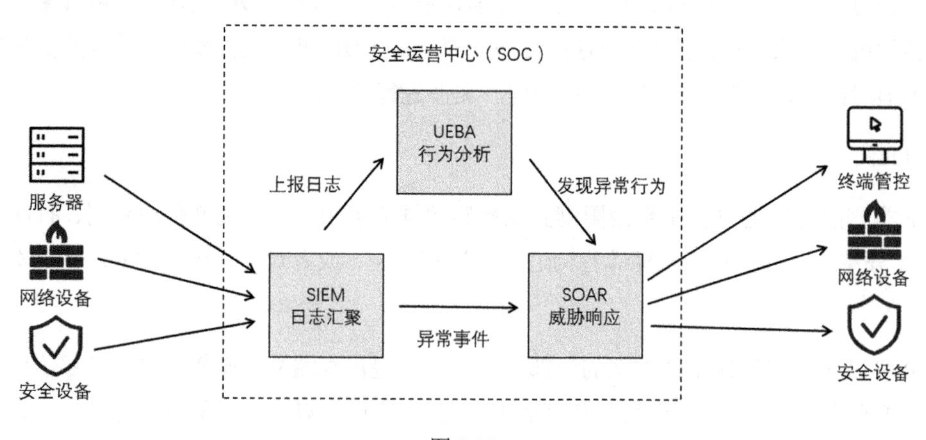

图 8-16

SOC 的能力与零信任的能力是互补的，如图 8-17 所示。如果让零信任系统与 SOC 联动，那么会增加整体的安全运营能力，达到 1 加 1 大于 2 的效果。

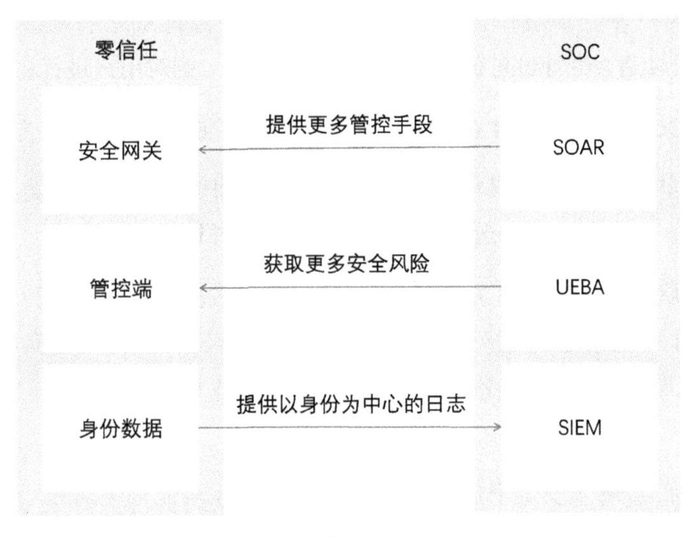

图 8-17

（1）零信任系统可以为 SOC 提供丰富的身份数据。传统 SOC 的日志数据来自服务器、防火墙、IDS/IPS、终端管理、IAM 等。SOC 一般以用户的 IP 地址为线索关联不同来源的网络日志，安全管理人员需要将多个日志中的信息拼凑在一起，才能识别用户是“谁”。而且，在 NAT 网址转换的场景下，IP 地址并不适用。

零信任本质上是以身份为中心的，用户的一切行为都与身份关联。因此无论用户身在何处，跨越多少网络，使用什么协议，登录什么应用账号，用户的一切行为都可以对应到“用户身份”上。这可以大大提高 SOC 管理员定位用户、发现异常的速度。

（2）零信任系统可以作为 SOC 的命令执行者，拦截安全威胁。零信任系统可以向 SOC（SOAR）提供 API，丰富 SOC 的控制手段。零信任系统具有调整用户信任等级、限制访问权限、触发二次认证等能力，提高 SOC（SOAR）平台自动响应的灵活性。例如，当用户只发生了一些轻度可疑的事件时，可以先不做彻底的网络隔离，只限制用户访问高敏应用，当用户修复风险或者完成二次身份认证后，即可恢复权限。这样就可以大大减少误报带来的业务影响，对安全运营工作有很大帮助。

（3）零信任系统可以从 SOC 获取更多安全风险信息。SOC 比零信任系统对接了更多网络安全信息和威胁情报。因此，零信任系统可以在 SOC 的帮助下更准确地分析存在的威胁，发现攻击者。例如，在用户登录零信任客户端时，零信任管控平台向 SOC 查询该用户是否连接过外部恶意 IP 地址，或者是否进行过可疑的网络攻击。如果有，则对用户进行访问控制。

零信任在与 SOC 融合时，应注意术语、身份、评价标准、告警队列等方面的统一。

（1）统一术语定义。零信任在与 SOC 对接前，应该先把术语、属性等方面的定义统一。最后展示出来的是同一套术语，便于运营人员在多平台同时进行对比分析。

（2）关联身份属性。SOC 的日志数据来自业务、网络安全设备、终端管理平台等系统，不同系统的关注点不同。把来自不同平台的用户、应用账号、设备、IP 地址等身份属性对应起来，才能对用户进行全面的安全评估。各个系统按同一个逻辑收集、分享数据，才能给出完整的用户画像。

（3）统一评价标准。各个安全平台站在各自关注的角度，可能有不同的可信等级评估标准。只有标准统一，各个平台才能按照统一的标准进行联动，按照同一个可信等级对用户实施同级别的管控策略。

（4）统一告警队列。网络攻击行为可能在多个工具中触发告警，这些告警需要相互关联，才能避免运营人员的重复工作。最理想的情况是将不同平台的告警进行整合，融合为一个完整的事件报告。

8.4.6 零信任与身份管理平台的对接

成功的零信任系统需要一个优秀的身份管理平台来支撑。零信任建设要考虑与客户现有身份平台的对接。例如，运营商行业普遍已经搭建了 4A 平台。

1. 身份管理

零信任系统可以与企业的 IAM 或 4A 平台对接，同步用户身份数据，并在此基础上，将用户身份与设备环境、访问行为、安全风险等信息关联，组成零信任的用户大数据。

企业原有的 IAM 仍然负责身份的生命周期管理，员工入职、离职等操作仍在 IAM 上进行。为了保证身份数据的有效性，IAM 还可以定期进行身份治理。

如果担心用户信息流出，不希望 IAM 把身份同步给零信任系统，那么可以只提供认证接口，让零信任系统自己记录用户账号。大至流程为，当用户登录时，零信任系统将认证请求转发给 IAM，如果 IAM 认证成功，则将用户的账号保存在本地，如图 8-18 所示。先允许任意用户访问任意资源，经过一段时间的积累，在收集到大部分用户账号后，再配置用户权限。

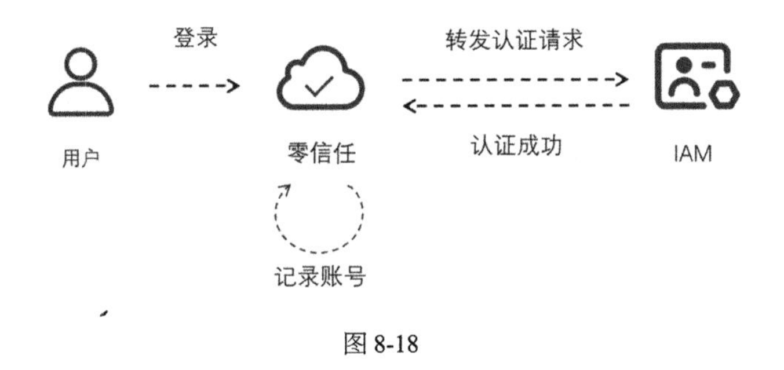

图 8-18

2. 身份认证

零信任可以将身份风险分析与认证过程结合，实现“自适应认证”效果。自适应认证的细节上文已经提过，在此不再赘述。下面主要介绍一些实际对接时的问题和方案。

零信任系统在从 IAM 同步用户信息时，一般不会同步用户密码。所以，当用户进行账号和密码认证时，零信任系统需要将认证请求转发到 IAM 进行处理。

除了账号和密码认证，零信任系统还应该具备多因子认证能力，这可以通过与认证源进行对接来实现。不过，企业现有 IAM 很有可能已经对接过很多认证源了，在这种情况下，零信任系统再去对接一遍所有认证源，属于重复造轮子，有点儿浪费。比较好的做法是，不去对接那么多认证源，而是在认证时直接转到 IAM 的认证页面进行认证，IAM 将认证结果同步给零信任系统即可，如图 8-19 所示。

为了实现上述过程，零信任系统要与 IAM 进行 SSO 对接，这样，IAM 才能与零信任系统同步登录状态，而且，IAM 页面需要让用户能直接访问到。如果把 IAM 部署在零信任网关之后，那就要在打开客户端后立即自动进行 SPA 敲门，让用户访问 IAM 的流量。在这种情况下，敲门发生在用户登录之前，零信任系统不知道用户的身份，在 SPA 过程中只能进行简单的设备认证，安全性会被削弱。

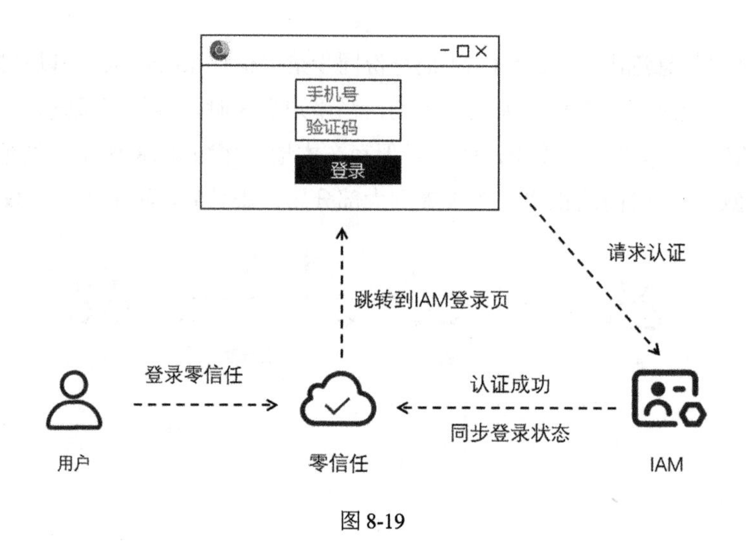

图 8-19

8.4.7 零信任与业务系统的兼容

零信任可以与业务系统深度对接，实现功能级和数据级的访问控制。这部分前文已有详细介绍，此处不再赘述。

此外，零信任的网关和微隔离组件都可能遇到与业务系统不兼容的问题，能否与业务系统兼容，是零信任建设的关键问题。

1. Web 代理的兼容

在对接运行多年的现有业务系统时，零信任系统可能面临兼容性问题。在远程访问场景下，用户和业务系统之间多了一层零信任网关，就增加了访问出错的可能性。根据经验，导致兼容性问题的主要原因是在某些情况下，零信任网关前后的网址或协议不一样。

1）网址转换导致的兼容性问题

应用层的安全网关在技术上类似一个反向代理。反向代理的原理是，用户访问业务系统的域名，域名通过 DNS 解析指向安全网关，用户的流量就导流到了安全网关上，如图 8-20 所示。

如果开发人员在开发业务系统时只考虑了内网访问的场景，直接在页面链接中“写死”了内网 IP 地址，零信任用户就无法打开这些链接，如图 8-21 所示。

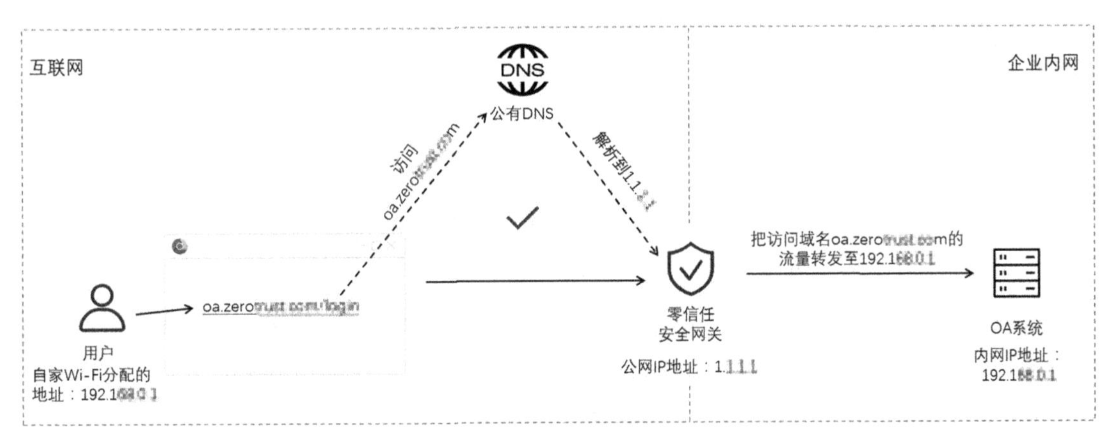

图 8-20

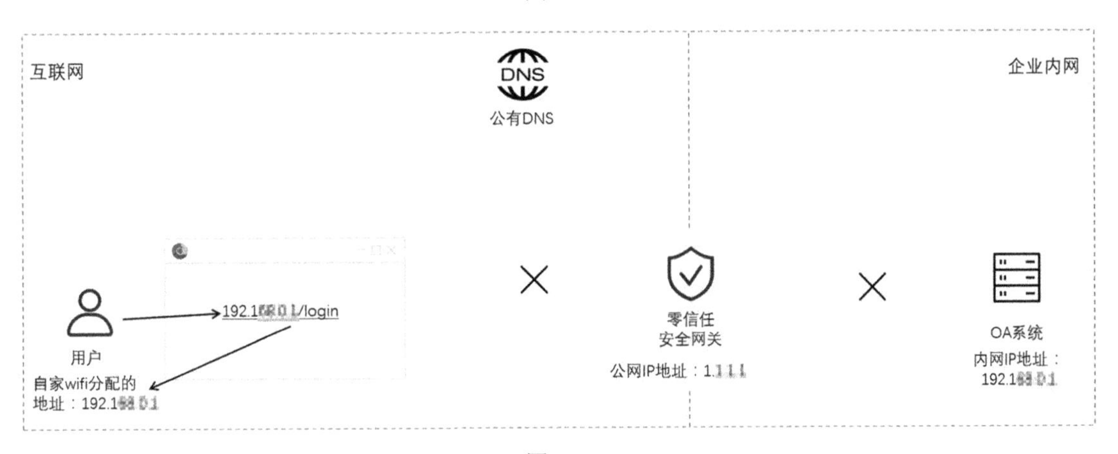

图 8-21

要解决这个问题，有两种方式。要么改用隧道网关，通过虚拟网卡或本地代理拦截所有流量，将全部内网 IP 地址的流量都转发到企业内网；要么在安全网关上做处理，把业务系统返回的页面文件中的内网 IP 地址代码直接改掉，换成相应的域名。

2）协议转换导致的兼容问题

在有些场景下，需要在用户至网关这一段使用 HTTPS 通信，在网关至业务系统这一段使用 HTTP 通信。与上一个问题类似，如果业务系统的页面中存在“写死”的 HTTP 的链接，那么还是会导致用户无法访问的问题。解决方法也与上一个问题类似，需要在网关上做处理，替换代码。

2. 微隔离组件的兼容

零信任的微隔离组件可能与服务器的环境冲突。兼容性较差的微隔离产品即使功能再强大，实际上也用不起来。如果弄坏了业务系统，事情就更严重了。

微隔离组件不能占用太多的资源，否则会影响业务系统的性能。而且，微隔离组件不能违反企业的安全限制规则。所以，微隔离组件相当于“戴着镣铐跳舞”。

微隔离组件上线时应当开启逃生模式和故障自杀模式，避免发生故障时影响服务器正常运行。而且，并不是在解决所有服务器的兼容性问题之后，才能开始部署微隔离组件。可以让一部分互相连接的服务器先用起来，再逐步加入更多服务器。

8.4.8 融合关系总结表

表 8-2 是零信任与现有架构中各类组件的关系总表，除了上文提到的几大类组件，还简单补充了一些常见产品与零信任的关系。

表 8-2

现有架构组件	与零信任的关系
防火墙	防火墙部署在零信任网关之前，可以与零信任系统对接，成为零信任系统的策略执行点
DNS	零信任系统依赖 DNS 解析域名，可以对接 DNS，收集更多用户行为信息，或通过 DNS 进行访问控制
API 网关	零信任系统可以与 API 网关结合，在 API 网关之前过滤安全威胁，或旁路部署分析 API 访问日志，或改造 API 网关进行访问控制
VPN	零信任系统可以替代 VPN，初期一般与 VPN 共存
负载均衡	零信任系统的集群需要用到 LB，零信任系统不影响业务系统 LB 的运行
NGFW	NGFW 一般放在零信任安全网关之前，过滤安全威胁
IDS/IPS	NIDS/NIPS 与零信任是互补关系，在零信任网关之前拦截网络攻击，HIDS/HIPS 可以与零信任系统对接，增强主机的动态访问控制能力
WAF	WAF 部署在零信任网关之后，防御“合法用户”的非法攻击
NAC	NAC 与零信任负责不同场景的准入，零信任系统上线之后会削弱 NAC 的作用
终端安全管控	与零信任系统结合，对终端设备进行检测和修复，形成终端安全闭环
DLP	与零信任系统结合，实现数据的全生命周期安全管理
SIEM	零信任系统可以为 SIEM 提供以身份为中心的高质量数据
UEBA	零信任系统可以从 UEBA 获取更多异常行为事件，作为综合信任评估的输入
SOAR	零信任系统可以与 SOAR 联动，响应各类风险事件

续表

现有架构组件	与零信任的关系
IAM	为零信任系统提供高质量身份数据，对接认证和单点登录
业务系统	零信任系统需要解决遇到的兼容性问题，可以与业务系统对接，实现功能级、数据级的访问控制
PKI	零信任系统可以使用 PKI 生成的安全证书，辅助验证用户身份
数据安全	在数据访问控制场景下，零信任系统可以与数据库审计、DLP 等产品配合，实现全生命周期的数据安全
蜜罐	蜜罐是企业网络中的诱饵，零信任系统可以故意放松对蜜罐的防护，使攻击者更容易上钩，帮助安全人员快速发现安全威胁
云桌面	零信任网关可以部署在云桌面网关之前或之后，分别实现云桌面网关的隐身和云桌面内的动态访问控制
堡垒机	零信任系统可以与堡垒机对接，对运维操作进行指令级和数据级的访问控制
特权账号管理	零信任系统可以与特权账号管理对接，实现网络连接与登录权限的绑定

8.5 无感知的用户体验

普通员工是零信任项目的最终使用者，他们的用户体验对于零信任项目能否顺利实施至关重要，零信任系统应该尽量为员工提供便利，不制造任何困难。零信任客户端应该在不影响现有工作的前提下，提升安全性。

零信任客户端和终端沙箱可以提供更严密的终端防护，但是增加客户端还是让用户感觉烦琐，推广起来常常会遇到阻力。所以，推广零信任客户端的思路还是尽量做到让用户无感。

最好的体验就是没有体验，好的客户端应该是在安装之后不对用户造成任何影响，只有在必要的时候才依靠明确的提示，引导用户登录使用，提升安全性。如果企业已经具备一些基础条件，那么是可以在不削弱能力的前提下，实现完全无感知的用户体验的。例如，静默推送安装客户端，在用户访问高敏应用时，自动调用并启动沙箱程序，在沙箱中调起浏览器跳转到要访问的应用，用户自己不用动手操作，让使用流程尽量简单。

8.5.1 客户端是件麻烦事

零信任方案中对用户使用体验影响最大的就是零信任客户端。零信任网关只要不宕机，用户就察觉不到；零信任的各类访问控制策略只会影响违规操作的用户，遵守规定的正常用户不会受到影响；风险策略可能存在少量误报，不过管理员可以随时调整策略，把误报率降到很低。只有零信任客户端，会给每个人都带来影响。

只要有“端”，就意味着麻烦：用户麻烦，管理员也麻烦。在标准的零信任方案中，用户需要下载、安装客户端；然后启动客户端，进行身份认证；在登录成功之后，需要保持客户端在线。看起来用户需要操作的步骤不多，但对于用户规模较大的企业来说，每一步都是一个巨大的挑战，例如，不知道从哪里下载、不记得密码、不会操作……每个问题都要人去解答、指导。如果客户端存在 Bug，那就更糟，要挨个排查问题。解决之后，还要重新发布升级，再经历一遍各种挑战。

既然客户端这么麻烦，那能不能不用客户端呢？可以。有几种场景可以在不用客户端（无端模式），或者让用户感知不到客户端（隐藏模式）的前提下，实现零信任安全。

8.5.2 无端模式

如果企业只有 Web 业务系统，那么可以通过“Web 代理”形式的安全网关进行保护。在这种场景下，用户不用安装客户端，通过 Web 页面就可以访问零信任网关保护的业务系统。前文从 SPA 的角度介绍过无端模式的架构，此处不再赘述。

这种方式的缺陷在于，零信任管控平台不是隐身的，任何人都可以直接访问。所以需要对零信任管控平台进行安全加固，避免攻击者的入侵。而且，如果没有客户端，对设备的感知信息就非常有限，无法持续监控设备上是否存在恶意软件和高危漏洞，也无法使用终端沙箱来防止数据泄密。

8.5.3 隐藏模式

如果企业有 C/S 类型的业务系统，或者 B/S 类型的业务系统兼容问题较多，就必须使用客户端。在这种场景下，可以尽量想办法隐藏客户端，做到用户无感知。

1. 无感知安装，后台自动运行

如果企业有终端管理软件，就可以向所有用户的后台推送零信任客户端的安装包，并且自动执行安装命令。零信任客户端可以静默安装，安装时不显示界面，这样，对于用户来说就是无感知安装了。

安装后，用户不用打开客户端软件，用户的登录操作可以在 Web 门户上进行。在登录后，门户页面会自动拉起本地的零信任客户端软件，将登录信息传递给客户端。客户端在后台自动运行，平时不会展示其界面，只在计算机右下角系统托盘处留一个入口，如图 8-22 所示。对于

用户来说，使用过程是无感知的。

图 8-22

客户端在启动后继续无感知地自动收集、上报终端安全信息，将企业应用的流量转发给安全网关。当客户端收到零信任管控平台的告警时，会弹窗提示用户进行二次认证或提示用户已被拦截。当用户点击了需要沙箱才能访问的应用时，客户端会自动调起沙箱进程，在沙箱中用可信的浏览器打开应用。

如果企业员工使用的都是公司管控设备，那么还可以用设备认证替代用户认证，让使用体验更简单。客户端安装后由终端管理软件远程启动，用户无须输入账号和密码，直接由客户端读取用户当前操作系统的域账号信息，或者不验证用户信息，仅通过设备指纹验证设备是否合法，如果合法则允许用户登录。

2. 嵌入 SDK

如果企业员工已经安装了某种客户端，那么零信任客户端可以以 SDK 的形式嵌入，然后通过现有客户端升级并下发。

在移动端，这种场景比较常见。用户一般已经安装了一个或多个企业的办公 App，只需在 App 中嵌入零信任 SDK，再对接 App 与 SDK 的身份认证、隧道建立、风险拦截等接口。在 PC 端，有小部分企业有统一的办公助手，这类应用程序也可以与零信任 SDK 对接，如图 8-23 所示。

在这种方案中，原有客户端与零信任系统会打通身份认证，在用户登录时，由零信任客户端先登录，然后将身份凭证同步给原有客户端。原有客户端进行身份凭证认证，在认证成功后，用户即可正常办公。整个过程都是在底层进行的，用户感觉不到。

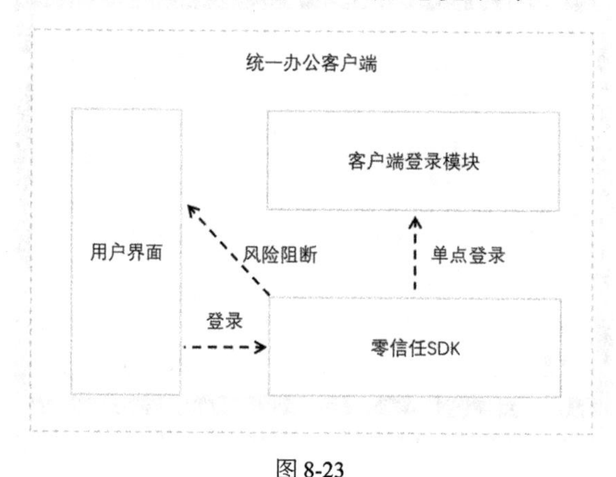

图 8-23

这种方案的缺点在于需要先对现有客户端进行改造，再与零信任系统对接。这需要一定的成本，并且可能引入一定的风险，影响原有客户端的正常使用。

8.6 资源有上千个，权限怎么配置

体量大的企业实施零信任项目时可能碰到一个难点：企业的业务系统太多，企业的人也太多，IT 部门不可能知道每个人该配置什么权限。企业在零信任建设初期可以先进行粗粒度授权，再逐步收紧，在零信任推广后期，则需要一些自动化工具来彻底解决这个问题。

8.6.1 自动发现资源清单

在大型企业，IT 人员知道的业务系统有很多，不知道的可能更多。其原因可能是企业成长太快，各部门“私搭乱建”，没有备案；也可能是年深日久、人员更替，被遗忘了。

如果没有一个完整的资源清单，那么可能留下安全隐患。服务器没有纳入零信任保护范围，被攻击了也无法快速响应，甚至会被发展成长期的渗透入口。所以，在零信任系统建设初期可以只接入已知的业务系统，但在后续推广时，还是应当通过梳理现有资料、分析网络日志等方法，对企业的资产进行完整的梳理。

一些零信任厂商会提供专门的“应用发现”工具，通过监控泛域名或网段，从零信任用户的访问日志中发现未配置权限策略的应用资产。例如，先放行所有与“*.company.com”相关的访问，当用户访问 a.company.com、b.company.com 时，都会被记录下来。通过对比现有清单，可以发现未知的应用。应用依赖的底层服务往往会被忽略，可以通过这种方式发现。例如，文件服务 file.company.com、单点登录服务 sso.company.com 等。

8.6.2 权限自动采集和配置

每个人日常访问的应用都是相对固定的，假设每个人都形成了习惯，只访问自己权限内的业务系统，那么理论上只要监控一段时间用户的访问日志，就可以自动生成用户的授权清单。这个清单可以为管理员提供参考，减轻人工配置工作量。

在建设好零信任的基础架构后，可以让用户先安装零信任客户端，在初期放开所有权限，统计每个用户的访问行为。经过一段时间后，对统计结果进行分析，给出用户或者角色维度的权限配置建议，如图 8-24 所示。例如，统计同部门的几个用户常访问的业务系统是否相似，如果是，则推荐建立一个包括部门所有人的用户角色或用户组，直接对该角色进行授权。

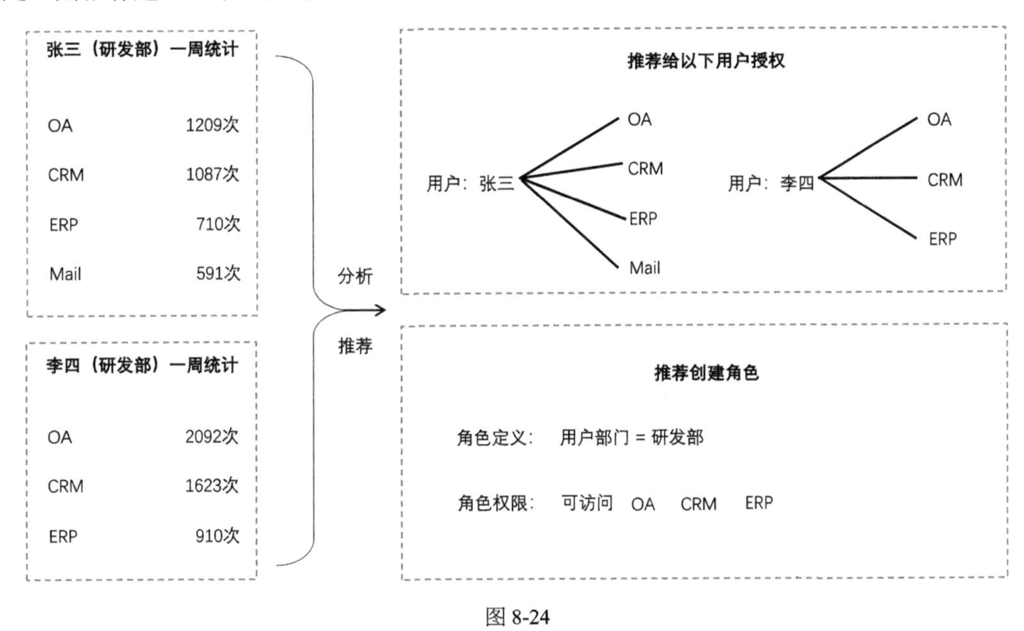

图 8-24

管理员根据系统提供的授权建议，与业务部门的领导进行核实和调整，确定最终的权限配置。完成细粒度授权后，收回初期放开的权限。

这种自动采集、自动推荐的方式只适合于建设初期，在完成初期的基本配置之后，后续的权限调整，以及新入职用户的权限配置可以基于特定的申请审批流程实现。

与用户访问数据的采集类似，微隔离组件也可以自动采集工作负载之间的网络流量，分析服务器之间的依赖关系。管控平台根据采集信息，自动生成访问关系拓扑图，供管理员参考。

8.6.3 自动发现进程通信白名单

零信任客户端可以监控用户设备的进程，在初期，管理员可以设置宽松的策略，允许所有进程运行，允许所有进程与内网资源通信。通过一段时间的学习，零信任系统会统计企业员工常用哪些软件，哪些软件常与业务系统通信。然后，管理员根据这些统计信息，以及对业务进行梳理和确认的结果，综合判断出进程运行和进程通信的白名单。

微隔离组件可以在服务端做同样的事。管理员可以查看服务端的进程、文件、通信的统计信息，据此制定进程、文件、通信的白名单。

8.6.4 自助申请访问权限

当企业人数较多或者组织机构复杂时，不可能由 IT 部门管理所有员工的权限。企业应该建立一种机制，由每个部门的领导以及资源的管理员共同审批每次的权限变更。管理员只要设计好权限的审批标准和流程，定期审计和抽查即可。实现权限审批机制需要由零信任管控平台对接企业已有的工单系统，或由零信任系统提供一套流程管理工具。

用户可以在零信任客户端或 Web 门户中主动申请某几个应用的访问权限，或者在用户访问失败时，由系统主动引导用户申请其所需的权限，如图 8-25 所示。

图 8-25

在用户提交申请后，应该通过短信或邮件及时将消息推送给资源管理员和部门管理员，管理员站在自己的角度核实申请是否合理，然后做出决定。为避免审批不及时，应当支持管理员通过手机进行审批。例如，管理员直接单击邮件中的审批链接即可让流程通过。

为了应对一些特殊情况，零信任管控平台还应该支持临时权限申请、委托他人申请等功能。在申请临时权限时，需要考虑权限的有效期。委托申请还需要考虑委托人的身份如何证明。

安全管理人员可以在权限策略的基础上，制定网络安全策略，用户需要同时满足两种策略才能访问。例如，安全人员可以要求所有用户必须在可信设备上访问某个应用。这条策略与用户自助申请的访问权限互不影响。

8.7 渐进式的灰度上线

任何系统上线都需要一个稳定期，零信任也一样。在很多场景下，零信任安全网关要串联在网络入口，如果发生异常，则会造成单点故障。所以，零信任系统一定要在不影响现有业务运转的前提下，分步骤渐进式上线。

8.7.1 灰度上线的技术手段

灰度上线就是按照优先级，先对一部分人上线，不影响其他场景和用户的正常使用。这样，原来的使用流程始终有效，有问题的时候随时可以切回来，有备无患。下面介绍几种在远程访问场景下实现灰度上线的方法。

1. 客户端分流

这种方式需要让用户提前安装零信任客户端，然后在零信任后台选择一部分用户，例如，通过修改域名解析或拦截流量的方式，把 IT 部门全体人员访问企业应用的流量转发到零信任安全网关上，在通过网关验证后，再将这部分流量转发到企业应用。这样就把一部分用户通过客户端引流的方式迁移到了零信任系统上，如图 8-26 所示。

被选中的用户可能遇到一些问题，所以在选中用户后，应该让系统自动发送一封邮件，提示用户此时的情况，并附上问题反馈方式和紧急联系人。如果首批上线用户连续 30 天未发现异常，则证明零信任系统已经稳定。此时，可以让更多用户通过零信任网关访问应用。

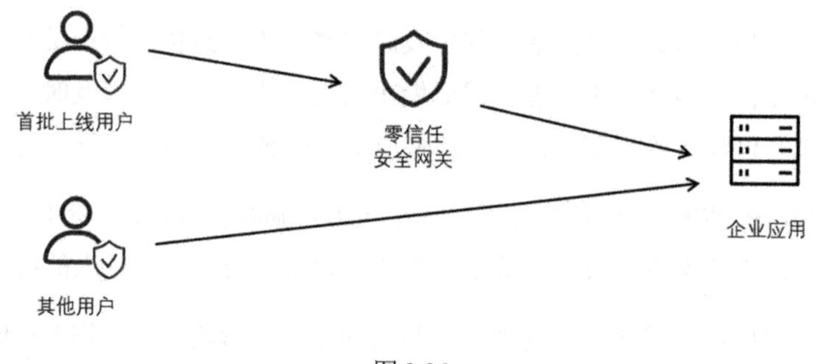

图 8-26

2．安全网关分流

如果采用安全网关分流的方式，则不需要用户安装客户端，但是也无法启用 SPA 隐身功能。先改变公有 DNS 的域名解析，将业务系统的域名解析到安全网关的 IP 地址上，再在安全网关上设置一条策略——检查流量的来源 IP 地址，如果属于指定用户，则进行零信任检测，否则直接放行，转发到业务系统的真实 IP 地址。这样就实现了安全网关分流的效果，如图 8-27 所示。

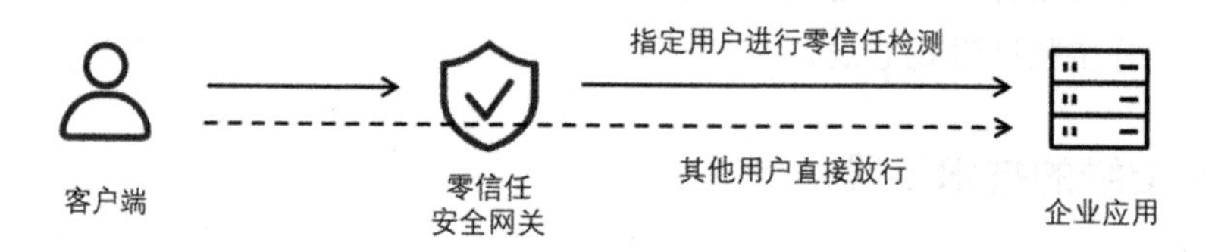

图 8-27

之所以按用户的 IP 地址来划分，是因为此时的用户还没登录，零信任系统不知道用户的身份信息，所以只能用 IP 地址来区分用户。

有一种方式，可以在某些特殊情况下，做到按身份区分灰度用户。如果企业原来有 IAM，用户访问应用前要进行一次单点登录，那么可以让 IAM 和零信任安全网关进行对接，以实现这个目的。具体的方法是，先将所有用户都引流到安全网关，再让用户跳转到 IAM 进行身份认证，之后，IAM 将用户的身份信息发给安全网关，此时，安全网关就可以根据用户身份进行分流了。这种方式的关键是用户原本就要在 IAM 上进行认证，安全网关的一系列操作并没有改变用户的使用流程，用户无感。虽然零信任系统在整个过程中参与的有点儿多，但这在某种意义上也算实现了灰度上线的目的。

3．NAC 分流

通过 NAC 进行分流的方式和与 IAM 结合进行分流的方式类似。用户在连接网络时，由 NAC

对用户进行身份认证。当通过认证后，NAC 将指定用户放入零信任网络环境，其他用户继续使用原网络，如图 8-28 所示。这样，老环境始终可以正常运转，用户可以逐步转移到新环境。谷歌内部推广的 BeyondCorp 就采用了这种方式。

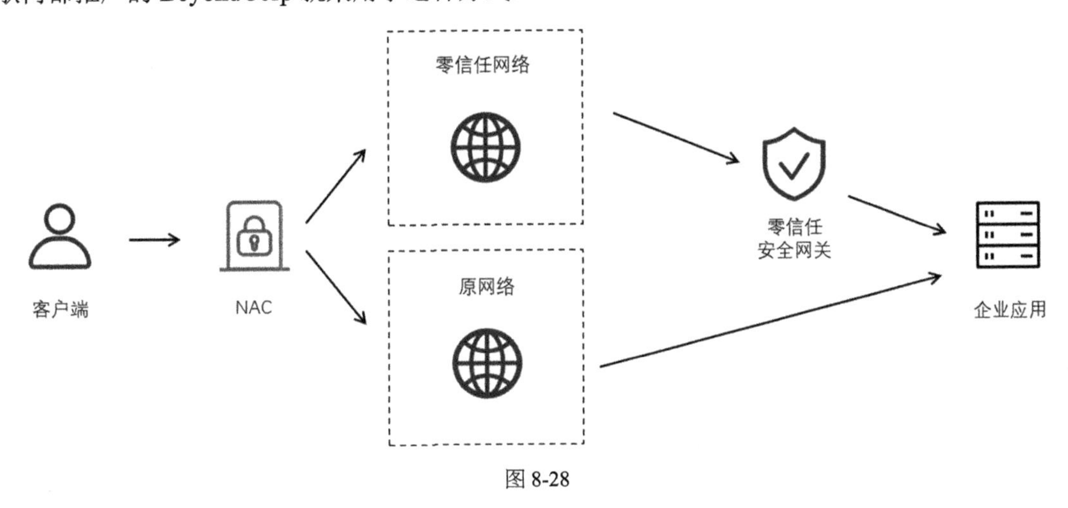

图 8-28

由于接入零信任网络的用户的体验会跟以往不同，所以需要对这部分用户提前进行通知和培训。例如，如何安装零信任客户端、遇到问题如何处理等。

4．客户端的灰度升级

零信任客户端在上线一段时间后，会面临升级的问题。与服务端相比，客户端往往更容易出问题。因为客户端要兼容各种各样的用户设备，难以全面测试，而且一旦安装完毕就无法修改，不像服务端可以随时调整。所以在升级客户端时，最好也按照灰度策略执行。

灰度升级策略有很多种。例如，先指定一部分用户，后台只对这部分用户推送升级通知。或者限定本次允许升级的人数，先到先得，人满之后不再提示用户升级。前一种策略可以指定特定人群，适用于测试某些特定场景。后一种策略挑选出的用户分布比较平均，适用于全面测试客户端的稳定性，如图 8-29 所示。

升级客户端还会带来带宽占用问题，这也可以通过灰度升级解决。用户下载最新客户端会占用服务器的带宽，如果网络资源有限，则很容易造成阻塞，严重时甚至会影响整个零信任管控平台的正常运行。所以，可以通过灰度升级策略，让用户一部分一部分地升级，把用户的升级高峰时间错开。

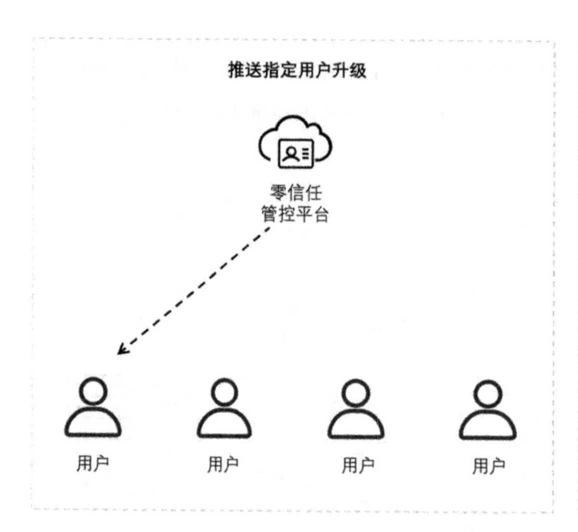

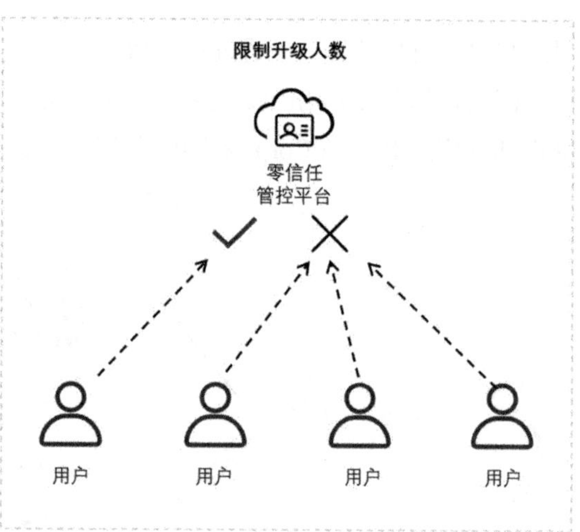

图 8-29

8.7.2 策略的生命周期管理

安全策略决定了何时拦截用户的访问，如果有些场景没考虑到，则会影响正常业务。为了避免这种情况发生，安全策略需要经过模拟运行、试运行等步骤后才能上线。当然，对于一些特别简单的授权策略，上线流程可以适当简化。

1. 模拟运行

通过模拟运行发现不合理的策略配置。如果策略只定义了用户和资源的对应关系，那么不需要模拟运行也能看到效果。但如果策略中包含了对环境和设备因素的条件定义，那就比较麻烦了。因为这些因素都是动态变化的，所以只有在用户发起访问请求的那一刻才能收集到所有的策略判断因素的信息。模拟运行指人为假定一些条件，观察在主要场景、异常场景下，最终的策略执行结果是否符合预期。例如，选择职位为 CEO 的用户，设定时间为周一早上 9 点，设备可信度为高，IP 地址为公司内网 IP 地址，查看此时用户能访问哪些资源、能执行什么操作、禁止执行什么操作、匹配到了哪些策略、有没有出现预期外的策略等。

2. 权限审计

在重点模拟几个有代表性的用户策略后，应该进行一次全面的权限审计。例如，是否存在某些用户没有任何权限，或某个应用永远访问不到的情况，列出所有权限远超同组同事的用户，检查其中是否存在配置失误。

3. 试运行

策略应当先通过“试运行”模式上线，试运行状态下的策略只记录日志或发出提醒，不做真正的拦截。

4. 审批上线

特别重要的策略需要通过审批流程才能正式上线。例如，已经与业务系统进行了深入结合的数据级访问控制策略。如果策略授权过大，则会导致机密数据泄露，扰乱正常的工作秩序，甚至产生社会、政治影响。因此，策略的配置需要进行专门研究，策略的上线需要经过业务、安全等多方领导审批。

5. 例外规则

在紧急情况下，管理员应该可以配置一些例外规则，避免耽误重要的业务。例如，在整个零信任策略体系中可以预留一个白名单机制，对于白名单中的用户可以无视一切规则进行放行。但这种规则不符合零信任理念，只有在紧急情况下才能启用，一旦启用就立即向安全团队报警，同时留存例外放行的日志，以审计此举的必要性。同时也可作为经验或教训，对系统进行优化，避免再次使用例外规则。

8.8 保障业务可用性

为了避免零信任设备发生故障对业务造成影响，应当事先建立高可用架构，始终监控所有组件的健康状态，设定应急状态下的逃生机制。

8.8.1 高可用架构

在零信任架构中，零信任管控平台和零信任安全网关是最核心的组件，必须满足高可用要求。根据性能和成本要求不同，可以考虑做成双活、主备、集群等形式，规模较大的企业还应该满足异地灾备需求。当组件的一个节点发生故障时，应该能够自动切换到其他节点。而且，节点切换不应该影响用户的正常使用，不能造成用户业务的中断。

8.8.2 健康状态监控

系统管理员需要随时监控零信任架构的每个组件是否正常。一是查看组件是否可以互相连接、正常工作，避免某些组件发生故障导致整个系统无法运行。二是查看每个组件的 CPU、内存、硬盘等部件是否正常，避免长期运行导致的性能问题。一旦发现组件掉线或者性能达到阈值，就立即以邮件、短信等形式通知管理员进行进一步处理，如图 8-30 所示。

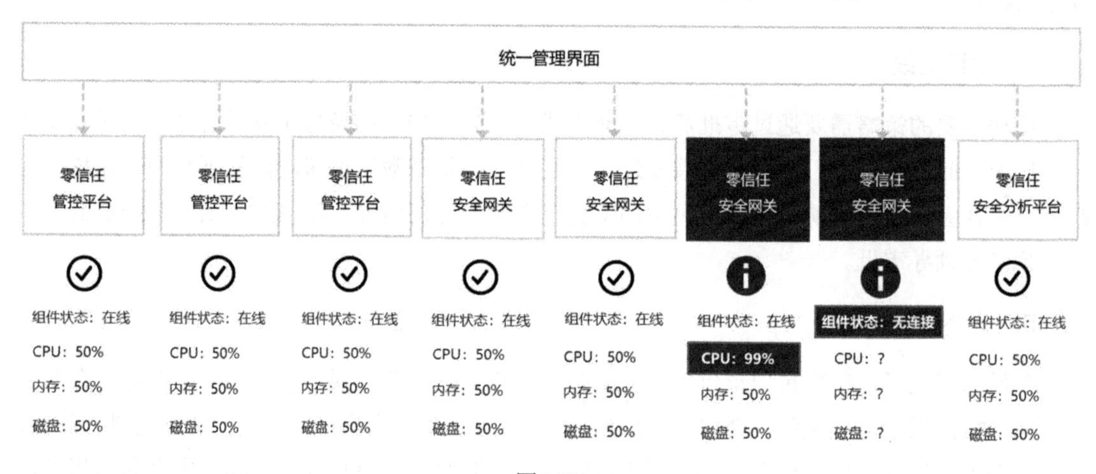

图 8-30

此外，还应该监控零信任系统对外服务的有效性。例如，

（1）要监控零信任系统与身份系统的定期同步是否正常，如果发生异常则会导致新员工无法使用。

（2）要监控每天每小时的日活数据，如果工作时间的日活量突然下降，则很可能是发生了故障，用户无法上线。

（3）要监控异常提醒消息的发送情况，如果从某个时段开始不再发送消息了，则可能是短信渠道欠费，或者邮件渠道发生了问题。

（4）要监控策略管控是否有故障，如果发现有策略限制某人访问某应用，而日志中记录该用户访问了这个应用，则说明可能是这个人发现了绕过方法，或者策略管控机制出现了故障。

零信任系统的自动化验证手段可以集成到企业的整体安全运维框架中，定期模拟一些异常操作以验证管控措施是否失效，如果系统未发现异常，则应立即通知安全人员进行处理。

8.8.3 零信任的逃生机制

零信任系统应当支持逃生机制，确保当组件发生故障时，用户仍然能够正常办公。不过，一旦零信任系统发生故障，虽然用户仍能逃生，但零信任的安全管控能力就失效了。在某些敏感场景下，反而应当遵循安全优先的策略，当零信任系统发生故障时，宁可耽误办公，也不能放开访问通路，避免发生泄密。

在逃生模式下，

（1）如果零信任管控平台发生了故障，安全网关无法获取用户验证的结果，则应使用最近的缓存，或停止权限校验，保证正在连接的用户仍能继续访问。

（2）如果零信任风险分析平台发生了故障，无法获取最新的信任等级变化，则应使用最近的缓存，或者默认所有人都是最高信任等级。

（3）如果安全网关发生故障，则应允许用户通过其他访问路径逃生。例如，在试点期间，保留用户与应用直连的通路。当安全网关发生故障时，客户端自动停止向安全网关引流，直接引流到应用的真实 IP 地址。

（4）如果微隔离主机组件发生了故障，则熔断降级，避免影响宿主机的正常运行。管控后台在发现节点故障后，应提醒管理员关注。

8.9 零信任自身被攻陷了怎么办

零信任系统将应用隐藏在安全网关之后，自身就成了攻击者的目标。如果安全网关被入侵，攻击者就会以此为跳板继续攻击其他应用服务器。如果零信任系统自身出了问题，那么也会导致正常业务的中断。零信任系统自身的安全是网络架构安全的重要一环。

8.9.1 收缩暴露面

在部署零信任系统时可以利用安全网关的隐身功能保护自身的组件。管控平台隐藏在安全网关之后，用户的登录过程通过安全网关转发完成，整个系统只有安全网关是暴露的。安全网关只需开放一个端口以满足 SPA 敲门和正常通信需求。

除了技术上的端口暴露，信息的暴露也需要安全人员关注。例如，不要在内部文档系统中公开任何关于零信任网络拓扑、部署方案、账号和密码的信息，避免被潜伏在内网的攻击者发现，从而发起有准备的、有针对性的攻击。

8.9.2 主机配置加固

零信任服务端应该对自身配置进行加固。例如，屏蔽爬虫扫描、限流限速、隐藏服务器版本信息、删除多余的管理员账号、设置密码复杂度要求、开启安全审计日志、及时为中间件安装补丁等。

8.9.3 指令、文件、进程、通信白名单

零信任服务端常用的指令、文件、进程都是比较固定的。为了保证服务端的安全，运营人员可以设置指令、文件、进程等方面的白名单，禁止白名单之外的指令、文件和进程的存在，避免攻击者执行恶意操作。一旦发现有人违规，立即发出告警。

（1）指令方面，服务端严禁预留执行系统命令的接口。

（2）进程方面，白名单需要检测进程的文件名、文件路径、文件摘要等信息，包括进程及其所有子进程。

（3）通信方面，要对进程可连接的 IP 地址进行限制，避免攻击者利用合法进程干坏事。

（4）文件方面，可以进行细粒度管控，例如，禁止创建网页类型的文件和可执行文件、重要目录设为只读、上传文件需要进行安全检测和人工审核等。

8.9.4 Web 攻击的防护

零信任的服务端应该具备抵抗常见 Web 攻击的能力。例如，通过集成 WAF 等方式实现 SQL 注入、XSS 跨站脚本攻击的过滤，拦截异常文件和异常网络请求。

8.9.5 RASP 防护

零信任服务端可以利用类似 RASP（Runtime Application Self Protection）的技术，增强自身对抗威胁的能力。RASP 技术可以 hook 编程语言底层的关键函数，监控内容中存在的异常风险。

RASP 与 WAF 的不同之处在于 RASP 运行在应用之中，知道应用内部的关键函数，在关键函数执行之前添加安全检查，获取经过解码的真实请求数据，进行精准拦截。RASP 可以防御 SQL 注入、命令执行、文件上传、任意文件写入、struts2 等漏洞攻击。

8.9.6 检测入侵迹象

零信任系统要扛得住常见的网络攻击，还要能及时发现自身的入侵迹象。当零信任设备被攻击时，由于入侵者的入侵方式不同，所以留下的入侵迹象也有所不同。例如，如果服务器上多开了一个监听端口，那么可能是攻击者在非法监听服务器流量；如果系统关键目录下多了一些可疑的文件，那么可能是攻击者上传了恶意文件；如果系统中出现了一些异常进程，那么可能是攻击者运行了恶意 Webshell；如果数据库中多了一些可疑的账号，那么可能是由 SQL 注入产生的；如果系统日志中发现了异常外连流量，那么可能是攻击者正在利用木马进行远程控制；如果关键数据表有被删除清理的痕迹，那么可能是攻击者在打扫战场。系统一旦发现类似的攻击迹象，应当及时通知管理员进行深入调查，恢复服务、增强防御、追踪溯源。

8.9.7 客户端自我保护

客户端应具备自我保护能力，可以在启动时检测环境是否正常、修复被篡改的配置。客户端还应具备防止恶意攻击、防止恶意破解等能力。

9 零信任安全运营指南

零信任产品买回来放着是没用的，需要有人运营才能盘活。随着各个行业对企业安全实战能力的要求越来越高，企业必须做到安全运营的实战化、常态化。

9.1 制定安全制度

安全运营的第一步是制定安全制度。企业应该完善网络安全制度中与零信任相关的部分，从管理和技术角度规范员工的行为，让零信任安全运营有据可循。

在制定安全制度时，应当重视可落地性，但又不能只着眼于当前已具备的能力。制度应当具有一定的前瞻性，能够引导技术的发展。

在制定安全制度时，应广泛参考政府法律法规、行业监管规定、行业安全标准，以及公司的业务和风险现状。特别是要明确违反制度的后果。

具体来说，与零信任相关的安全运营制度应包括以下内容。

（1）零信任系统相关部门和人员的职责，例如谁负责管理、谁负责运营等。

（2）用户行为规范，例如对用户的行为有什么要求、对设备使用有什么要求、违反要求有什么后果、哪个部门负责处罚等。

（3）安全运营人员的工作制度、培训计划、操作流程、如何考核、如何评优等。

（4）账号和权限的管理制度、审批流程等。

（5）安全事件的标准处理流程，规定好每个已知的安全事件该如何分析和处理，让所有人都能以同样的水平，合规、快速、准确地解决问题。

（6）问题的报告和解决流程，先找谁、后找谁，解决不了谁兜底等。

（7）零信任系统运维管理流程，包括软件、硬件的维护和操作规范，违规行为如何处理等。

（8）零信任系统的应急响应方案，例如如何排障、如何恢复等。

在安全制度制定之后，应当关注制度的执行效果。前期应当重视制度的宣传工作，通过有趣的漫画、视频、互动等形式，让员工理解安全制度。一旦发现违规行为，则按照处罚制度执行。而且，要宣传违规案例及造成的后果，建立制度的威慑力。

9.2 如何处理安全事件

安全运营就是通过发现问题、分析问题来找到症结，再协调资源，解决问题的过程。零信任系统发现的大部分安全事件都比较确定，可以通过事先设定的规则自动处理，其余的可疑事件需要人工跟进解决。安全运营人员解决问题后，还应该定期总结类似事件的标准处理流程，共享处理问题的经验，把经验转化为平台上的安全策略，让更多风险事件可以被自动处理。

9.2.1 事件分级处理

要让安全运营有序开展，就必须定义什么级别的事件由谁处理。对于人员齐备的团队，简单的事件可以由初级人员快速处理，高级事件由专家持续跟踪分析。如果人员不足，那么各类事件可以统一由一个角色执行。常见的事件分级处理策略如图 9-1 所示。

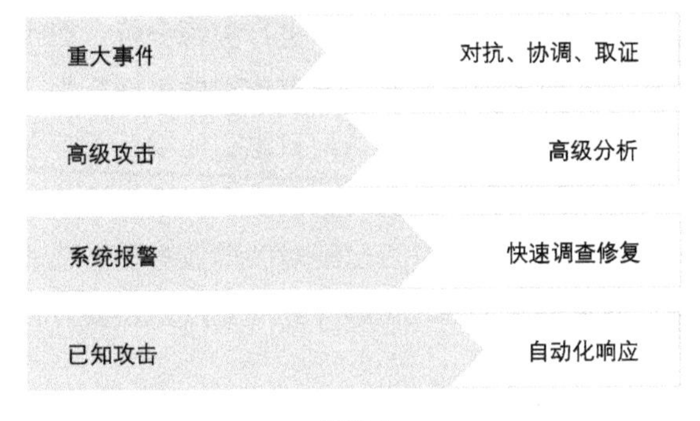

图 9-1

1. 已知攻击

对于已经形成了标准处理流程的事件，可以由零信任系统进行自动化响应。在攻击发生时，自动拦截攻击，或阻断访问，或锁定账号，或封 IP 地址。对于严重程度不高的事件可以自动发送告警信息，提醒用户或运营人员进行确认。

2. 系统报警

除了已知攻击，其他的系统报警主要通过人工方式处理。在系统发现安全事件后，下发工单给安全运营人员。先由高级安全运营人员对事件进行分类判断，如果事件比较简单，影响较小，能直接处理，则交给一线运营人员处理。

一线人员接到的任务有一部分属于流程审批类，在经过简单的确认后，批准流程即可。还有一些任务，需要参考标准处理流程，进行简单的分析和处理。例如，如果发现 SPA 有大量非法扫描日志，则直接把扫描者的 IP 地址封掉即可。如果安全事件导致业务受到了影响，则应参考应急响应方案，在最短时间内恢复业务运行。

如果一线人手充足，则可以根据专业领域不同对问题进行划分，让每个人都专注于某一类问题。例如，将问题划分为专门接收用户反馈、专门处理终端问题、专门处理网络问题、专门处理身份权限问题等类别。

3. 高级攻击

一线人员解决不了的高级攻击需要交给二线人员处理。这类攻击事件通常是不在标准处理流程中的，或影响较大的事件。二线人员具有更多经验，对企业业务、安全工具、攻击技战术都更加熟悉，可以对这类事件进行更深入的分析。

二线人员要分析攻击路径，监控相关的资产，进行溯源分析。在找到攻击者后，二线人员要协调资源处理威胁。例如，从告警中发现某用户有连续的可疑行为，推测可能是由攻击者发起的多阶段攻击；然后，深入分析用户登录和访问日志、终端是否存在异常进程；再结合其他系统的态势感知信息，综合评判是否存在身份凭证被窃取、设备被远程监控等情况，监控与正在进行的攻击活动相关的告警信息，判断是否已经对关键业务资产造成了损害；最后，对风险进行拦截，锁定风险账号，隔离高危设备。在事件处理完后，还要对相关流程进行安全加固，避免类似事件再次发生。

二线人员的职责除了响应安全事件，还包括利用零信任和其他运营平台主动搜索可能存在的威胁，从已忽略的事件中挖掘是否存在漏报。如果发现了原来未注意到的异常，那么除了解决问题，还应该深入挖掘安全平台存在的盲点，从架构层面提升平台的感知和分析能力。

4. 重大事件

如果运营人员判断已经发生了可能造成巨大影响的事件，则应立即将问题“升级”，协调所有利益相关者，一起调动资源进行处理。还可以呼叫外部友军、合作伙伴团队助阵。如果是涉及重大犯罪的事件，那么还要评估事件的影响，调查取证，为将来打击罪犯做准备。

9.2.2 典型安全事件处理流程

安全运营不能单纯依靠个人的发挥，而是要建立标准的流程来保证运营的质量。下面介绍一个完整的事件处理流程，包括从事件发生到分析处理，再到持续改进的整个流程。

1. 事件确认

安全运营人员要关注零信任管控平台的安全告警。在收到告警后，要进行安全事件的确认。例如，对比其他来源的信息，找到干系人，分析到底发生了什么，是恶意攻击，还是用户无意的操作，还是系统 Bug 或其他原因？如果发现是误报，则直接关闭事件。

在确认了风险之后，还应该对风险的优先级进行判断。综合考虑事件的紧迫性、严重程度、可信度、准确度、目标重要程度、攻击规模等信息，给出事件的优先级。

2. 事件通告

安全无小事，最普通的安全事件也应该通报给团队里的其他人。如果遇到了高优先级的严重安全事件，则应立即向上级汇报，只有这样才能引起足够重视，得到相应的援助，避免事件恶化。特别是对于需要其他部门配合的事件，更要及时通知到所有相关人，表达自己对事件严重程度的理解，提出需要对方配合的明确要求。

3. 终端分析

很多攻击最终都会落到终端上，向终端投放恶意软件、传播威胁，进而窃取身份或数据。运营人员应该利用零信任的终端感知能力，检查终端上是否存在安全威胁。根据终端上恶意软件的行为，进一步判断攻击者的意图、能力和身份。

4. 行为分析

运营人员在遇到风险告警后，可以在零信任管控平台上查询用户近期的所有风险事件及行为日志。沿着时间线向前搜索，找到相关事件的起点，构建整个事件过程的链条，如侦察、投放武器、入侵渗透、植入后门、命令控制、横向渗透、窃取数据、清理痕迹等。顺着链条分析相关的资产和设备和可能存在的威胁。

5. 处理时机

对于大多数攻击，运营人员不需要考虑太多，直接修复就好。但是对于一些高级攻击，如果一点一点地修复，那么可能引起攻击者的警觉，给了攻击者改变攻击方式或掩盖踪迹的机会。在对付这类攻击时，如果有足够的把握，那么可以一边收集信息，一边构建完整的修复列表，一次性修复所有内容。

6. 处理方式

对于紧急事件，应该先组织专家分析研判，通过封 IP 地址、断会话、锁账号等方式进行止血。再启动应急响应机制，在最短时间内协助业务团队修复系统。在处理过程中，可以根据需要进行取证，如果发现了内部人员的违规行为，则一定要从严处理，建立威慑力。

零信任网关对业务系统做了统一的访问代理，因此对攻击者的封堵也更容易，运营人员可以采取隔离有风险的设备、清理终端威胁、禁用或重置被入侵的账号、重置用户的手机号、重新绑定设备、撤销用户所有令牌和密钥、设置安全策略封堵恶意 IP 地址等手段。

一个完整的闭环处理过程还要求运营人员深入分析，找到入侵来源或发生问题的原因，并提供安全加固和修复建议。例如，提升认证强度、完善风险响应策略配置、协商修复系统的漏洞等。在修复后，运营人员可再以黑客的思路尝试攻击，进行验证。

7. 事件记录

运营人员在处理完安全事件后，应该在事件管理平台上形成完整的事件报告，规范地记录安全事件的调查过程、分析过程、结论，以备将来复查分析，也可用于合规审计。记录中应该包括事件发生时间、用户信息、设备信息、网络信息、告警来源、攻击来源、处理流程、关联日志和事件链接、处理方式、影响范围等。

8. 持续改进

安全运营人员应该通过晨会、周会、月报、年报等形式定期总结经验，持续提升安全运营水平。例如，定期讨论已处理的事件、挖掘事件的共性、改进标准处理流程、总结自动化处理思路。如果发现某类事件的误报率较高，则必须改进检测规则或结合更多信息提升准确率。如果发现某类安全事件经常发生或某层防御经常被攻破，则应该考虑通过调整安全策略、增强管控能力等方式，从根本上杜绝此类事件的发生。如果发现某类事件的处理时间普遍较长，则应该思考如何改进告警信息和处理流程，让运营人员处理起来更顺手。

9.3 常见风险的自动响应

零信任系统可以发现设备入侵、身份窃取、恶意攻击、权限滥用、数据泄密等风险，安全运营人员可以根据企业的业务特点，制定针对不同场景的安全策略，对风险进行自动响应。经过一段时间的积累，就可以形成一个包含上百条策略的零信任安全策略库，如图 9-2 所示。

图 9-2

9.3.1 设备防入侵

防护能力较弱的设备很可能被攻击者植入木马病毒，随后攻击者可以远程控制设备继续入侵企业内网，或者从用户设备上直接窃取数据。当零信任系统通过终端感知能力发现设备存在漏洞或已经存在木马病毒时，即可触发风险策略，在风险被清除之前，对设备进行限制。

设备上可能存在的风险如下。

（1）存在弱配置：是否配置操作系统密码、是否开启锁屏保护等。

（2）存在漏洞：包括软件和硬件的漏洞，设备是否开启高危端口，操作系统是否允许文件共享、是否允许远程登录、是否运行了内网穿透软件、浏览器版本是否为最新等。

（3）缺少杀毒能力：是否安装了杀毒软件、是否开启了防火墙、病毒库是否自动更新等。

（4）存在恶意进程：存在病毒、木马，或存在恶意进程尝试建立非法连接。

当发现设备风险后，可以对设备进行限制，同时引导用户修复设备存在的问题。

（1）如果设备风险非常严重，那么可以彻底隔离设备，不允许其接入零信任网络。

（2）如果设备只存在低危风险，那么可以等用户完成工作再进行修复。不过在修复前，要降低用户的可信等级，用户只能上网和访问低敏应用，不能访问高敏应用。

风险和响应动作一定要匹配，如果不匹配，那么不仅无效，甚至可能产生负面作用。例如，当设备有风险时，进行身份的二次认证是无效的。假设零信任系统发现用户的设备上正运行着记录键盘输入或定时截屏的恶意软件，如果不引导用户进行修复，而是进行二次认证，那么用户在输入密码时，密码就会被恶意软件窃取。在这种情况下，通过短信告知用户，他的设备存在风险，是更合理的选择。

9.3.2 防盗号

攻击者在窃取用户的账号后，就可以披着合法的外衣绕过一系列安全防护为所欲为。一般来说，账号的使用者不同会表现出不同的行为特征，零信任系统可以依据这些特征，发现盗号行为。

账号可能被窃取的迹象如下。

（1）使用习惯与过去不符：在不常用的地理位置登录、在不常用的 IP 地址登录、在不常用的时间登录、在不常用的设备登录、访问频率过高、占用带宽过高等。

（2）与部门同事行为不符：与同组或同部门或担任相同角色的用户相比，过去的行为特征基本一致，但今天的行为特征迥异，如上线时间与以往不同，使用了以往不常用的功能等。

（3）自然界不可能发生：一个人同时在两个不同的位置登录，或者在很短的时间内，先后在距离很远的位置登录。

（4）设备借用：用户登录的账号不是该设备常用的账号，用户登录的账号与设备的域账号不符，在他人设备上登录等。

（5）设备仿冒：登录时发现客户端运行在模拟器中，设备 MAC 地址验证通过，但硬件号码不对。

盗号是一种较难确认的风险，可以联合多种日志，制定更精准的策略。例如，使用了他人设备，并且在文档系统或企业 IM 软件中搜索"密码""admin"等敏感关键字；使用非常用 IP 地址在新设备上登录，随后立即从代码库下载代码，这些在可疑环境下进行高危操作的行为更值得怀疑。

当发生风险事件时，可以根据风险的可信度进行不同程度的身份确认。

（1）对于低风险事件，可以不影响用户使用，仅通过企业 IM 或短信发送风险提醒，用户如果发现不是自己登录的，那么可以举报。

（2）对于中风险事件，可以生成工单，通知管理员关注，如果人工确认风险存在，那么管理员可以联系用户重置密码或直接冻结风险账号。

（3）对于高风险事件，除了发送告警，还可以要求客户端进行二次认证，在完成认证之前，不允许其继续访问业务系统。

对于 VIP 账号或者高危场景需要进行重点监控，可适当降低风险的认定标准。

（1）对于 VIP 账号的所有异常行为都要进行二次认证，或通过上级审批。例如，当网络安全系统管理员、公司高管、高权限等人员，在境外、连续认证出错、非授权网段登录时，要人工确认是否为本人行为。

（2）在登录高敏应用或者执行高危操作时，如果环境出现异常，那么要触发上级审批流程。

9.3.3 阻断恶意攻击

攻击者在窃取账号后，可能通过设备上的恶意软件发起进一步攻击。攻击行为往往带有明显的特征，零信任系统可以依据攻击特征进行识别。

（1）内网扫描：在短时间内访问大量地址，或访问行为很有规律。

（2）外部探测：零信任网关出现连续的隐身拦截事件。

（3）暴力破解：连续多次认证失败。

（4）越权攻击：用户的访问记录与系统中用户的权限配置策略不符。

当发现恶意攻击时，应立即阻断攻击。

（1）中断会话，并锁定发起内网扫描、暴力破解的账号。

（2）封禁外部探测者的 IP 地址。

（3）后台告警，生成工单，人工对攻击行为进行溯源、打击。

（4）在发现越权漏洞时，提交到漏洞管理平台，通知相关运营人员进行确认和跟进。

9.3.4 数据泄密防护

合法用户可能在不经意间泄露企业的敏感数据，所以零信任系统应该在发现用户有泄密风险时，及时阻断泄密行为。

如果用户在终端沙箱中尝试访问未授权的应用，或者尝试从沙箱外部破解沙箱文件，那么系统会记录用户的异常行为，降低用户的可信等级，限制用户的访问权限。如果情况严重，那么系统还可以将终端锁定，运营人员可远程清除终端上的数据。

如果发现用户通过蓝牙、U 盘、打印、邮件、IM、网盘、截屏等方式，向外部分享敏感文件，则应立即发出告警，降低用户设备的可信等级，禁止用户继续访问高敏业务。在情况严重时，应关闭终端外设或中断会话，以阻止用户的泄密行为。

9.4 如何优化异常检测模型

异常检测指基于用户行为日志、设备安全状态、外部威胁情报等信息进行分析，发现安全威胁的过程。零信任系统可以通过各种检测规则和机器学习模型进行持续的异常检测。

9.4.1 攻击检出率的提升

异常检测能否揪出真正的威胁是有概率的。所以，很多人更喜欢制定一些明确的访问规则，而忽略异常检测能力的建设。

这种想法其实是一个误区。例如，第 5 章介绍过黑客攻击链：黑客进攻往往需要多个环节，层层突破防御，其中任何一个环节检测出异常，都可以阻止整个攻击。即使每个环节只有 20%的检出率，在 10 个环节之后整体检出率也会达到 $100\%-(1-20\%)^{10}\approx 90\%$。所以，只要能在更多环节进行检测，就能大幅降低攻击者的成功率。异常检测的目标就是多制定规则，覆盖更多环节，再逐步提升每个环节的检测准确率。

9.4.2 如何解决过多的误报

安全检测的原则是误报不如不报，误报太多会导致真正的威胁被淹没，安全人员白白消耗精力，得不到相应的回报。

1. 调整敏感度

降低误报最简单的方法就是调整阈值。把阈值调高，满足阈值条件的异常事件就少了，误报肯定会减少。当系统刚刚上线，误报过多时，可以这么做，以事后审计为主。如果要真正提升检测准确率，那么还是要从场景出发，收集更多数据，优化检测的条件。

2. 整合多源信息

安全告警误报有时是由于安全技术碎片化造成的，每个安全设备站在各自的角度都只能看到一个事件的局部，仅凭局部信息管中窥豹，就有可能造成误报。

对于简单的检测规则来说，如果可以结合更多检测维度进行关联分析，那么异常检测准确率可能更高。例如，异地登录很可能不是异常事件，只是员工出差了，但如果结合了 IAM 和 OA 中的差旅信息，得知员工在非出差状态下被检测出异地登录，那么员工被盗号的可能性就很高了。

3. 模型训练调优

对于分析模型来说，理论上数据越多，学习出来的模型就越准确。例如，只学习了一周的数据，而且碰巧那周员工休假，那么在得出的模型中，员工的访问频率会严重偏低。当员工结束休假开始正常工作时，反而会被判断为异常的高频操作。如果数据足够多，就可以避免这种情况。

另外，模型需要不断调优。将平时的误报记录收集起来进行标记，并放到训练数据中，可以辅助模型的改进。

9.5 攻防演练

其实大多数企业平时遇到的高级攻击并不多，企业如果想积累经验，就要定期组织攻防演练，在演练活动中检验出自身的漏洞和弱点，实现安全运营的常态化、实战化。

常见的攻防演练包括桌面演练、模拟演练、实战演练 3 种。

1. 桌面演练

桌面演练不影响开展业务，纯粹从理论出发，站在攻击者的视角思考安全问题，考虑系统能否抵御流行的攻击，已知的攻击再来一遍还能不能得手。

2. 模拟演练

模拟演练就是模拟一些攻击，进行实验。例如，扫描一下公司的业务系统，看看有没有漏洞。当然，要注意别把业务"扫挂了"。

当零信任系统开启隐身、微隔离时，漏洞扫描是没有意义的，可以在模拟演练期间为漏洞扫描放开一条路，扫描完闭就关上。

3. 实战演练

实战演练就是在不预先通知的情况下分角色进行演练。一般来说，实战演练需要借助外援，找专门的团队做非破坏性的渗透测试。由于零信任产品普遍比较新，在渗透测试过程中很少有团队能深挖零信任系统的漏洞，大多数团队会将精力集中在业务系统的漏洞、SQL 注入、越权等方面。如果希望进一步提升零信任系统本身的能力，那么防守方可以适当向攻击方多透漏一些零信任系统的信息，帮助攻击方找到漏洞。

做完测试之后，除了修复漏洞，保证类似的问题不再发生，还可以总结一些攻击的套路，培养安全人员的实战意识。

9.6 总结汇报

经过一段时间的运营后，安全运营人员应当定期总结、汇报运营工作的状态和价值，以便部门之间互相了解和协作。在向上级汇报时，需要多做数据的汇总，从安全水平、工作量、业务价值等方面进行量化的总结。

（1）体现零信任安全水平的指标如下。

a）覆盖了多少用户，接入了多少应用。

b）目前可以罗列出多少种攻击手法。

c）在近期发生的攻击中，能够自动处理的已知攻击占比多少。

d）安全事件的处理是否及时，平均确认时间、平均处理时间分别是多少。

e）是否发生过严重安全事件。

f）通过了哪些合规标准。

g）通过了哪些渗透测试。

（2）体现安全运营工作量的指标如下。

a）发现了多少次攻击。

b）处理了多少安全事件，其中每个类型的安全事件各有多少。

c）新增了多少自动化策略，通过自动化，事件的平均响应时间降低了多少。

d）通过优化模型，误报率降低了多少。

e）发现了多少异常账号和异常权限。

f）修复了多少漏洞。

（3）体现业务价值的指标如下。

a）保障了多少业务系统的安全上线。

b）保障了业务平台多少天的安全运行。

c）异常时期支持了多少人安全远程办公。

安全架构为安全运营提供支持，在安全运营过程中发现的问题，也为安全架构的建设指明了方向。安全运营人员可以定期对安全事件进行复盘和总结，发现防御的薄弱点，指引零信任的建设方向，逐步提升各项安全措施的覆盖度。

参考文献

[1] WARD R，BEYER B. BeyondCorp：A New Approach to Enterprise Security[J/OL]. Login the Magazine of Usenix & Sage，2014，39：6-11. https://research.google/pubs/pub43231/.

[2] OSBORN B，MCWILLIAMS J，BYER B，et al. BeyondCorp：Design to Deployment at Google[J/OL]. Login the Magazine of Usenix & Sage，2016，41：28-34. https://research.google/pubs/pub44860/.

[3] SPEAR B，BEYER B，CITTADINI L，et al. BeyondCorp：The Access Proxy[J]. Login the Magazine of Usenix & Sage，2016，41：28-33. https://research.google/pubs/pub45728/.

[4] BEYER B，BESKE MC，PECK J，et al. Migrating to BeyondCorp:Maintaining Productivity While Improving Security[J]. Login the Magazine of Usenix & Sage，2017，42.：49-55. https://research.google/pubs/pub46134/.

[5] ESCOBEDO VM，ZYZNIEWAKI F，BEYER B，et al. BeyondCorp: The User Experience[J]. Login the Magazine of Usenix & Sage，2017，42：38-43. https://research.google/pubs/pub46366/.

[6] JANOSKO M，KING H，BEYER B，et al. BeyondCorp: Building a Healthy Fleet[J]. Login the Magazine of Usenix & Sage，2018，43：24-30. https://research.google/pubs/pub47356/.

[7] Google.BeyondProd：A new Approach to cloud-native security[R/OL]. [2022-01-06]. 2019. http://static.wulianzhikong.com/wp-content/uploads.

[8] ROSE S，BORCHERT O，MITCHELL S，et al. SP 800-207 Zero Trust Architecture[R/OL]. [2022-01-08]. 2020. https://csrc.nist.gov/publications/detail/sp/800-207/final.

[9] CSA Software Defined Perimeter Working Group. SDP Specification 1.0[R/OL]. [2022-01-08]. 2014. https://downloads.cloudsecurityalliance.org/initiatives/sdp/SDP_Specification_1.0.pdf.

[10] CSA Software Defined Perimeter Working Group. SDP Architecture Guide[R/OL]. [2022-01-26]. 2019. https://cloudsecurityalliance.org/artifacts.

[11] GILMAN E，BARTH D. Zero Trust Networks: Building Secure Systems in Untrusted Networks[M]. Sebastopol：O'Reilly Media, Inc.，2017.

[12] Defense Information Systems Agency (DISA) and National Security Agency (NSA) Zero Trust Engineering Team. Department of Defense (DOD) Zero Trust Reference Architecture[R/OL]. [2022-01-26]. 2021.

[13] GARBIS J，CHAPMAN JW. Zero Trust Security An Enterprise Guide[M]. Berkeley：Apress. 2021.

[9] CSA Software-Defined Perimeter Working Group. SDP Specification 1.0[EB/OL]. 2022-01-09. https://downloads.cloudsecurityalliance.org/initiatives/sdp/SDP_Specification_1.0.pdf.

[10] CSA Software-Defined Perimeter Working Group. SDP Architecture Guide[EB/OL]. 2022-01-09. [illegible]

[11] GILMAN E, BARTH D. Zero Trust Networks: Building Secure Systems in Untrusted Networks[M]. Sebastopol: O'Reilly Media, Inc., 2017.

[12] Defense Information Systems Agency (DISA) and National Security Agency (NSA) Zero Trust Engineering Team. Department of Defense (DoD) Zero Trust Reference Architecture[R/OL]. [2021-02-01]. [illegible]

[13] GARBIS J, CHAPMAN J W. Zero Trust Security: An Enterprise Guide[M]. Berkeley: Apress, 2021.